岩土工程设计与土木施工技术应用

黄忠福　杨小卫　胡国明　著

吉林科学技术出版社

图书在版编目（CIP）数据

岩土工程设计与土木施工技术应用 / 黄忠福，杨小卫，胡国明著 . -- 长春：吉林科学技术出版社，2023.7
ISBN 978-7-5744-0694-0

Ⅰ . ①岩… Ⅱ . ①黄… ②杨… ③胡… Ⅲ . ①岩土工程—工程设计—研究②土木工程—工程施工—研究 Ⅳ . ① TU4 ② TU7

中国国家版本馆 CIP 数据核字 (2023) 第 136711 号

岩土工程设计与土木施工技术应用

著	黄忠福　杨小卫　胡国明
出 版 人	宛　霞
责任编辑	袁　芳
封面设计	刘梦杏
制 　 版	刘梦杏
幅面尺寸	185mm×260mm
开 　 本	16
字 　 数	340 千字
印 　 张	18.75
印 　 数	1–1500 册
版 　 次	2023年7月第1版
印 　 次	2024年2月第1次印刷

出 　 版　吉林科学技术出版社
发 　 行　吉林科学技术出版社
地 　 址　长春市福祉大路5788号
邮 　 编　130118
发行部电话/传真　0431-81629529 81629530 81629531
　　　　　　　　　81629532 81629533 81629534
储运部电话　0431-86059116
编辑部电话　0431-81629518
印 　 刷　三河市嵩川印刷有限公司

书 　 号　ISBN 978-7-5744-0694-0
定 　 价　111.00元

前言

公路工程建设中往往会遇到地基、基础、边坡、支挡结构、挖方、填方等岩土工程技术问题，由于岩石和土是大自然的产物，不像钢铁、混凝土等人工材料那样可人为控制，有许多不确定因素，如岩土体结构及其材料性能的不确定性，裂隙水和孔隙水压力的多变性，岩土体信息的随机性、模糊性和不完善性，信息处理和计算方法的不确切性和不精确性等。建筑物、构筑物等在设计、施工及使用过程中，无时无刻不存在有形或无形的损伤、缺陷等安全隐患：一方面，如果维护不及时或维护不当，其安全可靠性就会严重降低，使用寿命也会大幅度缩短，如使用中正常老化，耐久性就会逐渐失效，可靠性就会逐渐降低，相应地安全系数也会逐年降低；另一方面，周围环境、使用条件和维护情况的改变，自然灾害（地震、火灾、台风等）或人为灾害的突发、地基的不均匀沉降和结构的温度变形等，在设计时都是难以预计的不确定性因素，因而难以判断建筑物、构筑物等是否可以继续使用或者需要维修加固，甚至拆除。

土木工程是人类赖以生存的重要物质基础，其在为人类文明发展作出巨大贡献的同时，也在大量地消耗资源和能源，可持续的土木工程结构是实现人类社会可持续发展的重要途径之一。随着我国具有国际水平的超级工程结构的建设不断增多，施工控制及施工力学将不断走向成熟，并将不断应用到工程的建设之中，为工程建设服务。

土木工程在施工中，往往根据每个小项目的特点和施工性质单独施工，所以为了确保工程顺利施工，必须科学组织、精心安排各项施工工序。土木工程施工具有流动性、固定性、协作性和综合性以及多样性等特点。土木工程施工的时候可能会涉及工程、建筑、水利等学科，具有很强的综合性。

本书首先介绍了岩土工程中的基坑、边坡设计技术，然后详细阐述了土木工程施工与地基处理技术，以适应当前岩土工程设计与土木施工技术应用的发展。

本书突出了基本概念与基本原理，在写作时尝试多方面知识的融会贯通，注重知识层次的递进，同时注重理论与实践相结合，希望可以给广大读者提供借鉴或帮助。

由于作者水平有限，书中难免存在一定的不足与缺陷，希望广大读者多提宝贵意见，以便我们不断改进和完善。

目　录

第一章 岩土体的主要设计参数

第一节 岩土体的工程分类

一、岩体的工程分类

岩体工程分类既是工程岩体稳定性分析的基础，也是评价岩体工程地质条件的一个重要途径。岩体工程分类实际上是通过岩体的一些简单和容易实测的指标，把工程地质条件和岩体的力学性质联系起来，并借鉴已建工程设计、施工和处理等方面成功与失败的经验教训，对岩体进行归类的一种工作方法。其目的是通过分类，概括地反映各类工程岩体的质量好坏，预测可能出现的岩体力学问题，为工程设计、加固、建筑物选型和施工方法选择等提供参数和依据。

目前，国内外已提出的岩体分类方案得到大家共识的有数十种，多以考虑地下洞室围岩稳定性为主，有定性的，也有定量或半定量的，有单一因素分类，也有多种因素的综合分类。各种方案所考虑的原则和因素也不尽相同，但岩体的完整性和成层条件、岩块强度、结构面发育情况及地下水等因素都不同程度地考虑到了。下面主要介绍几种国内外在水工建设工程中应用较广、影响较大的分类方法。

（一）岩体完整程度分类

《工程岩体分级标准》（GB/T 50218–2014）规定岩体完整程度可按表1–1分类。

表1-1 岩体完整程度分类

完整程度	完整	较完整	较破碎	破碎	极破碎
完整性指数	>0.75	0.75～0.55	0.55～0.35	0.35～0.15	0.15

注：完整性指数为岩体压缩波速度与岩块压缩波速度之比的平方，选定岩体和岩块测定波速时，应注意其代表性。

（二）岩体按结构类型的划分

《水利水电工程地质勘察规范》（GB 50487-2008）规定岩体根据结构类型可按表1-2划分。

表1-2　岩体按结构类型的划分

类型	亚类	岩体结构特征
块状结构	整体状结构	岩体完整，呈巨块状，结构面不发育，间距大于100cm
	块状结构	岩体较完整，呈块状，结构面轻度发育，间距一般为100～50cm
	次块状结构	岩体较完整，呈次块状，结构面中等发育，间距一般为50～30cm
层状结构	巨厚层状结构	岩体完整，呈巨厚层状，结构面不发育，间距大于100cm
	厚层状结构	岩体较完整，呈厚层状，结构面轻度发育，间距一般为100～50cm
	中厚层状结构	岩体较完整，呈中厚层状，结构面中等发育，间距一般为50～30cm
	互层状结构	岩体较完整或完整性差，呈互层状，结构面较发育或发育，间距一般为30～10cm
	薄层状结构	岩体完整性差，呈薄层状，结构面发育，间距一般小于10cm
碎裂结构	镶嵌碎裂结构	岩体完整性差，岩块镶嵌紧密，结构面较发育到很发育，间距一般为30～10cm
	碎裂结构	体较破碎，结构面很发育，间距一般小于10cm
散体结构	碎块状结构	岩体破碎，岩块夹岩屑或泥质物
	碎屑状结构	岩体破碎，岩屑或泥质物夹岩块

（三）按岩体质量等级的围岩分类

对岩体质量的评价有着不同的评价标准，如按裂隙率大小、裂隙间距、岩体大小以及岩石质量指标等。但是，这些指标只能表示岩体的完整程度，不足以反映整个岩体的工程质量。决定岩体质量高低的还应包括节理、裂隙性状特征与充填情况、岩体的强度以及地下水的作用等因素。

（1）按岩体质量指标分级。美国伊利诺伊大学用岩体质量指标RQD来表示岩石的完整性。其方法是采用其直径为75mm的双层岩芯管金刚石钻进，提取直径为54mm的岩芯，将长度小于10cm的破碎岩芯及软弱物质剔除，然后测量大于或等于10cm长柱状岩芯的总长度。用这一有效的岩芯长度与采集岩芯段的钻孔总进尺之比，取其百分数就是RQD。

按照RQD值大小可把岩石分成五个质量等级，如表1-3所示。由于RQD在一定程度上反映了岩体中不连续机构面的发育程度，通常把它当作衡量岩体完整程度的指标。而迪尔则依此进行了单因素的围岩分类，根据岩石质量等级的高低，提出对隧洞开挖和支护方法的具体建议。由于该分类目的性明确、采用的方法简单而且建议又很具体，所以在国外一度很受欢迎。可是单靠一项RQD指标不去考虑其他地质因素的影响，要想判断围岩的稳定性显然是不全面的。针对这一缺陷，又有以巴顿、威克霍姆以及比尼奥斯基为代表提出的综合岩体质量评价和相应的围岩分类。

表1-3 岩石质量等级

RQD	0～25	25～50	50～75	75～90	90～100
岩石质量	极差	差	较差	较好	好

（2）岩体质量评分（RMR）（地质力学围岩分类）。由比尼卫斯基提出，后经多次修改，发表在《工程岩体分类》一书中。该分类系统由岩石强度、RQD值、节理间距、节理条件及地下水等五类指标组成。

二、岩石的工程分类

（一）岩石按坚硬程度分类

《工程岩体分级标准》（GB/T 50218-2014）规定岩石坚硬程度可按表1-4分类。

表1-4 岩石坚硬程度分类

坚硬程度	坚硬岩	较硬岩	较软岩	软岩	极软岩
饱和单轴抗压强度/MPa	$f_r>60$	$60\geq f_r>30$	$30\geq f_r>15$	$15\geq f_r>5$	$f_r\leq5$

（二）岩石按风化程度分类

《工程岩体分类标准》（GB/T 50218-2014）中提出的岩石风化程度分类如表1-5所示。

表1-5 岩石按风化程度分类表

风化程度	风化特征	风化程度参数指标		
		压缩波速度	波速比	风化程度
未风化	结构构造未变，岩质新鲜	＞5000	0.9～1.0	0.9～1.0
微风化	结构构造、矿物色泽基本未变，部分裂隙面有铁锰质渲染	4000～5000	0.8～0.9	0.8～0.9
弱风化	结构构造部分破坏，矿物色泽较明显变化，裂隙面出现风化矿物或存在风化夹层	2000～4000	0.6～0.8	0.4～0.8

风化程度	风化特征	风化程度参数指标		
		压缩波速度	波速比	风化程度
强风化	结构大部分被破坏，矿物成分显著变化，长石、云母等多分化成次生矿物	1000～2000	0.4～0.6	＜0.4
全风化	结构构造全部破坏，矿物成分除石英外，大部分风化成土状	500～1000	0.2～0.4	—

三、土的工程分类

自然界中土的种类不同，其工程性质也必不相同。从直观上，可以粗略地把土分成两大类：一类是土体中肉眼可见的松散颗粒，颗粒间连接弱，这就是前面所提到的无黏性土（粗粒土）；另一类是颗粒非常细微，颗粒间连接力强，这就是前面提到的黏土。实际工程中，这种粗略的分类远远不能满足工程的要求，还必须用更能反映土的工程特性的指标来系统分类。前面已经介绍过，影响土的工程性质的主要因素是土的三相组成和土的物理状态，其中最主要的因素是三相组成中土的固体颗粒，如颗粒的粗细、颗粒的级配等。目前，国际、国内土的工程分类法并不统一。即使同一国家的各个行业、各个部门，土的分类体系也都是结合本行业的特点而制定的。本节主要介绍我国《土的工程分类标准》（GB/T 50145-2007）和《建筑地基基础设计规范》（GB 50007-2011）。

（一）土的工程分类标准

对土进行分类时，首先根据有机质的含量把土分成有机土和无机土两大类。无机土中，根据土中各粒组的相对含量把土再分成巨粒土、含巨粒土、粗粒土和细粒土。根据土的分类标准，各粒组还可以进一步细分。下面分别予以说明。

（1）巨粒土和含巨粒土。土体颗粒粒径在60mm以上的称巨粒。若土中巨粒含量高于50%，该土属巨粒土；若土中巨粒含量在15%～50%之间，该土属含巨粒土。

（2）粗粒土。粗粒土中大于0.075mm的粗粒含量在50%以上。粗粒土分为砾类土和砂类土两类。岩土中大于2mm的砾粒含量多于50%，属于砾类土；不足50%，则属于砂类土。

（3）细粒土的分类。细粒土中粒径小于0.075mm的细粒含量在50%以上，且粗粒含量少于25%。

（二）建筑地基基础设计规范

这种分类方法的体系比较简单，按照土颗粒的大小、粒粗的土颗粒含量把地基土分成碎石土、砂土、粉土、黏性土和人工填土。碎石土和砂土属于粗粒土，粉土和黏性土属于细粒土。粗粒土按照粒径级配分类，细粒土则按塑性指数分类。

（1）碎石土。粒径大于2mm的颗粒含量大于50%的土属碎石土。根据粒组含量及颗粒形状，可细分为漂石、块石、卵石、碎石、圆砾、角砾。

（2）砂土。粒径大于2mm的颗粒含量在50%以内，同时粒径大于0.075mm的颗粒含量超过50%的土属砂土。砂土根据粒组含量不同又可分为砾砂、粗砂、中砂、细砂和粉砂五类。

（3）粉土。粒径大于0.075mm的颗粒含量小于50%，塑性指数小于等于10的土属粉土。该类土的工程性质较差，如抗剪强度低、防水性差、黏聚力小等。

（4）黏性土。粒径大于0.075mm的颗粒含量在50%以内，塑性指数大于10的土属黏性土。根据塑性指数的大小可细分为黏土和粉质黏土。

（5）淤泥。淤泥为在静水或缓慢低的流水环境中沉积，并经生物化学作用形成，其天然含水率大于液限，天然孔隙比大于或等于1.5倍的黏性土。天然含水量大于液限而天然孔隙比小于1.5，但大于或等于1.0的黏性土或粉土为淤泥质土。

（6）红黏土。红黏土为碳酸盐岩系的岩石经红土化作用形成的高塑性黏土。其液限一般大于50。红黏土经再搬运后仍保留其基本特征，其液限大于45的土为次生红黏土。

（7）人工填土。人工填土根据其组成和成因可分为素填土、压实填土、杂填土、充填土。素填土为由碎石土、砂土、粉土、黏性土等组成的填土。经压实或夯实的素填土为压实填土。杂填土为含有建筑垃圾、工业废料、生活垃圾等杂物的填土。冲填土为由水利冲填泥沙形成的填土。

（8）膨胀土。膨胀土为土中黏粒成分主要由亲水性矿物组成，同时具有显著的吸水性膨胀和失水收缩特性，其自由膨胀率大于或等于40%的黏性土。

（9）湿陷性土。湿陷性土为浸水后产生附加沉降，其湿陷系数大于或等于0.015的土。

第二节　工程土体主要设计参数

一、土体的强度参数

土体的强度是指土的抗剪强度，土的抗剪强度参数包括黏聚力C和内摩擦角 α，则土的抗剪强度可用库仑定律表示：

$$\tau_f = C + \sigma \tan\alpha \qquad (1\text{-}1)$$

式中：α——某截面上的正应力（kPa）；

τ_f——该截面上的抗剪强度（kPa）。

土的抗剪强度参数是进行地基承载力计算、边坡稳定分析、挡土结构上土压力的计算、基坑支护设计、地基稳定评价中的重要因素。此参数可用直剪实验和三轴剪切实验等得到，在三轴实验中可分为不固结不排水、固结不排水、固结排水三种情况。

土的抗剪强度参数有总应力（孔隙水压力和有效应力之和）状态和有效应力状态两种情况，孔隙水压力对抗剪强度没有贡献，土的抗剪强度是指有效应力状态下的抗剪强度。

判断某点指定倾斜方向截面是否达到抗剪破坏，将该截面的剪应力与该截面的抗剪强度对比，如果剪应力比抗剪强度大就稳定，如果抗剪强度比剪应力大就破坏。

二、土体的压缩性参数

在荷载作用下，建筑物的总沉降由三部分组成：瞬时沉降、主固结沉降和次固结沉降。对于一般工程，常用室内侧限压缩实验得到的指标来计算。

压缩试验所用土样多为A79.8mm × 20mm与A61.8mm × 20mm，侧表面与体积之比为0.501 ~ 0.647cm²/cm³，两端面与体积之比为0.5cm²/cm³。侧面切削和端面切削对土样均有扰动，均应采用正确的切削方法和下压方式，以减少对土样的扰动。

影响压缩实验结果的另一个因素是加荷持续时间。土工试验规程规定要求每级荷载持续24h，对一些沉降完成较快的土，也可按照每小时沉降量小于0.005mm的稳定标准。在有经验的地区，对于某些经对比试验证实的土类，一般工程可以采用快速法，最后进行校正。

试验规程规定压缩仪应定期校正，并在试验值中扣除变形值。然而，一些单位的实验表明，多次校正几乎无重复性，同一压力下的校正值不唯一。这是因为用刚性铁块代替土样，在试验时钢块与透水石之间"尖点"随机接触，产生压缩，因此，所得校正值并不能完全代表土样压缩时的仪器变形，另外，还有一起随机安装问题。对于高压缩性土，仪器校正影响不大；而对于低压缩性土，校正值的变形读数中所占比例很大。因此，在重大工程中一定要充分予以重视。

三、土体的渗透性参数

土的渗透性是指土体的透水性能，是决定地基沉降与时间关系的关键因素。常用的参数是渗透系数k。可通过室内渗透实验、现场抽水或注水实验来测试，各类土的渗透系数的大致范围如表1-6所示。

表1-6　各类土渗透系数的大致范围

土的类型	渗透系数k/（cm/s）
砾石、粗砂	$a \times 10^{-1} \sim a \times 10^{-2}$
中砂	$a \times 10^{-2} \sim a \times 10^{-3}$
细砂、粉砂	$a \times 10^{-3} \sim a \times 10^{-4}$
粉土	$a \times 10^{-4} \sim a \times 10^{-6}$
粉质黏土	$a \times 10^{-6} \sim a \times 10^{-7}$
黏土	$a \times 10^{-7} \sim a \times 10^{-10}$

四、影响土的工程性质的主要因素

土体可作为建筑物（构筑物）的地基、边坡和隧道的组成材料、结构和赋存环境。土体是与工程建筑的稳定、变形有关的土层的组合体。影响土的工程性质的因素主要有以下几点。

（一）土的矿物成分

土的矿物成分是组成土的材料，尤其对于细粒土体，对其工程地质性质起控制作用的是黏土矿物和可溶盐、有机质等的类型和含量以及微结构特征。可溶盐对土的工程性质影响的实质是：溶解后使土的粒间连接减弱，增大土的孔隙性，降低土的强度和稳定性，增大其压缩性。

（二）土的粒度组成和密实度

土中固体颗粒的大小和级配情况直接影响土的强度、压缩性和渗透性。特别是对于无黏性土，固体颗粒的形状、颗粒级配直接影响土体的强度。土体越密实，其抗剪强度越高、渗透性越低、压缩性越低。

（三）黏性土的稠度

稠度是指黏性土的软硬程度。用液性指数来表示，稠度状态可分为流体状、塑体状和固体状。土的液性指数越大，土体越软，越接近于流动状态；液性指数越小，土体越硬。稠度直接影响土的抗剪强度和压缩性能。

（四）黏性土的结构性

天然状态下的黏性土，由于地质历史作用常具有一定的结构性。当土体受到外力扰动作用，其结构遭受破坏时，土的强度降低，压缩性增高。工程上常用灵敏度来衡量黏性土结构性对强度的影响。土的灵敏度越高，其结构性越强，受扰动后土的强度降低就越明显。

（五）应力历史

土体在历史上曾受过的应力状态，是指土层在地质历史发展过程中所形成的先期应力状态以及这个状态对土层强度与变形的影响。这个曾经承受过的最大固结压力，称为先期固结压力。超固结土和正常固结土的工程性质相比，孔隙性、密实度和抗剪强度以及所受应力状态等有差异。

第三节　工程岩体主要设计参数

一、概述

岩石是由矿物或碎屑按照一定规律聚集而成的自然体，是不包含显著弱面的岩石块体，通常把它作为连续介质及均质体来看待。岩体是工程作用范围内具有一定的岩石成分、结构特征及赋存于某种地质环境中的地质体。

（1）岩石与天然岩体有显著不同，主要表现在：①岩体赋存于一定的地质环境中，地应力、地温、地下水等因素对其物理力学性质有很大影响，而岩石试件只是为实验室实验而加工的岩块，已完全脱离了原有的地质环境。②岩体在自然状态下经历了漫长的地质作用过程，其中存在各种地质构造和弱面，如不整合、褶皱、断层、节理、裂隙等。岩体是在内部黏结力较弱的地质构造和弱面切割下，具有明显的不连续性，使岩体强度远远低于岩石强度，岩体变形远远大于岩石本身，岩体的渗透性远远大于岩石的渗透性。

（2）岩石常用均匀、连续、各向同性模型来研究。岩体因为结构面的存在，力学特征表现为：①不连续；②各向异性；③不均匀性；④岩块单元的可移动性；⑤地质因了特性（水、气、热、初应力）。

岩土体绝大多数是承受压应力，对岩土体进行力学分析时常对其应力的符号作如下规定：正应力以压应力为正，拉应力为负；剪应力以使单元体逆时针转为正，顺时针为负；夹角从起始截面法线起转到终止截面的法线，逆时针方向转动转度为正，反之则为负。

二、岩体主要设计参数

（一）岩石的抗剪强度参数

岩石的强度参数包括岩石的抗剪强度、抗拉强度、抗压强度参数，岩石的破坏机理有：断裂破坏和剪切破坏。

最大正应变理论认为，物体发生破坏的原因是最大延伸应变达到了一定的极限应变，如脆性岩石的单轴压缩破坏；最大拉应力理论认为，岩石破坏的原因是危险点的最大拉应力达到了共同的极限值，如脆性岩石的单轴拉伸破坏；应变能理论适用于以延性为主的岩石；莫尔强度理论认为岩石材料属压剪破坏，破坏面上的剪应力超过了该面上的抗剪强度；格里菲斯理论适用于脆性岩石，认为岩石内部的应力状态使其产生裂纹的扩展、连接、贯通等，最终引起破坏。各种强度理论都有一定的适用范围，破坏判据的建立与采用，要反映岩石的破坏机制。

莫尔强度理论是岩体破坏常用的理论，该强度曲线为一系列极限莫尔圆的包络线，莫尔圆与强度曲线相切，由试验拟合获得。剪切强度与剪切面上正应力的函数形式有多种形式，如直线形、二次抛物线形、双曲线形等。当应力范围较小时，可近似用直线表示，抗剪强度用库仑定律表示：

$$\tau_f = C + \sigma \tan \alpha \tag{1-2}$$

式中：σ——岩石某截面上的正应力（kPa）；

τ_f——岩石该截面上的抗剪强度（kPa）；

C——岩石的黏聚力（kPa）；

α——岩石的内摩擦角（°）。

岩石的黏聚力C和内摩擦角α为岩石的抗剪强度参数。根据岩石应力状态的莫尔圆与抗剪强度曲线的关系，可以判断岩石的稳定状态。如果莫尔圆与直线相切，岩石处于临界状态；如果莫尔圆与直线相割，岩石处于已破坏状态；如果莫尔圆与直线相离，岩石则处于稳定状态。

（二）结构面的抗剪强度参数

岩体是在内部被联结力较弱的地质构造和弱面切割，具有明显的不连续性，因此岩体强度远远低于岩石强度，岩体变形远远大于岩石本身。

岩体内所有不连续面称为结构面。结构面的抗剪强度用库仑定律表示：

$$\tau_f = C_j + \sigma \tan \alpha_j \tag{1-3}$$

式中：σ——结构面上的正应力（kPa）；

τ_f——结构面上的抗剪强度（kPa）；

C_j——结构面的黏聚力（kPa）；

α_j——结构面的内摩擦角（°）。

结构面的黏聚力C_j和内摩擦角α_j为结构面的抗剪强度参数。影响结构面的抗剪强度参数主要有作用在结构面上的应力大小、结构面内充水程度、无充填接触面的粗糙程度、有充填结构面充填物的物质成分、结构及充填程度和厚度等。结构面的抗剪强度参数比岩石的抗剪强度参数低得多。

（三）岩体的强度

岩体的强度要考虑结构面和岩石的强度，结构面产状是主要影响因素。岩体的破坏方式有：沿结构面的滑动；部分穿切岩石材料，部分沿结构面滑动；产生新的张裂隙面而破坏；结构面张开。因此，对于同一岩体，如果不分析结构面的产状、受力方向以及破坏机制等因素，而采用同一破坏准则来处理问题，必然会得出错误的结论。

第四节　岩体的原始地应力测定

一、概述

岩体初始应力为天然状态下岩体内的应力，是人类工程活动之前就存在于岩体中的应力，又称地应力、原岩应力。初始应力的主要组成部分是自重应力和构造应力，还包括渗流应力、温差应力及化学应力等。

构造应力是地壳中长期存在、促使构造运动发生和发展的内在力量，除构造活动区外，它是构造运动中积累或剩余的一种分布力。

迄今为止，对原岩应力还无法进行较完善的理论计算，而只能依靠实际测量来测定岩体中的初始应力状态。

岩体初始应力是工程稳定性分析的原始参数，是确定开挖方案与支护设计的必要参数。主要表现如下。

（1）区域稳定。任何地区现代构造运动的性质和强度，取决于该地区岩体的天然应力状态和岩体的力学性质。地震是各类现代构造运动引起的重要的地质灾害，是岩体中应力超过岩体强度而引起的断裂破坏的一种表现。在一定的天然应力场基础上，常因修建大型水库改变了地区的天然应力场而引起水库诱发地震。

（2）地下硐室稳定。对于地下硐室而言，岩体中天然应力是围岩变形和破坏的力源。如果天然应力分布不均匀，可能在硐顶拉裂掉块，硐侧壁内鼓张裂和倒塌。

（3）边坡稳定。天然应力状态与岩体稳定性关系极大，它不仅是决定岩体稳定性的重要因素，而且直接影响各类岩体工程的设计和施工。在岩体高应力区，地表和地下工程施工期间所进行的岩体开挖，常常能在岩体中引起一系列与开挖卸荷回弹和应力释放相联系的变形和破坏现象，使工程岩体失稳。

（4）地基岩体稳定。开挖基坑或边坡，由于开挖卸荷作用，将引起基坑底部发生回弹隆起，并同时引起坑壁或边坡岩体向坑内发生位移。

下面分别从应力解除法、水压致裂法、应力恢复法和声发射法进行讲述。

二、应力解除法

（一）基本原理

地下某点的岩体处于三向受力状态，用人为的方法解除其应力，则岩体必然发生弹性恢复，测定其恢复的应变或变形，利用弹性力学公式则可算出岩体初始应力。通常有孔底应力解除法、孔径变形法和孔壁应变法三种方法。

（二）孔底应力解除法

孔底应力解除法是打孔至测试点，将孔底磨平，在孔底粘贴电阻应变花探头，然后继续在孔周围打钻，则孔底就实现应力解除，通过测量其应变恢复的数值，根据弹性力学原理计算岩体的初始应力。测定岩体应力的步骤：

（1）打大孔至测点，磨平孔底；

（2）在孔底粘贴电阻应变花探头；

（3）解除应力，测量其应变；

（4）取出岩心，测其弹性参数；

（5）计算岩体应力。

（三）孔径变形法

孔径变形法是套孔应力解除法的一种，是通过测定钻孔孔径变形求解岩体应力，步骤为：

（1）打大孔至测点，磨平孔底；

（2）打同心小孔，安装孔径变形计探头；

（3）延伸大钻孔解除应力，同时测量孔径变形；

（4）取出岩心，测其弹性参数；

（5）计算岩体应力。

（四）孔壁应变法

孔壁应变法是通过测定钻孔孔壁的应变求解岩体应力的6个分量。其应力解除工序与孔径变形法相似，不同的是在同心小孔中安装的是应变花探头，应力解除后，测量孔壁应变量进行计算岩体应力。

孔壁布置3个应变花，每个应变花至少由3个应变片组成，所以求解6个原岩应力分量，只需打一个钻孔就可以确定该点的应力状态。

三、水压致裂法

（一）基本原理

对所需测试段的钻孔部分用特制封隔器密封起来，然后对密封段加高压水直至孔壁岩石产生张裂隙。根据裂隙的方向及泵压的大小分析确定原岩的应力状态，适用于完整性好的脆性岩体。

测试岩体初始地应力时，打的是竖直钻孔，一个主应力方向是垂直的，其大小等于上覆岩层的自重应力；而另外两个主应力是水平的，即钻孔方向为某一主应力方向。假设岩体是均质、各向同性的线弹性体。

（二）测试过程

压力从0开始加压，水压力达到一定值时，孔壁破裂，这个定值叫作初始开张压力。当达到初始开张时刻，体积突然增大，而空腔中的水量不变，所以该处出现一个峰值。

水压致裂法能测量深部岩体应力，在勘探阶段便可测定，可以使用各种尺寸的勘探钻孔，不需要岩体弹性参数。但设备笨重，钻孔封隔加压技术较为复杂。

四、应力恢复法

（一）基本原理

应力恢复法是用来直接测定岩体应力大小的一种测试方法，假设所测试岩体符合弹性理论。目前此法仅用于岩体表层应力。当已知某岩体中的主应力方向时，采用本法比较方便。

当硐室某侧墙上的表层围岩应力的主应力方向各为垂直、水平方向时，就可用应力恢复法测得主应力的大小。

在侧墙上沿测点O，沿水平方向开一个解除槽，则在槽的上下附近围岩应力得到部分解除，应力状态重新分布。在槽的中心线OA上A点的应力状态改变，可通过测应变的量测元件测试。

（二）测试步骤

在选定的试验点上，沿解除槽的中垂线上安装好量测元件，记录量测元件——应变计的读数。开凿解除凿，岩体产生变形并记录应变计上的读数。

在开挖好的解除凿中埋设压力枕，并用水泥砂浆充填空隙；待充填水泥浆达到一定强度后，将压力枕连接油泵，通过压力枕对岩体施压。随着压力枕所施加的力的增加，岩体变形逐渐恢复，逐点记录压力与恢复变形的关系。

假设岩体为理想弹性体，则当应变计回复到初始读数时，此时压力枕对岩体所施加的压力即为所求岩体的主应力。

五、声发射法

材料受外荷载作用，其内部储存的应变能因微裂隙产生和发展而快速释放，从而产生弹性波，发出声响，这种现象称为声发射。德国人J.Kasiser发现多晶金属的应力从其历史最高点水平释放后，再重新加载，当应力未达到先前最大应力值时很少有声发射产生，而当应力达到和超过历史最高水平后则大量产生声发射，这一现象称为凯泽效应。从很少产生声发射到大量产生声发射的转折点称为凯泽点，该点对应的应力即为材料先前受到的最大应力。

许多人通过试验证明，许多岩石如花岗岩、大理岩、石英岩、砂岩、安山岩、辉长岩、闪长岩、片麻岩、灰绿岩、灰岩、砾岩等都具有显著的凯泽效应。

凯泽效应为测量岩石应力提供了一个途径，通过对岩石试件进行加载声发射试验，测定凯泽点，即可找出试件以前所受最大应力。即从原岩中取样，沿6个不同方向制备试件（每个方向试件为15~25块），加压测试凯泽点，从而得到原始地应力。

根据凯泽效应的定义，用声发射法测得的取样点的应力是历史的最高应力，而非现今地应力。但也有人对此持相反意见，并提出了"视凯泽效应"的概念，认为声发射可获得两个凯泽点：一个对应于引起岩石饱和残余应变的应力，与现今应力场一致，比历史最高应力值低，因此称为"视凯泽点"；在"视凯泽点"之后，还可获得另一个真正的凯泽点，它对应历史最高应力。

由于声发射与弹性波传播有关，所以高强度的脆性岩石有较明显的声发射凯泽效应出现，而多孔隙低强度及塑性岩体的凯泽效应不明显，所以不能用声发射波测定比较软弱疏松岩体中的应力。

第二章 基坑支护设计

第一节 基坑支护概述

一、基坑工程的设计原则与基坑安全等级

（一）基坑支护结构的极限状态

根据中华人民共和国现行行业标准《建筑基坑支护技术规程》（JGJ 120–2012）的规定，基坑支护结构应采用以分项系数表示的极限状态设计方法进行设计。

基坑支护结构的极限状态，可分为承载能力极限状态和正常使用极限状态两类。

1.承载能力极限状态

（1）支护结构构件或连接因超过材料强度而破坏，或因过度变形而不适于继续承受荷载，或出现压屈、局部失稳。

（2）支护结构及土体整体滑动。

（3）坑底土体隆起而丧失稳定。

（4）对支挡式结构，坑底土体丧失嵌固能力而使支护结构推移或倾覆。

（5）对锚拉式支挡结构或土钉墙，土体丧失对锚杆或土钉的锚固能力。

（6）重力式水泥土墙整体倾覆或滑移。

（7）重力式水泥土墙、支挡式结构因其持力土层丧失承载能力而破坏。

（8）地下水渗流引起的土体渗透破坏。

2.正常使用极限状态

（1）造成基坑周边建（构）筑物、地下管线、道路等损坏或影响其正常使用的支护结构位移。

（2）因地下水位下降、地下水渗流或施工因素而造成基坑周边建（构）筑物、地下

管线、道路等损坏或影响其正常使用的土体变形。

（3）影响主体地下结构正常施工的支护结构位移。

（4）影响主体地下结构正常施工的地下水渗流。

（二）基坑支护结构的安全等级

根据《建筑基坑支护技术规程》（JGJ 120-2012）的规定，其坑侧壁的安全等级分为三级，不同等级采用相应的重要性系数，基坑侧壁的安全等级分级如表2-1所示。

表2-1 基坑支护结构的安全等级

安全等级	破坏后果	重要性系数（%）
一级	支护结构破坏、土体失稳或过大变形对基坑周边环境及地下结构施工影响很严重	1.10
二级	支护结构破坏、土体失稳或过大变形对基坑周边环境及地下结构施工影响一般	1.00
三级	支护结构破坏、土体失稳或过大变形对基坑周边环境及地下结构施工影响不严重	0.90

支护结构设计，应考虑其结构水平变形、地下水的变化对周边环境的水平与竖向变形的影响。对于安全等级为一级的和对周边环境变形有限定要求的二级建筑基坑侧壁，应根据周边环境的重要性，对变形适应能力和土的性质等因素，确定支护结构的水平变形限值。

当地下水位较高时，应根据基坑及周边区域的工程地质条件、水文地质条件、周边环境情况和支护结构形式等因素，确定地下水的控制方法。当基坑周围有地表水汇流、排泄或地下水管渗漏时，应对基坑采取保护措施。

对于安全等级为一级及对支护结构变形有限定的二级建筑基坑侧壁，应对基坑周边环境及支护结构变形进行验算。

基坑工程分级的标准，各地规范不尽相同。各地区、各城市根据自己的特点和要求做了相应的规定，以便于进行岩土勘察、支护结构设计和审查基坑工程施工方案等。

二、基坑支护方式

（一）一般基坑的支护

深度不大的三级基坑，当放坡开挖有困难时，可采用短柱横隔板支撑和临时挡土墙支撑、斜柱支撑和锚拉支撑等支护方法。

1.简易支护

放坡开挖的基坑，当部分地段放坡宽度不够时，可采用短柱横隔板支撑、临时挡土墙支撑等简易支护方法进行基础施工。

2.斜柱支撑

先沿基坑边缘打设柱桩，在柱桩内侧支设挡土板并用斜撑支顶，挡土板内侧填土夯实。斜柱支撑适用于深度不大的大型基坑。

3.锚拉支撑

先沿基坑边缘打设柱桩，在柱桩内侧支设挡土板，柱桩上端用拉杆拉紧，挡土板内侧填土夯实。锚拉支撑适用于深度不大，且不能安设横（斜）撑的大型基坑使用。

（二）深基坑支护

深基坑支护的基本要求：确保支护结构能起挡土作用，基坑边坡保持稳定；确保相邻的建（构）筑物、道路、地下管线的安全，不因土体的变形、沉陷、坍塌受到危害；通过排降水，确保基础施工在地下水位以上进行。

水泥土挡墙式，依靠其本身自重和刚度保护坑壁，一般不设支撑，特殊情况下经采取措施后亦可局部加设支撑。

排桩与板墙式，通常由围护墙、支撑（或土层锚杆）及防渗帷幕等组成。土钉墙由密集的土钉群、被加固的原位土体、喷射的混凝土面层等组成。现将常用的几种支护结构介绍如下。

1.排桩支护

开挖前在基坑周围设置混凝土灌注桩，桩的排列有间隔式、双排式和连续式，桩顶设置混凝土连系梁或锚桩、拉杆。施工方便、安全度好、费用低。

排桩桩型应根据工程与水文地质条件及当地施工条件确定，桩径应通过计算确定。一般人工挖孔桩桩径不宜小于0.8m，冲（钻）孔灌注桩桩径不宜小于0.6m。直径0.6～1.1m的钻孔灌注桩可用于深7～13m的基坑支护，直径0.5～0.8m的沉管灌注桩可用于深度在10m以内的基坑支护，单层地下室常用0.8～1.2m的人工挖孔灌注桩作支护结构。

排桩中心距可根据桩受力及桩间土稳定条件确定，一般取（1.2～2.0）d（d为桩径），砂性土或黏土中宜采用较小桩距。

排桩支护的桩间土，当土质较好时，可不进行处理，否则应采用横挡板、砖墙、挂钢丝网喷射混凝土面层等措施维护桩间土的稳定。当桩间渗水时，应在护面上设泄水孔。

排桩桩顶应设置钢筋混凝土压顶梁，并宜沿基坑呈封闭结构。压顶梁工作高度（水平方向）宜与排桩桩径相同，宽度（垂直方向）宜在（0.5～0.8）d（d为排桩桩径）之间，排桩主筋应伸入压顶梁（30～35）D（D为主筋直径），压顶梁可按构造配筋。排桩与顶梁的混凝土强度等级不宜低于C20。

在支护结构平面拐角处宜设置角撑，并可适当增加拐角处排桩间距或减少锚杆支撑数量。支锚式排桩支护结构应在支点标高处设水平腰梁，支撑或锚杆应与腰梁连接，腰梁可用钢筋混凝土或钢梁，腰梁与排桩的连接可用预埋铁件或锚筋。

2.地下连续墙支护

利用各种挖槽机械，借助泥浆的护壁作用，在地下挖出窄而深的沟槽，并在其内浇筑适当的材料而形成一道具有防渗（水）、挡土和承重功能的连续的地下墙体。

地下连续墙的墙体厚度宜按成槽机的规格，选取0.6m、0.8m、1m或1.2m。一字形槽段长度宜取4~6m。当成槽施工可能对周边环境产生不利影响或槽壁稳定性较差时，应取较小的槽段长度。必要时，宜采用搅拌桩对槽壁进行加固。

地下连续墙的转角处若有特殊要求时，单元槽段的平面形状可采用L形、T形等。地下连续墙的混凝土设计强度等级宜取C30~C40。地下连续墙用于截水时，墙体混凝土抗渗等级不宜小于P6，槽段接头应满足截水要求。

地下连续墙的纵向受力钢筋应沿墙身每侧均匀配置，可按内力大小沿墙体纵向分段配置，且通长配置的纵向钢筋不应小于50%。纵向受力钢筋宜采用HRB335级或HRB400级钢筋，直径不宜小于15mm，净间距不宜小于75mm。水平钢筋及构造钢筋宜选用HPB300级、HRB335级或HRB400级钢筋，直径不宜小于12mm，水平钢筋间距宜取200~400mm。冠梁按构造设置时，纵向钢筋锚入冠梁的长度宜取冠梁厚度。冠梁按结构受力构件设置时，桩身纵向受力钢筋伸入冠梁的锚固长度应符合现行国家标准《混凝土结构设计规范（2015年版）》（GB 50010-2010）对钢筋锚固的有关规定。当不能满足锚固长度的要求时，其钢筋末端可采取机械锚固措施。

地下连续墙纵向受力钢筋的保护层厚度，在基坑内侧不宜小于50mm，在基坑外侧不宜小于70mm。

钢筋笼两侧的端部与槽段接头之间、钢筋笼两侧的端部与相邻墙段混凝土接头面之间的间隙应不大于150mm，纵筋下端500mm长度范围内宜按1：10的斜度向内收口。

地下连续墙的槽段接头应按下列原则选用：地下连续墙宜采用圆形锁口管接头、波纹管接头、楔形接头、工字钢接头或混凝土预制接头等柔性接头；当地下连续墙作为主体地下结构外墙，且需要形成整体墙体时，宜采用刚性接头，刚性接头可采用一字形或十字形穿孔钢板接头、钢筋承插式接头等；在采取地下连续墙顶设置通长的冠梁、墙壁内侧槽段接缝位置设置结构壁柱、基础底板与地下连续墙刚性连接等措施时，也可采用柔性接头。

地下连续墙墙顶应设置混凝土冠梁。冠梁宽度不宜小于墙厚，高度不宜小于墙厚的0.6倍。冠梁钢筋应符合现行国家标准《混凝土结构设计规范》（GB 50010-2010）对梁的构造配筋要求。冠梁用作支撑或锚杆的传力构件或按空间结构设计时，还应按受力构件进行截面设计。

3.土钉墙支护

天然土体通过钻孔、插筋、注浆来设置土钉（亦称砂浆锚杆）并与喷射混凝土面板相结合，形成类似重力挡墙的土钉墙，以抵抗墙后的土压力，保持开挖面的稳定。土钉墙也称为喷锚网加固边坡或喷锚网挡墙。

土钉墙支护施工工艺如下。

（1）基坑开挖。基坑要按设计要求严格分层、分段开挖，在完成上一层作业面土钉与喷射混凝土面层达到设计强度的70%以前，不得进行下一层土层的开挖。每层开挖最大深度取决于在支护投入工作前土壁可以自稳而不发生滑动破坏的能力，实际工程中常取基坑每层挖深与土钉竖向间距相等。每层开挖的水平分段宽度也取决于土壁自稳能力，且与支护施工流程相互衔接，一般为10~20m。当基坑面积较大时，允许在距离基坑四周边坡8~10m的基坑中部自由开挖，但应注意与分层作业区的开挖相协调。

挖方要选用对坡面土体扰动小的挖土设备和方法，严禁边壁出现超挖或造成边壁土体松动。坡面经机械开挖后，要采用小型机械或铲锹进行切削清坡，以使坡度及坡面平整度达到设计要求。

为防止基坑边坡的裸露土体塌陷，对于易塌的土体可采取下列措施。

①对修整后的边坡，立即喷上一层薄的砂浆或混凝土，凝结后再进行钻孔。

②在作业面上先构筑钢筋网喷射混凝土面层，然后进行钻孔和设置土钉。

③在水平方向上分小段间隔开挖。

④先将作业深度上的边壁做成斜坡，待钻孔并设置土钉后再清坡。

⑤在开挖前，沿开挖面垂直击入钢筋或钢管，或注浆加固土体。

（2）喷射第一道面层。每步开挖后应尽快做好面层，即对修整后的边壁立即喷上一层薄混凝土或砂浆。若土层地质条件好，可省去该道面层。

（3）设置土钉。土钉的设置虽然可以采用专门设备将土钉钢筋击入土体，但是通常的做法是先在土体中成孔，然后置入土钉钢筋并沿全长注浆。

①钻孔。钻孔前，应根据设计要求定出孔位并做出标记及编号。当成孔过程中遇到障碍物需调整孔位时，不得损害支护结构设计原定的安全程度。

采用的机具应符合土层特点，满足设计要求，在进钻和抽出钻杆过程中不得引起土体坍孔。而在易坍孔的土体中钻孔时宜采用套管成孔或挤压成孔。成孔过程中应由专人做成孔记录，按土钉编号逐一记载取出土体的特征、成孔质量、事故处理等，并将取出的土体及时与初步设计所认定的土质加以对比，若发现有较大的偏差，要及时修改土钉的设计参数。

土钉钻孔的质量应符合下列规定：孔距允许偏差为±100mm，孔径允许偏差为

±5mm，孔深允许偏差为±30mm，倾角允许偏差为±1。

②插入土钉钢筋。插入土钉钢筋前要进行清孔检查，若孔中出现局部渗水、坍孔或掉落松土应立即处理。土钉钢筋置入孔中前，要先在钢筋上安装对中定位支架，以保证钢筋处于孔位中心且注浆后其保护层厚度不小于25mm。支架沿钉长的间距可为2~3m，支架可为金属或塑料件，以不妨碍浆体自由流动为宜。

③注浆。注浆前要验收土钉钢筋安设质量是否达到设计要求。

一般可采用重力、低压（0.4~0.6MPa）或高压（1~2MPa）注浆，水平孔应采用低压或高压注浆。压力注浆时应在孔口或规定位置设置止浆塞，注满后保持压力3~5min。重力注浆以满孔为止，但在浆体初凝前需补浆一到两次。

对于向下倾角的土钉，注浆采用重力或低压注浆时宜采用底部注浆方式，注浆导管底端应插至距孔底250~500mm处，在注浆的同时将导管匀速、缓慢地撤出。注浆过程中注浆导管口始终埋在浆体表面以下，以保证孔中气体全部逸出。

注浆时要采取必要的排气措施。对于水平土钉的钻孔，应用口部压力注浆或分段压力注浆，此时需配排气管并与土钉钢筋绑扎牢固，在注浆前与土钉钢筋同时送入孔中。

向孔内注入浆体的充盈系数必须大于1。每次向孔内注浆时，宜预先计算所需的浆体体积并根据注浆泵的冲程数计算出实际向孔内注入的浆体体积，以确认实际注浆量超过孔内容积。

注浆材料宜用水泥浆或水泥砂浆。水泥浆的水胶比宜为0.5；水泥砂浆的配合比宜为1:1~1:2（质量比），水胶比宜为0.38~0.45。需要时可加入适量速凝剂，以促进早凝和控制泌水。

水泥浆、水泥砂浆应拌和均匀，随拌随用，一次拌和的水泥浆、水泥砂浆应在初凝前用完。

注浆前应将孔内残留或松动的杂土清除干净。注浆开始或中途停止超过30min时，应用水或稀水泥浆润滑注浆泵及其管路。

用于注浆的砂浆强度用70mm×70mm×70mm的立方体试块经标准养护后测定。每批至少留取3组（每组3块）试件，给出3d和28d强度。

为提高土钉抗拔能力，还可采用二次注浆工艺。

（4）喷第二道面层。在喷混凝土前，先按设计要求绑扎、固定钢筋网。面层内的钢筋网片应牢固地固定在边壁上并符合设计规定的保护层厚度要求。钢筋网片可用插入土中的钢筋固定，但在喷射混凝土时不应出现振动。

钢筋网片可焊接或绑扎而成，网格允许偏差为±10mm。铺设钢筋网时每边的搭接长度应不小于一个网格边长或200mm，如为搭焊则焊接长度不小于网片钢筋直径的10倍。网片与坡面间隙不小于20mm。

土钉与面层钢筋网的连接可通过垫板、螺帽及土钉端部螺纹杆固定。垫板钢板厚8～10mm，尺寸为200mm×200mm～300mm×300mm。垫板下空隙需先用高强度水泥砂浆填实，待砂浆达一定强度后方可旋紧螺帽以固定土钉。土钉钢筋也可通过井字加强钢筋直接焊接在钢筋网上，焊接强度要满足设计要求。

喷射混凝土的配合比应通过试验确定，粗集料的最大粒径不宜大于12mm，水胶比不宜大于0.45，并应通过外加剂调节所需工作度和早强时间。当采用干法施工时，应事先对操作人员进行技术考核，以保证喷射混凝土的水胶比和质量达到设计要求。

喷射混凝土前，应对机械设备、风、水管路和电路进行全面检查和试运转。

为保证喷射混凝土厚度达到均匀的设计值，可在边壁上隔一定距离打入垂直短钢筋段作为厚度标志。喷射混凝土的射距宜保持在0.6～1.0m范围内，并使射流垂直于壁面。在有钢筋的部位可先喷钢筋的后方以防止钢筋背面出现空隙。喷射混凝土的路线可从壁面开挖层底部逐渐向上进行，但底部钢筋网搭接长度范围以内先不喷混凝土，待与下层钢筋网搭接绑扎之后，再与下层壁面同时喷混凝土。混凝土面层接缝部分做成45°斜面搭接。当设计面层厚度超过100mm时，混凝土应分两层喷射，一次喷射厚度不宜小于40mm，且接缝错开。混凝土接缝在继续喷射混凝土前应清除浮浆碎屑，并喷少量水润湿。

面层喷射混凝土终凝后2h应喷水养护，养护时间宜为3～7d，养护视当地环境条件采用喷水、覆盖浇水或喷涂养护剂等方法。

喷射混凝土强度可用边长为100mm的立方体试块进行测定。制作试块时，将试模底面紧贴边壁，从侧向喷入混凝土，每批至少留取3组（每组3块）试件。

（5）排水设施的设置。水是土钉支护结构最为敏感的问题，不但要在施工前做好降排水工作，还要充分考虑土钉支护结构工作期间地表水及地下水的处理，设置排水构造措施。

基坑四周地表应加以修整并构筑明沟排水，严防地表水再向下渗流。可将喷射混凝土面层延伸到基坑周围地表构成喷射混凝土护顶并在土钉墙平面范围内地表做防水地面，可防止地表水渗入土钉加固范围的土体中。

基坑边壁有透水层或渗水土层时，混凝土面层上要做泄水孔，即按间距1.5～2.0m均匀铺设长0.4～0.6m、直径不小于40mm的塑料排水管，外管口略向下倾斜，管壁上半部分可钻些透水孔，管中填满粗砂或圆砾作为滤水材料，以防止土颗粒流失。另外，也可在喷射混凝土面层施工前预先沿土坡壁面每隔一定距离设置一条竖向排水带，即用带状皱纹滤水材料夹在土壁与面层之间形成定向导流带，使土坡中渗出的水有组织地导流到坑底后集中排除，但施工时要注意每段排水带滤水材料之间的搭接效果，必须保证排水路径畅通无阻。

为了排除积聚在基坑内的渗水和雨水，应在坑底设置排水沟和集水井。排水沟应离开坡脚0.5~1m，严防冲刷坡脚。排水沟和集水井宜用砖衬砌并用砂浆抹内表面，以防止渗漏。坑中积水应及时排除。

4.锚杆支护

锚杆支护是在未开挖的土层立壁上钻孔至设计深度，孔内放入拉杆，灌入水泥砂浆与土层结合成抗拉力强的锚杆，锚杆一端固定在坑壁结构上，另一端锚固在土层中，将立壁土体侧压力传至深部的稳定土层。锚杆支护适于较硬土层或破碎岩石中开挖较大、较深基坑，邻近有建筑物时须保证边坡稳定时采用。

锚杆施工包括钻孔、安放拉杆、灌浆和张拉锚固。在正式开工前，还需进行必要的准备工作。

（1）施工准备工作。在锚杆正式施工前，一般需进行下列准备工作。

①锚杆施工必须清楚施工地区的土层分布和各土层的物理力学特性（天然重度、含水量、孔隙比、渗透系数、压缩模量、凝聚力、内摩擦角等），这对于确定锚杆的布置和选择钻孔方法等都十分重要。另外，还需了解地下水位及其随时间的变化情况，以及地下水中化学物质的成分和含量，以便研究对锚杆腐蚀的可能性和应采取的防腐措施。

②要查明锚杆施工地区的地下管线、构筑物等的位置和情况，慎重研究锚杆施工对它们产生的影响。

③要研究锚杆施工对邻近建筑物等的影响，如锚杆的长度超出建筑红线应得到有关部门和单位的批准或许可。同时，应研究附近的施工（如打桩、降低地下水位、岩石爆破等）对锚杆施工带来的影响。

④编制锚杆施工组织设计，确定施工顺序；保证供水、排水和动力的需要；制定机械进场、正常使用和保养维修制度；安排好劳动组织和施工进度计划；施工前应进行技术交底。

（2）钻孔。钻孔工艺影响锚杆的承载能力、施工效率和成本。钻孔的费用一般占总费用的30%，有时达50%。钻孔要求不扰动土体，减少原来土体内应力场的变化，尽量不使自重应力释放。

（3）安放拉杆。锚杆用的拉杆，常用的有钢管（钻杆用作拉杆）、粗钢筋、钢丝束和钢绞线。其主要根据锚杆的承载能力和现有材料的情况来选择。承载能力较小时，多用粗钢筋；承载能力较大时，多用钢绞线。

（4）压力灌浆。压力灌浆是锚杆施工中的一个重要工序。施工时，应将有关数据记录下来，以备将来查用。灌浆的作用是形成锚固段，将锚杆锚固在土层中；防止钢拉杆腐蚀；充填土层中的孔隙和裂缝。

灌浆的浆液为水泥砂浆（细砂）或水泥浆。水泥一般不宜用高铝水泥，由于氯化物会引起钢拉杆腐蚀，因此其含量不应超过水泥重的0.1%。由于水泥水化时会生成SO_2，所以硫酸盐的含量不应超过水泥重的4%。我国多用普通硅酸盐水泥，有些工程为了早强、抗冻和抗收缩，曾使用过硫铝酸盐水泥。

拌和水泥浆或水泥砂浆所用的水，一般应避免采用含高浓度氯化物的水，因为它会加速钢拉杆的腐蚀。若对水质有疑问，应事先进行化验。

（5）锚杆张拉与施加预应力。锚杆压力灌浆后，待锚固段的强度大于15MPa并达到设计强度等级的75%后，方可进行张拉。

锚杆宜张拉至设计荷载的0.9～1.0倍后，再按设计要求锁定。锚杆张拉控制应力，不应超过拉杆强度标准值的75%。

锚杆张拉时，其张拉顺序要考虑对邻近锚杆的影响。

（6）锚杆试验。锚杆锚固段浆体强度达到15MPa或达到设计强度等级的75%时方可进行锚杆试验。

加载装置（千斤顶、油泵）的额定压力必须大于试验压力，且试验前应进行标定。加荷反力装置的承载力和刚度应满足最大试验荷载要求。

5.深层搅拌水泥土桩墙

深层搅拌水泥土桩墙围护墙是用深层搅拌机就地将土和输入的水泥浆强制搅拌，形成连续搭接的水泥土柱状加固体挡墙。

水泥土加固体的渗透系数不大于10^{-7}cm/s，能止水防渗，因此这种围护墙属重力式挡墙，利用其本身质量和刚度进行挡土和防渗，具有双重作用。

水泥土围护墙截面呈格栅形，相邻桩搭接长宽不小于200mm，截面置换率对淤泥不宜小于0.8，淤泥质土不宜小于0.7，一般黏性土、黏土及砂土不宜小于0.6，格栅长宽比不宜大于2。

如为改善水泥土的性能和提高早期强度，可掺加木钙、三乙醇胺、氯化钙、碳酸钠等。水泥土的施工质量对围护墙性能有较大影响，因此，要保护设计规定的水泥掺和量，并严格控制桩位和桩身垂直度；要控制水泥浆的水胶比≤0.45，否则桩身强度难以保证；要搅拌均匀，采用二次搅拌工艺，喷浆搅拌时控制好钻头的提升或下沉速度；要限制相邻桩的施工间歇时间，以保证搭接成整体。

水泥土围护墙的优点：由于坑内无支撑，便于机械化快速挖土；具有挡土、挡水的双重功能；一般比较经济。其缺点：不宜用于深基坑，一般不宜大于6m；位移相对较大，尤其在基坑长度大时，这时可采取中间加墩、起拱等措施以限制过大的位移；厚度较大，只有在红线位置和周围环境允许时才能采用，而且水泥土搅拌桩施工时要注意防止影响周围环境。水泥土围护墙宜用于基坑侧壁安全等级为二、三级者；地基土承载力不宜大于150kPa。

高压旋喷桩所用的材料亦为水泥浆，只是施工机械和施工工艺不同。它是利用高压经过旋转的喷嘴将水泥浆喷入土层与土体混合形成水泥土加固体，相互搭接形成桩排，用来挡土和止水。高压旋喷桩的施工费用要高于深层搅拌水泥土桩，但它可用于空间较小处。施工时要控制好上提速度、喷射压力和水泥浆喷射量。

第二节　排桩支护各种形式、特点及应用范围

由于排桩支护对各种地质条件的适应性强、施工简单易操作且设备投入一般不是很大，在我国排桩式支护是应用较多的一种。排桩通常多用于坑深10～15m的基坑工程，做成排桩挡墙，顶部浇筑混凝土圈梁，它具有刚度较大、抗弯能力强、变形相对较小、施工时无振动、噪声小、无挤土现象、对周围环境影响小等特点。当工程桩也为灌注桩时，可以同步施工，从而有利于施工组织，且工期短。当开挖影响深度内地下水位高且存在强透水层时，需采取隔水措施或降水措施。当开挖深度较大或对边坡变形要求严格时，需结合拉锚系统或支撑系统使用。

一、排桩支护按结构形式分类

排桩支护依其结构形式可分为悬臂式支护结构、与内支撑（混凝土支撑、钢支撑）结合形成桩撑式支护结构以及与（预应力）锚杆结合形成桩锚式支护结构。

（一）悬臂式排桩支护结构

悬臂式支护结构主要是根据基坑周边的土质条件和环境条件的复杂程度选用，其技术关键之一是严格控制支护深度。悬臂式支护结构适用于开挖深度不超过10m的黏土层，不超过5m的砂性土层，以及不超过4～5m的淤泥质土层。

悬臂式排桩结构的优缺点及适用范围如下。

（1）优点：结构简单，施工方便，有利于基坑采用大型机械开挖。

（2）缺点：相同开挖深度的位移大、内力大，支护结构需要更大截面和插入深度。

（3）适用范围：场地土质较好，开挖深度浅且周边环境对土坡位移要求不严格。

（二）桩撑式排桩支护结构

桩撑式支护结构由支护结构体系和内撑体系两部分组成。支护结构体系常采用钢筋混凝土桩排桩墙，SMW工法、钢筋混凝土咬合桩等型式。内撑体系可采用水平支撑和斜支

撑。根据不同开挖深度又可采用单层水平支撑、二层水平支撑及多层水平支撑。当基坑平面面积很大，而开挖深度不太大时，宜采用单层斜支撑。

内撑常采用钢筋混凝土支撑和钢管或型钢支撑两种。钢筋混凝土支撑体系的优点是刚度好、变形小，而钢管支撑的优点是钢管可以回收，且加预压力方便。内撑式支护结构适用范围广，可适用各种土层和基坑深度。

内支撑结构造价比锚杆低，但对地下室结构施工及土方开挖有一定的影响。但是在特殊情况下，内支撑式结构具有显著的优点。

桩撑式支护结构的优缺点及适用范围如下。

1.桩撑式支护结构的优点

（1）施工质量易控制，工程质量的稳定程度高。

（2）内撑在支撑过程中是受压构件，可充分发挥出混凝土受压强度高的材性特点。

（3）桩撑支护结构的适用土性范围广泛，尤其适合在软土地基中采用。

2.桩撑式支护结构的缺点

（1）内撑形成必要的强度以及内撑的拆除都需占据一定工期。

（2）基坑内布置的内撑减小了作业空间，增加了开挖、运土及地下结构施工的难度，不利于提高劳动效率和节省工期，随着开挖深度的增加，这种不利影响更明显。

（3）当基坑平面尺寸较大时，不仅要增加内撑的长度，内撑的截面尺寸也随之增加，经济性较差。

3.桩撑式支护结构的适用范围

（1）适用于侧壁安全等级为一、二、三级的各种土层和深度的基坑支护工程，特别适合在软主地基中采用。

（2）适用于平面尺寸不太大的深基坑支护工程，对于平面尺寸较大的，可采用空间结构支撑改善支撑布置及受力情况。

（3）适用于对周围环境保护及变形控制要求较高的深基坑支护工程。

（三）桩锚式排桩支护结构

桩锚式支护结构由支护结构体系和锚固体系两部分组成。支护结构体系与内撑式支护结构相同，常采用钢筋混凝土排桩墙和地下连续墙两种。锚固体系可分为锚杆式和地面拉锚式两种。随基坑深度不同，锚杆式也可分为单层锚杆、双层锚杆和多层锚杆。地面拉锚式支护结构需要有足够的场地设置锚桩或其他锚固物。锚杆式需要地基土能提供较大的锚固力。锚杆式较适用于砂土地基或黏土地基。由于软黏土地基不能提供锚杆较大的锚固力，所以很少使用。

1.桩锚式支护结构的优点

（1）桩锚支护结构的尺寸相对较小，整体刚度大，在使用中变形小，有利于满足变形控制的要求。

（2）与桩撑支护结构相比，桩锚支护结构的拉锚力与深基坑的平面尺寸无关，在平面尺寸较大的深基坑工程采用桩锚支护结构能凸显它的这个优势。

（3）桩锚支护结构的施工相对较为简单，而且由于基坑内没有支挡，坑内有较大的净空空间，从而能确保土方开挖与运输、结构地下部分施工所需的作业空间，也为提高劳动效率、节省工期创造了前提性条件。

（4）桩锚支护结构的造价相对较低，有利于节省工程费用。

2.桩锚式支护结构的缺点

（1）桩锚支护结构所占作业空间较大，锚杆的设立要求场地有较宽敞的周边环境和良好的地下空间。

（2）需要有稳定的土层或岩层以设置锚固体。

（3）地质条件太差或土压力太大时使用桩锚支护结构，容易发生支护结构的受弯破坏或倾覆破坏。

3.桩锚式支护结构的适用范围

（1）适用于周边环境比较宽敞、地下管线少且没有不明地下物的深基坑支护工程。

（2）特别适用于平面尺寸较大的深基坑支护工程。

（3）对于使用锚杆作为外拉系统的桩锚支护结构，宜运用在具有密实砂土、粉土、黏性土等稳定土层或稳定岩层的深基坑支护工程中。

二、排桩支护按支撑结构分类

按支撑结构的不同，排桩支护结构可分为柱列式排桩支护、连续式排桩支护和组合式排桩支护。

（一）柱列式排桩支护

当边坡土质尚好、地下水位较低时，可利用土拱作用，以稀疏钻孔灌注桩或挖孔桩支挡土坡。

（二）连续式排桩支护

在软土中一般不能形成土拱，支挡桩应该连续密排。密排的钻孔桩可以互相搭接，或在桩身混凝土强度尚未形成时，在相邻桩之间做一根素混凝土树根桩把钻孔桩排连起来，也可以采用钢板桩、钢筋混凝土板桩。

（三）组合式排桩支护

在地下水位较高的软土地区，可采用钻孔灌注桩排桩与水泥土桩防渗墙组合的形式。

间隔钻孔桩加钢丝网水泥墙特点及适用范围：在桩上必须筑钢筋混凝土连梁以调整各桩间的位移变形，并增加整体性能；施工简单，无振动噪声，基坑浅可悬臂，深时可与撑杆或锚杆搭配；造价低；不抗渗，地下水位高时需降水。适用于黏土、砂土、粉土地下水位低地区。

钢板桩特点及适用范围：锁口U型Z型钢板桩整体性，刚度好，一次投入钢材多；能止水，能重复利用，故造价低；难以打入砂卵石及砾石层，拔桩有孔洞需处理，重复使用要修整，施工有噪声；重复使用止水效果较差，如不能拔出则钢材多、造价高。适用于软土、淤泥质土地区且水位高。

H型钢加横挡板特点及适用范围：整体性差，如各桩以型钢拉结，则可克服桩与桩之间变形不均的缺点，一般与锚杆配合拉结，效果好；H型钢需拔出，造价低，否则浪费大；抗渗不好，打桩有振动噪声，砾石层难施工，拔桩有孔洞需处理，适用于黏土、砂土地区。

三、排桩支护按布桩形式分类

排桩从布桩形式上，又可分为单排布置和双排布置。

双排桩支护结构体系属于悬臂类空间组合支护体系。所谓空间组合，是指支护桩从平面上看可按需要采用不同的排列组合，前排桩顶用圈梁连接，前后排之间有连梁拉接，在没有锚杆或内支撑的情况下，发挥空间组合桩的整体刚度和空间效应，并与桩土协同工作，支挡因开挖引起的不平衡力，达到保持坑壁稳定、控制变形、满足施工和相邻环境安全的目的。本章将评述国内已有双排桩支护结构体系分析方法。

如前所述，双排桩支护结构可以理解为将密集的单排臂桩中的部分桩向后移，并在桩顶用刚性连系梁把前后排桩连接起来，沿基坑长度方向形成双排桩支护的空间支护结构体系，因此双排桩支护结构的布桩形式非常灵活，常见的形式有之字式、双三角式、梅花式、并列式（也可称其为矩形格构式）、丁字式、连拱式等。

双排桩支护结构体系的特点及其优缺点如下。

1.双排桩支护结构体系的特点

（1）在双排桩支护结构中，前后排桩均分担主动土压力，其中前排桩主要起分担土压力的作用，后排桩兼起支挡和拉锚的双重作用。

（2）双排桩支护结构形成空间格构，增强支护结构自身稳定性和整体刚度。

（3）充分利用桩土共同作用的土拱效应，改变土体侧压力分布，增强支护效果。

2.与单排悬臂桩支护结构相比，双排桩支护结构的优点

（1）单排悬臂桩完全依靠弹性嵌入基坑土内的足够深度来承受桩后的侧压力并维持其稳定性，坑顶位移和桩身变形较大，悬臂式双排桩支护结构因为有刚性连系梁将前后排桩连接而组成一个空间静不定结构，整体刚度大，又因为前后排桩均能产生与侧土压力反向作用的力偶，使双排桩的位移明显减小，同时桩身的内力也有所下降，并形成交变内力。

（2）悬臂式双排桩支护结构为静不定结构，在复杂多变的外荷载作用下能自动调整结构本身的内力，使之适应复杂而又往往难以预计的荷载条件，而单排悬臂桩为静定结构，将土压力看作已知力作用于其上则不具备此种功能。

（3）当受施工技术或场地条件等限制时，如果基坑深度条件合适，悬臂式双排支护桩是代替桩锚支护结构的一种好的支护形式。施工实践证明，其施工简便、速度快、投资少。

3.双排桩支护结构体系的缺点

（1）双排支护桩的设计计算方法还不够成熟，实测数据还不多，受力机制不够清楚。

（2）基坑周边要有一定空间，以利于双排支护桩的布置和施工。

在对深基坑挡土支护结构的位移有限制的要求下，对于一般黏性土地区来说，双排支护桩是一种很有应用价值的挡土支护结构类型。地下水位较高的软土地区采用双排支护桩时，应做好挡土、挡水，以防止桩间土流失而造成结构失效，上海、杭州、宁波、福建、广东等地区已经有很多双排桩挡土支护结构的成功实例。

第三节　悬臂排桩支护结构的计算原理

目前悬臂式结构的计算理论，因考虑因素和假定条件的不同，也有多种计算方法，大致可以分为四类：较古典的板桩计算理论（如静力平衡法）、弹性地基梁法、共同变形理论、非线性变形理论。下面介绍几种常用的计算方法。

一、静力平衡法

悬臂式排桩支护的计算方法采用传统的板桩计算方法。悬臂板桩在基坑底面以上外

侧主动土压力作用下，板桩将向基坑内侧倾移，而下部则反方向变位，即板桩将绕基坑底以下某点（b点）旋转。点b处墙体无变位，故受到大小相等、方向相反的二力（静止土压力）作用，其净压力为零。点b以上墙体向左移动，其左侧作用被动土压力，右侧作用主动土压力；点b以下则相反，其右侧作用被动土压力，左侧作用主动土压力。因此，作用在墙体上各点的静止土压力为各点两侧的被动土压力和主动土压力之差，即可根据静力平衡条件计算板桩的入土深度和内力。

首先，以均质土层为例，主动土压力及被动土压力随深度呈线性变化，随着板桩的入土深度不同，作用在不同深度上各点的净土压力分布也不同。当单位宽度板桩墙两侧所受的净土压力相平衡时，板桩墙则处于稳定，相应的板桩入土深度即为板桩保证其稳定所需的最小入土深度，可根据静力平衡条件即水平力平衡方程和对桩底截面的力矩平衡方程联立求得。

二、弹性线法（图解法）

弹性线法其基本原理与数解法相同，分析方法及步骤如下。

（1）选择入土深度，一般可根据经验初定入土深度（t_0）。

（2）计算主动土压力及被动土压力，绘制土压力图形，再将此图形分为若干小面积（一般可按高度分成0.5~1.0m一段），并用相应的集中力来代替，集中力作用在每一小块的重心上。

（3）按图解静力学中索线多边形的原理，作出力多边形及索线多边形。这时索线多边形就代表着比例大幅度缩小的弯矩图。先以一定的比例选定极点O和极距η及力的比例尺，然后作诸集中力的力多边形及索线多边形，t_0的大小就由闭合线与索线多边形的交点来确定，当索线多边形弯矩图上最后一根索线与闭合线的交点恰在压力图上代表最后一集中力的小面积的底边线上时，说明所选用的板桩入土深度是适当的。选择两三次逐次近似的t_0值，即可满足这个条件。

（4）根据力多边形闭合的条件可求得板桩的入土深度。

（5）板桩任一截面的弯矩等于极矩（力的比例尺）与索线多边形力矩图上相应的坐标（距离的比例尺）的乘积，按此可求得所需板桩的截面及配筋。

三、弹性地基梁法

用极力平衡法和图解法都无法确定桩顶位移，但用弹性地基梁法可以同时计算排桩的内力和位移。这里仅以位移计算说明弹性地基梁的应用。

悬臂式支护结构位移计算采用如下假设：在坑底附近选一基点O，顶端位移由两部分组成——O点以上部分作为悬臂梁计算，O点以下部分按弹性地基梁计算。其具体表达式为：

$$S=\delta+\Delta+y\theta \qquad\qquad （2-1）$$

式中：S——围护桩顶端总位移；

y——O点以上长度；

δ——按悬臂梁计算（固定端设在O点）顶端位移值；

Δ——O点处桩的水平位移值；

θ——O点处桩的转角。

对上下段结构的分界点（O点）位置，目前国内有不同的处理方法：

（1）假定在基坑底面；

（2）假定在土压力等于零处；

（3）假定在剪力等于零处。

第四节　单支点排桩支护结构的计算原理

一、概述

顶端支撑（或锚系）的排桩支护结构与顶端自由（悬臂）的排桩二者是有区别的。顶端支撑的支护结构，由于顶端有支撑而不致移动形成一铰接的简支点。至于桩埋入土内部分，入土浅时为简支，入土深时则为嵌固。下面所介绍的就是桩因入土深度不同而产生的几种情况。

（1）支护桩入土深度较浅，支护桩桩前的被动土压力全部发挥，对支撑点的主动土压力的力矩和被动土压力的力矩相等。此时墙体处于极限平衡状态，由此得出的跨间正弯矩值最大，但入土深度最浅，这时其墙前被动土压力全部被利用，墙的底端可能有少许向左位移的现象发生。

（2）支护桩入土深度增加，大于最浅入土深度时，则桩前的被动土压力得不到充分发挥与利用，这时桩底端仅在原位置转动一角度而不致有位移现象发生，这时桩底的土压力便等于零。未发挥的被动土压力可作为安全度。

（3）支护桩入土深度继续增加，墙前、墙后都出现被动土压力，支护桩在土中处于嵌固状态，相当于上端简支下端嵌固的静不定梁。它的弯矩已大大减小而出现正负两个方向的弯矩。其底端嵌固弯矩的绝对值略小于跨间弯矩的数值，压力零点与弯矩零点基本吻合。

（4）支护桩的入土深度进一步增加，这时桩的入土深度已嫌过深，墙前墙后的被动土压力都不能充分发挥和利用，它对跨间弯矩的减小不起太大作用，因此支护桩入土深度过深是不经济的。

以上四种状态中，第四种的支护桩入土深度已嫌过深而不经济，所以设计时都不采用。第三种是目前常采用的工作状态，一般使正弯矩为负弯矩的110%~115%作为设计依据，但也有采用正负弯矩相等作为依据的。由该状态得出的桩虽然较长，但因弯矩较小，可以选择较小的断面，同时因入土较深，比较安全可靠；若按第一、第二种情况设计，可得较小的入土深度和较大的弯矩，对于第一种情况，桩底可能有少许位移。自由支承比嵌固支承受力情况明确，造价经济合理。

单支点的排桩计算方法有多种，包括平衡法、图解法（弹性线法）、等值梁法、有限元法等，本节我们主要介绍平衡法和等值梁法。

二、自由端单支点支护的计算（平衡法）

自由端单支点支护结构桩的右侧为主动土压力，左侧为被动土压力。

可采用下列方法确定桩的最小入土深度 t_{min} 和水平向所需支点力R。

取支护单位宽度，对A点取矩，令弯矩 M_A=0，ΣZ=0，则有：

$$M_{Ea1} + M_{Ea2} + M_{Ep} = 0 \qquad (2\text{-}2)$$

$$R = E_{Ea1} + M_{Ea2} - E_p \qquad (2\text{-}3)$$

式中：M_{Ea1}、M_{Ea2}——基坑底以上主动土压力合力对A点的力矩；

M_{Ep}——被动土压力合力对A点的力矩；

E_{Ea1}、M_{Ea2}——基坑底以上及以下主动土压力合力；

E_p——被动土压力合力；

R——水平向支点力。

三、等值梁法

按一端嵌固另一端简支的梁进行研究，若在得出此弯矩图前已知弯矩零点位置，并于弯矩零点处将梁（桩）断开以简支计算，则不难看出所得该段的弯矩图将同整梁计算时一样，此断梁段即称为整梁在该段的等值梁。实际上，单支撑挡墙其净土压力零点位置与弯矩零点位置很接近，因此可在压力零点处将板桩划开作为两个相连的简支梁来计算。这种简化计算法就称为等值梁法，其计算步骤如下。

（1）根据基坑深度、勘察资料等，计算主动土压力与被动土压力，求出土压力零点B的位置，并计算B点至坑底的距离u值。

（2）由等值梁AB根据平衡方程计算支撑反力R_a及B点剪力Q_B。

（3）由等值梁BG求算板桩的入土深度，近似计算将G点以下桩土的土压力合力简化成一作用于G点的集中力E'_p。

（4）求剪力为零的点，计算最大弯矩。

第五节　多支点排桩支护的结构原理

目前，多支点支撑结构的计算方法很多、一般有等值梁法（连续梁法），1/2分担法、逐层开挖支撑（锚杆）力不变法、"m"法，考虑开挖过程的计算方法等。

一、连续梁法

此前已阐明等值梁法的计算原理，当多支撑时其计算原理相同，一般可当作刚性支承的连续梁计算（支座无位移），并应对每一施工阶段建立静力计算体系。

（一）分类

基坑支护系统，应按以下各施工阶段的情况分别进行计算。

（1）在设置支撑A以前的开挖阶段，可将挡墙作为一端嵌固在土中的悬臂桩。

（2）在设置支撑B（A下）以前的开挖阶段，挡墙是两个支点的静定梁，两个支点分别是A及图中净土压力为零的一点。

（3）在设置支撑C（B下）以前的开挖阶段，挡墙是具有三个支点的连续梁，三个支点分别为A、B及土中的土压力零点。

（4）在浇筑底板以前的开挖阶段，挡墙是具有四个支点的三跨连续梁。

以上各施工阶段，挡墙在土内的下端支点，如上述取土压力零点，即地面以下的主动土压力与被动土压力平衡之点。

（二）计算步骤

计算方法与步骤简要介绍如下。

（1）按土的参数计算主、被动土压力系数（有摩擦）。

（2）计算土压力强度为零点距坑底的距离（该点假定为零弯矩点）。

（3）将地面到桩底的受力剖面图，作为相应的连续梁支点及荷载图。

（4）分段计算梁的固端弯矩。

（5）用弯矩分配法平衡支点弯矩。

（6）分段计算各支点反力并核算反力与荷载是否相等。

（7）计算桩、墙插入基坑深度。

（8）以最大弯矩核算钢板桩、型钢的强度，或计算灌注桩断面尺寸及配筋。

二、1/2分担法

多支撑连续梁的一种简化计算用1/2分担法，计算较为简便。已确定土压力（设计计算时必须确定土压力分布）时，则可以用1/2分拉法计算多支撑的受力，这种方法不考虑桩、墙体支撑变形，将支撑承受的压力（土压力、水压力、地面超载等）分给相邻的两个支撑，每一支撑受压力的一半，求支撑受的反力，然后求出正负弯矩、最大弯矩，以核定挡土桩的截面及配筋。这种计算较方便。

三、逐层开挖支撑（锚杆）力不变法

多层支护的施工是先施工挡土桩或挡土墙，然后开挖第一层土，挖到第一层支撑或锚杆点以下若干距离，进行第一层支撑或锚杆施工。然后第二次挖第二层土，挖到第二层支撑（锚杆）支点下若干距离，进行第二层支撑或锚杆施工。如此循序作业，直挖到坑底。

其计算方法是根据实际施工，按每层支撑受力后不因下阶段支撑及开挖而改变数值的原理进行的。

计算假定：

（1）每层支撑（锚杆）受力后不因下阶段开挖支撑（锚杆）设置而改变其数值，钢支撑加轴力，锚杆加预应力。

（2）第一层支撑后，第二层开挖时其变形甚小，认为不再变化，第二层支撑后开挖第三层土方，认为第二层支撑变形不再变化。

（3）第一层支撑（锚杆）阶段，挖土深度要满足第二层支撑（锚杆）施工的需要，第二层支撑（锚杆）时其挖土深度需满足第一层支撑（锚杆）施工的需要。

（4）每层支撑后其支点计算时可按简支考虑。

（5）逐层挖土支撑时皆须考虑坑下零弯点距离，即近似地为土压力为零点距离。设计时需注意，基坑开挖到第一支点以下而未做支撑时，必须考虑悬臂桩的要求，如弯矩、位移。在做第一层支撑时要满足第二阶段挖土而第二层支撑尚未施工时的水平力。下层支撑计算同上，算法同等值梁。

四、"m"法

设有多道支撑的挡墙，前面提到的"m"法同样适用。挡墙在坑底以上的部分可以用结构力学的方法来计算内力，而挡墙在基坑底面以下的入土部分计算，在求得支撑力后，可通过"m"法分析其内力。与前面介绍的几种方法比，"m"法可计算挡墙位移。

五、考虑开挖过程的计算方法

前面介绍的多支撑支护结构的计算方法，多以一般的板桩理论为基础，没有充分考虑开挖过程，支撑似乎在开挖前就已存在，也就是不考虑支撑反力和结构变形随开挖过程的变化。实际上，多支撑支护结构的内力和变形是随开挖过程而变化的。

考虑开挖过程的计算方法，即考虑分步开挖的施工过程对支撑反力、桩身内力和位移的影响，以挠曲线法求解的计算方法，桩在侧向上压力、支撑反力及开挖面以下土的弹性抗力共同作用下产生位移。

第六节　微型钢管桩

一、微型钢管桩的发展

微型钢管桩是在微型桩和钢管桩的基础上发展而来的，微型钢管桩的概念首先是由意大利的Lizi提出的，由Fondedile公司首先开发利用，在意大利语中称为Pali Radiee，在英语中为Root Pile。

微型钢管桩广泛用于支承桩、摩擦桩、支护桩等各类工程。尤其是作为支承桩使用时，由于能够将其充分沉入较坚硬的支承层，故能发挥钢材整个断面的强度。即使在30m以上的深厚软弱土地基中，微型钢管桩也可以沉入较坚实的支承层上，且能充分发挥钢材的承载力。总体来讲，微型钢管桩的主要优点如下。

1.承受强大的冲击力

由于能承受强大的冲击力，因此其穿透和贯入性能优越。若地基中埋藏有厚度不大，标贯击数N=30左右的硬夹层，均可顺利穿过。可根据设计需要贯入坚实的支承层中。

2.承载力大

由于作为桩母材的钢材，其屈服强度高，所以只要将桩沉没到坚实的支承层上，便可获得很大的承载力。

3.水平阻力大，抗横向力强

由于钢管桩的断面强度大，对抵抗弯矩作用的抵抗矩也大，所以能承受很大的水平力。另外，若加大直径后还可以采用大直径厚壁管，因此可广泛地用于承受横向力的系船桩、桥台桥墩上。

4.设计的灵活性大

可根据需要变更桩的壁厚，还可根据需要选定适应设计承载要求的外径。

5.桩长容易调节

当作为桩尖支承层的层面起伏不平时，已准备好的桩会出现或长或短的情况。由于微型钢管桩可以自由地进行焊接接长或气割切短，所以很容易调节桩的长度，这样便可以顺利地进行施工。

6.接缝安全，适于长尺寸施工

由于钢管桩易于做成焊接接头，将桩段拼接且接缝的强度与母材强度相等，所以能够定出适应需要的埋设深度。

7.与上部结构容易结合

通过将钢筋预先焊于桩上部，钢管桩很容易与上部的承台混凝土结合，也可以直接同上部结构相焊接，保证上下共同工作。

8.打桩时排土量少

微型钢管桩可以开口打入，也可以预钻孔植入，相对来说排土截面面积小，打入效率高，对黏土地基的扰动作用小，对邻近建（构）筑物没有不利影响，可在小面积现场进行非常密集的打桩施工，最适用于高层建筑物，大型机械设备基础和港湾结构物等，在小面积上作用大荷重的工程。

9.搬运、堆放操作容易

微型钢管桩自重轻，不必担心破损，容易搬运堆放操作。

10.节省工程费用、缩短工期

由于微型钢管桩具有上述许多特点，若在实际工程中能充分利用这些特点，就可以缩短工期。微型钢管桩最适合快速施工。因此，其综合经济效益高，相对而言可节省工程费用。

微型钢管桩和其他钢桩的材质一样，一般采用普通碳素钠，而其中又常用2号钢和3号钢制造钢管。钢管桩大部分是由螺旋钢管制成的，电焊钢管只部分使用于小壁厚的桩（一般认为直径500mm，板厚2.7mm以内）。

二、微型钢管桩设计

（一）桩土作用和断面设计

桩在竖向荷载的作用下，尤其是当桩在极限承载力状态下，桩顶荷载由桩侧阻力和桩端阻力共同分担，而它们的分担比例主要由桩侧，桩端地基土的物理力学性质，桩的尺寸、施工工艺和桩的长径比所决定。现行规范按竖向荷载下桩土相互作用的特点、桩侧和桩端分担荷载比例和发挥程度，将桩分为摩擦型桩和端承型桩两大类，其中摩擦型桩又分为摩擦桩和端承摩擦桩，端承型桩分为端承桩和摩擦端承桩两类。

应用线弹性理论进行分析结果表明，影响桩土体系荷载传递的因素主要有：

（1）桩端土与桩周土的刚度比E_b/E_s：当刚度比$E_b/E_s=0$时，荷载全部由桩侧摩阻力承担，属纯摩擦桩；当刚度比$E_b/E_s=1$时，属均匀土层中的摩擦桩，其荷载传递出线和桩侧摩阻力分布与纯摩擦桩相近；当$E_b/E_s=\infty$且为中长桩（$L/d\approx50$）时，属于端承桩。

（2）桩土的刚度比E_p/E_s：当E_p/E_s愈大时，桩端阻力所分担的荷载比例愈大；反之，桩端阻力分担的荷载比例降低，桩侧阻力分担荷载比例增大。对于$E_p/E_s<10$的中长桩（$L/d\approx50$），其桩端阻力接近于零。这说明对于砂桩、碎石桩、灰上桩等低刚度桩组成的基础，应按复合地基工作原理进行设计。

（3）桩长径比L/d：L/d对荷载传递的影响较大。比如在均匀土层中的钢筋混凝土桩，其荷载传递性状主要受L/d的影响。当$L/d\geq100$时，桩端土的性质对荷载传递的影响很小。

另外，桩端扩大头与桩身直径之比D/d：D/d越大，桩端阻力分担的荷载比例越大。

（二）微型钢管桩断面和桩端设计

根据荷载特征和施工条件的要求，可自行设计断面形状。一般有管型断面或在钢管内设置十字钢和工字钢，也可以在钢管内用钢板隔开，增大钢材断面，以提高抗压力。这几种断面常常被做成开口形式以减小施工过程中的挤土效应。当轴向抗压强度不够时，可将挤入管中的土用高基水冲除后灌注混凝土，对于微型钢管，因直径较小，可采用先成孔的方法来解决。此外，还可内置H型钢桩，其比表面积大，能同时提供较大的摩阻力和抗压力，对于承受侧向荷载的桩，可根据弯矩沿桩身的变化局部加强其断面刚度和强度。如果受到一定施工条件的限制，同时也为了充分发挥两种组合材料的性能，往往采用组合材料桩。比如微型钢管桩内填充混凝土，或下部为混凝土桩，上部为微型钢管灌注桩等。

按尖端局部构造形式分为开口桩与闭口桩两种：从国内外的使用情况看，开口的比较多，这是因为开口桩打入过程中排土量比较小，容易打入，因而施工中所带来的副作用比较小，具体划分如下。

（1）开口桩：分为带加强箍（带内隔板或不带内隔板）、不带加强箍（带内隔板或不带内隔板）。

（2）闭口桩：其桩端可分为平底和锥形。

（三）桩的选型

桩的选型：微型钢管桩虽然具有其他材质的桩（比如钢筋混凝土桩）无法比拟的优点，但由于耗钢量大，因此在工程应用上，应通过技术经济比较和必要的审批程序，目的是避免盲目性。在桩基选型时，必须考虑的项目如下。

（1）应能在其所需耐久期限内安全地支撑构筑物，并且不发生有害的沉降及变形。

（2）满足第一条的情况下，较其他施工方法经济。

（3）在预定工期内能确保施工，并且不影响附近的建（构）筑物。

（4）对预料中今后的地基条件及场地周状态的变化不产生危害。

微型钢管桩的选型：微型钢管桩的选型往往同上部结构对桩的承载力要求、桩的平面布置等密切相关。微型钢管桩承载力的决定方式可采用单桩静载荷试验，按规范公式估算、通过静力触探估算、动力试桩等方式加以确定。

桩的最小中心间距，一般采用3倍桩径以上。

三、微型钢管桩作用机制和计算方法

（一）微型钢管桩的加固机制

因混凝土或水泥被强制灌入钢管桩中，故沿桩周产生的摩阻力比较大，它使桩获得了所需的抗压和抗拉能力。当桩植入很深的淤泥或水中时，就可能产生压曲的问题。

研究表明，微型钢管桩的承载力与其下端是否闭合有关，闭口钢管桩的承载力变形机制与混凝土预制桩是相同的。虽然钢管桩的表面性质和混凝土预制桩的表面不同，但试验已证明其承载力基本相同。因一般侧阻的剪切破坏面发生在靠近桩表面的土体中，而不是发生在桩土截面上，故桩的承载力验算根据土层参数采用混凝土预制桩的承载力参数。根据以上认识，可以进行桩基础承载力验算。

（二）微型钢管桩的计算方法

传统的桩基设计方法分别计算桩的自身结构承载力和桩周土摩阻力的承载力。对于微型钢管桩来说，其承载力由桩周摩阻力和桩端阻力两部分组成。由于桩和桩周土、桩端间的荷载传递机制十分复杂，目前还难以用数字来准确表达，但在确定桩的极限承载力时，还是可以通过分析桩与桩周土间的摩擦以及桩周土与桩端土（岩）的抗剪抗压变形特性，对桩土体系的荷载传递特性做出数量上的评价。

微型钢管桩由于直径小、用量多，通常布置成网状，作用可以分为两种：一是边坡加固的概念，相当于一个边坡加固结构或者一个土壁或岩壁的土钉系统，用桩包围滑面以上的土并"钉"住滑面增大抗剪阻力，基本方法是计算桩基对自然土阻力的作用；二是重力挡土墙的概念，桩不受拉力，只承受压力和剪力，取决于实际现场微型钢管桩与土的相互关系，故仍以经验和主观判断为主。

在国外，意大利把微型钢管桩的作用视为加强土体的抗剪性，而日本多将微型桩按布置方式分为受压或受拉两类加固方法。在微型钢管桩的设计中，首先进行微型钢管桩的布置，然后按布置情况验算受拉加固或受压加固，按受力模式对内力和外力进行计算分析。

内力分析为：钢材的拉应力、压应力和剪应力，灌浆材料的压应力，微型钢管桩局土的压应力，微型钢管桩的设计长度，钢材与压顶梁的弯曲压应力等。

外力分析为：将微型钢管桩视为刚体时的稳定性，包括微型钢管桩在内的自然土体的整体稳定性。

第七节　排桩和连续墙支护设计

一、排桩支护设计

排桩式围护结构主要指采用钻孔灌注桩或人工挖孔桩组成的墙体。与地下连续墙相比，其优点在于施工工艺简单、成本低、平面布置灵活，缺点是防渗和整体性较差。对于地下水位较高的地区，排桩式围护结构必须与止水帷幕相结合使用，在这种情况下，防水效果的好坏，直接关系基坑工程的成败，须认真对待。

桩排式围护结构设计是在肯定总体方案的前提下进行的，此时，挖土、围护型式，支撑布置，降水等问题都已确定，围护结构设计的目的是确定围护桩的长度、直径、排列以及截面配筋，对于坑内降水的基坑，还要设计止水帷幕。

（一）排桩的布置和材料

1.材料

钻孔灌注桩通常采用水下浇筑混凝土的施工工艺，混凝土强度等级不宜低于C20（常取C30），所用水泥通常为42.5级或52.5级普通硅酸盐水泥。钢筋常采用Ⅱ级螺纹钢。

2.桩体布置

当基坑不考虑防水（或已采取降水措施时），桩体可按一字形间隔排列或相切排列，间隔排列的间距常取2.5～3.5倍的桩径，土质较好时，可利用桩侧"土拱"作用适当扩大桩距；当基坑需考虑防水时，可按一字形搭接排列，也可按间隔或相切排列，外加防水帷幕。

3.防渗措施

钻孔灌注桩排桩墙体防渗可采取两种方式：一是将钻孔桩体相互搭接，二是另增设防水抗渗结构。前一种方式对施工要求较高，且由于桩位、桩垂直度等的偏差所引起的墙体渗漏水仍难以完全避免，所以在水位较高的软土地区，一般采用后一种方式，此时，桩体间可留100～150mm的施工间隙。具体的防渗止水方法主要有：①桩间压密注浆；②桩间高压旋喷；③水泥搅拌桩墙。

（二）确定围护桩的几何尺寸

1.围护桩的长度

围护桩的长度由基坑底面以上部分和以下部分组成，基坑底面以下部分称为插入深度。插入深度取决于基坑开挖深度和土质条件，所确定的插入深度应满足基坑整体稳定、抗渗流稳定、抗隆起稳定以及围护墙静力平衡的要求。设计时，先按经验选用，然后进行各种验算。

2.围护桩的直径

围护桩的直径也取决于开挖深度和土质条件，一般根据经验选用。

在钻孔灌注桩合理使用的开挖深度范围内，桩径变化范围为800～1100mm；对于开挖深度在10m以内的基坑，桩径一般不超过900mm；开挖深度大于11m的基坑，桩径一般不小于1000mm。

3.排桩式围护结构的折算厚度

排桩式围护结构虽由单个桩体组成，但其受力形式与地下连续墙类似。分析时，可将桩体与壁式地下连续墙按抗弯刚度相等的原则等价为一定厚度的壁式地下墙进行内力计算，称为等刚度法。

4.桩身的构造与配筋

桩身纵向受力主筋一般要求沿圆截面周边均匀布置，最小配筋率为0.42%且不少于6根，主筋保护层不应小于50mm。箍筋宜采用中（6～8）螺旋箍筋，间距一般为200～300mm，每隔1500～2000mm应布置一根直径不小于12mm的焊接加强箍筋，以增强钢筋笼的整体刚度，有利于钢筋笼吊放和水下浇灌混凝土。钢筋笼底端一般距离孔底

200～500mm。桩身纵向钢筋应按基坑开挖各阶段与地下室施工期间各种工况下桩的弯矩包络图配筋，当地质条件或其他因素复杂时也可按最大弯矩通长配筋。

（1）桩身作为一个构件，配筋应满足截面承载力的要求。桩身截面的内力主要由土压力产生，计算土压力的抗剪强度指标是标准值，因此求得的桩身内力也是标准值。但截面承载力是由混凝土规范所提供的混凝土和钢筋的强度设计值组成的，这就使得设计表达式两侧设计变量的性质不一致，必须加以调整。

（2）计算桩身内力时一般按平面问题处理，求得的是每延米围护墙的内力。但桩身截面配筋是按每根桩计算的，这里有一个内力数值的换算问题，即将每延米的内力换算为每根桩的内力。

二、地下连续墙设计

地下连续墙是指分槽段用专用机械成槽、浇筑钢筋混凝土所形成的连续地下墙体，亦可称为现浇地下连续墙。具体施工过程是先构筑导墙，然后在导墙内用抓斗式、冲击式或回转式等成槽工艺，在特制泥浆护壁的情况下，开挖一条一定长度的沟槽至设计深度，形成一个单元槽段，清槽后在槽内放入预先在地面上制作好的钢筋笼，然后用导管法浇灌水下混凝土，混凝土自下而上充满槽内并将护壁泥浆从槽内置换出来，形成一个单元墙段，然后按照成槽顺序依次逐段进行，各单元墙段之间用各种接头相互连接，形成一条完整的地下连续墙体。

（一）地下连续墙的特点及适用性

1.特点

地下连续墙在基坑支护实践中具有以下明显的优点。

（1）结构刚度大，整体性好，结构变形较小，开挖过程中具有较高的安全性。

（2）墙体具有良好的抗渗性能，坑内降水对坑外的影响较小。

（3）墙体具有良好的耐久性，配合逆作法施工，墙体也可作为地下室外墙，将支护墙体和结构外墙"二墙合一"，可大大缩短地下室施工工期并降低工程造价。

（4）施工时基本上无噪声、低振动，对周边环境的影响较小。

但地下连续墙也存在泥浆污染和废浆处理、在穿越粉细砂层时成槽过程中容易产生槽壁坍塌、墙体接头部位渗漏等问题。

2.适用性

由于受到施工机械的限制以及造价较高，地下连续墙只有用在一定深度的基坑工程或者其他特殊条件下才会显示其经济性以及特有优势，一般适用于以下情况。

（1）软土地区基坑开挖深度较大，特别是在超深基坑如开挖深度达30～50m的深基坑，在采用其他支挡构件无法满足要求时，常采用地下连续墙进行支护。

（2）周边环境要求严格，对基坑的变形和防水要求较高时。

（3）地下室与规划红线距离很小，采用其他支挡结构不能留出足够的施工作业空间的。

（4）采用逆作法施工，且支护结构与主体结构相结合的工程。

（二）地下连续墙设计

1.墙体厚度和槽段形状、长度

地下连续墙的墙体厚度应根据成槽机的规格、墙体抗渗要求以及对墙体的强度与变形要求综合确定。按现有施工设备能力，现浇地下连续墙最大墙厚可达1500mm，采用特制挖槽机械的薄层地下连续墙，最小墙厚仅450mm。常用成槽机的规格为600mm、800mm、1000mm或1200mm墙厚。

单元槽段的平面形状有一字形、L形和T形以及折线形等。对于坑边直线段采用一字形，地下连续墙的转角处或对环境条件要求高、槽段深度较深以及槽段形状复杂的基坑工程，可采用L形和T形以及折线形等。

槽段长度是影响槽壁稳定性的主要因素，相比而言，开挖深度对稳定性的影响并不显著。单元槽段的长深比的大小影响土拱效应的发挥，长深比越大，土工效应越差，槽壁越不稳定。对于一字形槽段长度宜取4~6m，其余形式的槽段各肢长度的总和不宜超过6m。当成槽施工可能对周边环境产生不利影响或槽壁稳定性较差时，应通过槽壁稳定性验算，合理划分槽段的长度，并取较小的槽段长度。必要时，宜采用搅拌桩对槽壁进行加固。

2.嵌固深度

地下连续墙作为支挡结构，其嵌固深度应满足结构的强度和变形要求以及基坑稳定性验算要求，除此以外，地下连续墙应具有隔水作用，因此其深度还应满足地下水控制设计要求。

3.内力与变形设计

内力与变形的计算目前主要采用平面杆系弹性支点法进行计算，在具有较丰富经验的前提下，也可采用空间"m"法以及连续介质有限元法计算。

4.墙身截面承载力验算

应根据各工况的内力计算结果对墙体进行截面承载力验算，以此进行配筋设计。地下连续墙一般应进行正截面受弯承载力和斜截面受剪承载力计算，当需要承受竖向荷载时，还应进行竖向受压承载力验算。

5.构造设计

（1）地下连续墙的混凝土设计强度等级宜取C30~C40。地下连续墙用于截水时，墙体混凝土抗渗等级不宜小于P6，槽段接头应满足截水要求。当地下连续墙同时作为主体地下结构构件时，墙体混凝土抗渗等级应满足现行国家标准《地下工程防水技术规范》（GB 50108-2008）及其他相关规范的要求。

（2）地下连续墙纵向受力钢筋的保护层厚度，在基坑内侧不宜小于50mm，在基坑外侧不宜小于70mm。

（3）地下连续墙的钢筋笼由纵向受力钢筋、水平钢筋、封口钢筋及构造加强钢筋构成。纵向受力钢筋应沿墙身每侧均匀配置，可按内力大小沿墙体纵向分段配置，且通长配置的纵向钢筋不应小于50%；纵向受力钢筋宜采用HRB400级或HRB500级钢筋，直径不宜小于16mm，净间距不宜小于75mm。水平钢筋及构造钢筋宜选用HPB300或HRB400级钢筋，直径不宜小于12mm，水平钢筋间距宜取200～400mm。冠梁按构造设置时，纵向钢筋锚入冠梁的长度宜取冠梁厚度。冠梁按结构受力构件设置时，桩身纵向受力钢筋伸入冠梁的锚固长度应符合现行国家标准《混凝土结构设计规范》（GB 50010-2010）对钢筋锚固的有关规定。当不能满足锚固长度的要求时，其钢筋末端可采取机械锚固措施。

钢筋笼端部与槽段接头之间、钢筋笼端部与相邻墙段混凝土接头面之间的间隙不应大于150mm，纵向受力钢筋下端500mm长度范围内宜按1∶10的斜度向内收口。

6.单元墙段接头及选用原则

为保证墙体的连续性和完整性，同时为了满足抗渗要求，各单元槽段应采用连接接头将各单元槽段连接。根据受力特性，接头可分为刚性接头和柔性接头，刚性接头是指接头能够承受弯矩、剪力和水平拉力的施工接头，不能承受的就是柔性接头。

槽段接头应按下列原则选用。

（1）地下连续墙宜采用圆形锁口管接头、波纹管接头、楔形接头、工字形钢接头或混凝土预制接头等柔性接头。

（2）当地下连续墙作为主体地下结构外墙，且需要形成整体墙体时，宜采用刚性接头；刚性接头可采用一字形或十字形穿孔钢板接头、钢筋承插式接头等；在采取地下连续墙顶设置通长的冠梁、墙壁内侧槽段接缝位置设置结构壁柱、基础底板与地下连续墙刚性连接等措施时，也可采用柔性接头。

7.冠梁构造

地下连续墙是采用分幅施工而成，墙顶应设置通长的冠梁将地下连续墙连成结构整体。冠梁宽度不宜小于墙厚，高度不宜小于墙厚的0.6倍，且宜与地下连续墙迎土面平齐，以避免凿除坑外导墙，利用外导墙对墙顶以上土体挡土护坡。

冠梁钢筋应符合现行国家标准《混凝土结构设计规范》（GB 50010-2010）对梁的构造配筋要求。冠梁用作支撑或锚杆的传力构件或按空间结构设计时，尚应按受力构件进行截面设计。

第八节 SMW工法桩设计

一、概述

在设计上，重力式水泥土墙作为刚性支护墙体，其抗拉、抗弯承载力存在不足，针对此问题，20世纪90年代后期，我国研究开发了型钢水泥土搅拌墙，即SMW工法（Soil Mixed Wall），它是在连续套接的三轴水泥土搅拌桩内插入型钢形成的复合挡土隔水结构。

SMW工法除具有重力式水泥土墙的优点，同时具有良好的抗压强度和止水功能，因搅拌桩桩身内配有型钢，因此又具有良好的抗拉、抗弯与抗剪性能，能较好地满足基坑支护的要求；同时，在地下结构施工完成后，还可以将型钢从水泥土搅拌桩中拔出来回收利用。

目前工程中的搅拌桩主要有双轴和三轴两种。双轴搅拌桩的成桩质量、均匀性和垂直度均较差，在深度较深时，双轴搅拌桩桩体之间的搭接难以完全保证，一旦遇到障碍物，钻杆容易弯曲，影响搅拌桩的隔水效果，并且在硬质粉土和砂性土中搅拌困难。考虑到SMW工法中的搅拌桩不仅要起到隔水作用，更重要的是对型钢的包裹嵌固作用，为此，型钢水泥土搅拌墙中的搅拌桩应采用三轴水泥土搅拌桩。

二、型钢水泥土搅拌墙的设计

SMW工法是以内插型钢作为主要受力构件，三轴水泥土搅拌桩作为截水帷幕的复合挡土截水结构。型钢水泥土搅拌墙的内力和变形，可采用平面杆系结构弹性支点法计算，在有经验时，也可采用连续介质有限元的平面和空间分析方法计算。在进行支护结构内力计算以及整体稳定性、抗倾覆、抗滑移、抗隆起等各项稳定性验算中，支护结构的深度应取型钢的插入深度，不应计入型钢端部以下水泥土搅拌桩的作用。

在得到结构的内力和变形后的设计与计算，包括型钢的设计和水泥土桩的设计两部分。型钢的设计计算主要包括型钢的布设方式、间距、截面尺寸以及插入水泥土桩的长度，对于水泥土搅拌桩主要是确定其嵌固深度。

（一）型钢截面尺寸

内插型钢宜采用H型钢。目前工程中三轴水泥土搅拌桩大量应用的是直径650mm、850mm、1000mm三种，相互搭接200mm。一般情况下，当水泥土桩为A650@450时，宜内插H500×300或H500×200型钢；为A50@600时，宜内插H700×300型钢；为A1000@750时，宜内插H800×300或H850×300型钢。

考虑到型钢作为主要受力构件，型钢的截面尺寸由截面承载力计算确定。

（二）型钢的插入深度和水泥土桩的长度

型钢水泥土搅拌墙的设计是以型钢作为主要受力构件，确定其插入深度实质上就是要确定挡土结构的嵌固深度，因此，型钢的嵌固深度应按重力式水泥土墙的稳定性计算要求确定。另外，考虑到型钢的回收利用，在确定型钢的插入深度时，还应考虑地下结构施工完成后型钢能否顺利拔出的因素。

水泥土桩的长度按重力式水泥土墙的抗渗稳定条件确定。

（三）型钢的布设方式及间距

型钢的布置方式有密插型、插二跳一型和插一跳一型三种。按上述三种布设方式，根据不同的桩径，H型钢的间距布置如表2-2所示。

表2-2 不同桩径、不同布设方式的H型钢间距

桩径	密插型	插二跳一型	插一跳一型
650	450	1350	900
850	600	1800	1200
1000	750	2250	1500

在基坑外侧的水土压力作用下，型钢净距之间的素水泥土桩段也需要承担局部剪应力，型钢间距越大，其需要承担的剪应力也越大。因此，当型钢采用插一跳一和插二跳一的布设方式时，应按下述要求进行型钢净距之间的素水泥土桩段的错动受剪承载力和受剪截面面积最小的最薄弱面受剪承载力验算。

（1）型钢与水泥土之间的错动受剪承载力验算按下列公式计算：

$$\tau_1 \leqslant \tau \qquad (2-4)$$

$$\tau_1 = \frac{\gamma_0 \gamma_F V_1}{d_{e1}} \qquad (2-5)$$

$$V_{1k} = q_k L_1 / 2 \qquad (2-6)$$

$$\tau = \frac{\tau_{ck}}{1.6} \qquad (2-7)$$

式中：τ_1——作用于型钢与水泥土之间的错动剪应力设计值（N/mm²）；

V_{1k}——作用于型钢与水泥土之间单位深度范围内的错动剪力标准值（N/mm）；

q_k——作用于型钢水泥土搅拌墙计算截面处的侧压力强度标准值（N/mm²），计算截面应取水土压力最大的截面，一般位于开挖面位置；

L_1——相邻型钢翼缘处之间的净距（mm）；

d_{e1}——型钢翼缘处水泥土墙体的有效厚度（mm）；

τ——水泥土抗剪强度设计值（N/mm²）；

τ_{ck}——水泥土抗剪强度标准值（N/mm²），可取搅拌桩28d龄期无侧限抗压强度的 1/3。

（2）在型钢间隔设置时，水泥土搅拌桩最薄弱截面局部受剪承载力应按下列公式计算：

$$\tau_2 \leqslant \tau \qquad (2-8)$$

$$\tau_2 = \frac{\gamma_0 \gamma_F V_2}{d_{e2}} \qquad (2-9)$$

$$V_{2k} = q_k L_2 / 2 \qquad (2-10)$$

式中：τ_2——作用于水泥土最薄弱截面处的局部剪应力设计值（N/mm²）；

V_{2k}——作用于水泥土最薄弱截面处单位深度范围内的剪力标准值（N/mm）；

L_2——水泥土相邻最薄弱截面的净距（mm）；

d_{e2}——水泥土最薄弱截面处墙体的有效厚度（mm）。

（四）构造要求

1.材料要求

（1）水泥及水泥用量：型钢水泥土搅拌墙的水泥土桩所用水泥宜采用强度等级不低于P42.5级的普通硅酸盐水泥，材料用量和水灰比应结合土质条件和机械性能等指标通过现场试验确定。

计算水泥用量时，被搅拌土体的体积可按搅拌桩单桩圆形截面面积与深度的乘积计算。在型钢依靠自重和必要的辅助设备可插入到位的前提下，水灰比取小值。在填土、淤泥质土等特别软弱的土中以及在较硬的砂性土、沙砾土中，钻进速度较慢时，水泥用量应适当提高。

（2）水泥土：搅拌桩28d龄期无侧限抗压强度设计值不宜低于0.8MPa。

（3）型钢：内插型钢宜采用Q235B级钢和Q345B级钢，可采用焊接型钢或轧制型钢。型钢应尽量采用整材，当需要接长时应采用坡口焊等强焊接，且单根型钢焊接接头不应超过两个，焊接接头的位置应尽量远离支撑位置，离开挖面距离不小于2m；相邻型钢的接头应错开布置，错开距离不小于1m；为便于以后的拔出利用，在插入前可在型钢表面涂抹减少摩擦阻力的材料。

2.水泥土搅拌桩设计参数

水泥土搅拌桩的施工应采用套接-孔法施工。套接-孔法是指在连续的三轴水泥土搅拌桩中有一个孔是完全重叠的施工方法。同时，桩的入土深度应比型钢插入深度深0.5～1.0m。

除采取以上施工方法外，三轴水泥土搅拌桩还应控制水泥浆液的流量在 280～320L/min 之间，泵送压力控制在 1.5～2.5MPa 之间，钻头的下沉速度一般在 0.3～1.0m/min，提升速度在 1～2m/min。

3.冠梁和腰梁

型钢水泥土搅拌墙的顶部应设置钢筋混凝土冠梁，如设置有内支撑，冠梁宜作为上面第一道支撑的腰梁。冠梁的截面高度不应小于600mm，宽度比搅拌桩直径大350mm，并应满足截面承载力计算要求。为便于型钢拔出，型钢应穿过冠梁并高出冠梁不小于500mm，并在冠梁混凝土与型钢的接触面上设置不易压缩的油毡等隔离材料。

当采用多道内支撑体系时，支撑腰梁应与型钢水泥土搅拌墙可靠地连接。从安全角度考虑，在基坑开挖过程中，为避免坑面水泥土掉落，一般都将型钢外侧的水泥土剥落，因此腰梁应直接与型钢连接。

（1）当周边环境要求较高，桩身在强透水性土层中或对搅拌桩的抗渗和抗裂要求较高时，应减少型钢间距。在基坑转角部位，特别是在基坑阳角部位，基坑变形较大，应在转角处的水泥土桩内加插型钢以增强墙体刚度，加插的型钢可按转角的角平分线布设。

（2）当采用型钢水泥土墙与其他支挡结构共同作为支护结构时，在两者的连接处应采用高压喷射注浆，保证截水效果。

第九节 土钉墙设计

一、土钉墙概述

（一）土钉墙的概念、特点及类型

1.概念

土钉墙是20世纪70年代发展起来用于土体开挖和边坡稳定的一种支护结构，由随基坑开挖分层设置的纵横向密布的土钉群、喷射混凝土面层及原位土体所组成。

土钉是指植入土中并注浆形成的承受拉力与剪力的杆件，是土钉墙支护结构中的主要受力构件，依靠钉体与土体之间的界面黏结力或摩擦力，在土体发生变形的条件下被动受力，并主要承受拉力作用。

国内常用的土钉有两类：其一是钻孔注浆土钉，即采用钻机或洛阳铲成孔，再植入钢筋杆体，然后沿全长注入水泥浆或水泥砂浆形成的；其二是打入钢花管注浆土钉，即在钢管上设置注浆孔成为钢花管，直接将钢花管打入土体中，再注入水泥浆或水泥砂浆形成的。

2.特点

与其他支护结构相比，土钉墙具有以下特点。

（1）土钉墙尽可能地保持并提高了基坑侧壁土体的自稳定，土钉与土体形成一个密不可分的整体，共同作用，同时混凝土护面的协同作用也强化了土体的自稳定。

（2）土钉墙为柔性结构，有较好的延性，使得土体的破坏有了一个变形的过程而不是脆性破坏；但也正因其为柔性结构，土钉墙对周边土体的变形控制较差。

（3）土钉数量众多，形成土钉群体，个别土钉的失效对整体影响并不大，有研究表明，当某根土钉失效时，上排与同排土钉将起到分担作用。

（4）土钉墙是分层分段施工形成的，每完成一层土钉和土钉位置以上的喷射混凝土面层后，基坑才能挖至下一层土钉施工标高，在此过程中易产生施工阶段的不稳定性，因而土钉墙的设计和施工必须严格按工况进行。

（5）土钉施工所需场地小，支护结构不占用工程空间；同时，施工设备简单，施工方便，噪声小；与土方开挖实行平行流水作业时，可缩短工期；一般来说，成本低于排桩及地下连续墙支护。

3.类型

在应用过程中，由于土钉墙固有的一些缺陷，在一些基坑支护工程中，需要和其他构件联合使用。土钉墙与预应力锚杆、微型桩、旋喷桩、搅拌桩中的一种或多种组成的复合型支护结构，称为复合土钉墙（composite soil nailing wall），复合土钉墙目前主要有以下几种实用类型。

（1）土钉墙+止水帷幕+预应力锚杆。这是应用最广泛的一种支护方式。土钉墙的使用受到地下水位、水量的限制，如果环境不允许降水，就要使用止水帷幕，而土钉墙与止水帷幕的组合对周围环境提出的较为严格的变形要求可能又无法满足，这时需要采用预应力锚杆限制土钉墙的位移。这种方式能满足大多数实际工程的需要。

（2）土钉墙+预应力锚杆。当地层条件为黏性土层和周边环境允许降水时，可不设置止水帷幕。

（3）土钉墙+微型桩+预应力锚杆。当基坑开挖面离建筑红线和周边建筑物距离很近，而土质的自稳性较差时，开挖前需要对土体进行加固，这时可使用各类微型桩进行超前支护，开挖后再实施土钉墙+预应力锚杆来保证土体的稳定，限制土钉墙的位移。微型桩通常采用直径100～300mm的钻孔灌注桩、型钢桩、钢管桩以及木桩等其他类型桩。

（4）土钉墙+止水帷幕+微型桩+预应力锚杆。当基坑深度较大、变形控制要求高、地质条件和环境条件复杂时，可采用这种方式。这种方式常可代替排桩加锚杆或地下连续墙支护方式。在这种支护中，可能需采用多排预应力锚杆，微型桩桩径也较大。

复合土钉墙具有土钉墙的全部优点，并克服了其诸多缺陷，如变形控制问题、截排水问题、土体自稳能力较差等问题，因而大大拓宽了土钉墙的应用范围，并在工程实践中得到了广泛的应用。

（二）土钉墙的适用性

当支护结构安全等级为二、三级，周围放坡条件不充分，临近无重要建筑或地下管线，对变形要求不严格，基坑外地下空间允许锚杆或土钉占用，且土层是地下水位以上或经人工降水后的黏性土、粉土、杂填土和微胶结砂土等具有一定临时自稳能力的土层，开挖深度在12m以内时，可考虑采用土钉墙支护方式。

土钉墙不宜用于没有临时自稳能力的淤泥、淤泥质土、饱和软土、含水丰富的粉细砂层和砂卵石层，也不宜用于周边环境对变形要求严格的基坑支护。当采用复合土钉墙时，支护深度可适当增加，但在周边环境对变形要求严格时也应谨慎使用。

二、土钉墙的设计

（一）土钉墙的设计内容

土钉墙的设计内容主要有：

（1）土钉墙平面、剖面形状以及分层施工高度；

（2）土钉选型；

（3）土钉的几何参数，包括间距、直径、长度、倾角及钢筋的类型和直径等；

（4）注浆配方设计、注浆方式、浆体强度指标；

（5）喷射混凝土面板设计；

（6）坡顶防护措施；

（7）进行土钉墙整体稳定性分析及土钉抗拔力验算，通过计算验证上述设计参数；

（8）现场监测和反馈设计；

（9）绘制施工图、编写施工说明。

（二）土钉墙平面、剖面形状以及分层施工高度

土钉墙平面布置应根据建筑物地下结构布置平面、规划红线以及施工作业空间要求进行，当采用放坡时，应根据设计坡比在平面图上确定坡顶和坡底位置。

坡面采用放坡方式对坡体的稳定性相当有利，在条件允许放坡时，应尽可能地采用较缓的坡度（土钉墙坡度指其墙面垂直高度与水平宽度的比值），提高坡体的稳定性。对于土钉墙和预应力锚杆复合土钉墙的坡度不宜大于1：0.2；当基坑较深、土的抗剪强度较低时，宜取较小坡度；对砂土、碎石土、松散填土，确定土钉墙坡度时尚应考虑开挖时坡面的局部自稳能力；微型桩、水泥土桩复合土钉墙，应采用微型桩、水泥土桩与土钉墙面层贴合的垂直墙面。

当基坑较深、允许有较大放坡空间时，还可以采用分级放坡，每级坡体可根据土质情况设置不同的坡率，两级坡体之间宜设置1~2m放坡平台。

分段施工高度主要由设计的土钉竖向间距确定，考虑施工工作面要求及混凝土面层内钢筋网的搭接长度要求，分段施工高度必须大于土钉竖向间距，一般低于土钉300~500mm，如当土钉竖向间距为1500mm时，分段施工高度为1800~2000mm。

（三）土钉墙的选型

1.土钉选型

因采用洛阳铲成孔比较经济，同时施工速度快，因此对一般土层宜优先使用。对易塌

孔的松散或稍密的砂土、粉土、填土，或易缩径的软土，打入式钢管土钉可以克服洛阳铲成孔时塌孔、缩径的问题，避免因塌孔、缩径带来的土体扰动和沉陷，对保护基坑周边环境有利，此时可以用打入式钢管土钉。机械成孔的钢筋土钉成本高，且土钉数量一般都很多，需要配备一定数量的钻机，只有在洛阳铲成孔或钢管土钉打入困难的土层中时，才采用机械成孔的钢筋土钉。

2.复合土钉墙

（1）采用预应力锚杆复合土钉墙时，预应力锚杆宜采用钢绞线锚杆，且应设置自由段，自由段长度应超过土钉墙坡体的潜在滑动面；当预应力锚杆用于减小地面变形时，锚杆宜布置在土钉墙的较上部位；用于增强面层抵抗土压力的作用时，锚杆应布置在土压力较大及墙背土层较软弱的部位；锚杆与土钉墙的喷射混凝土面层之间应设置腰梁连接，腰梁可采用型钢（槽钢或工字钢）腰梁或混凝土腰梁，腰梁与喷射混凝土面层应紧密接触，腰梁规格应根据锚杆拉力设计值确定。

复合土钉墙中锚杆应施加预应力，预应力的大小应考虑土钉与锚杆的变形协调，土钉在基坑有一定变形发生后才受力，预应力锚杆随基坑变形拉力也会增长。土钉和锚杆同时达到极限状态是最理想的，选取锚杆长度和确定锚杆预加力时，应按此原则考虑。

（2）采用微型桩垂直复合土钉墙时，宜同时采用预应力锚杆；微型桩桩型应根据施工工艺对土层特性和基坑周边环境条件的适用性选用微型钢管桩、型钢桩或灌注桩等；微型桩的直径、规格应根据对复合墙面的强度要求确定，采用成孔后插入微型钢管桩、型钢桩的工艺时，成孔直径宜取130～300mm，对钢管，其直径宜取48～250mm，对工字钢，其型号宜取Ⅰ10～Ⅰ22；孔内应灌注水泥浆或水泥砂浆并充填密实；采用微型混凝土桩时，其直径宜取200～300mm；微型桩的间距应满足土钉墙施工时桩间土的稳定性要求；微型桩伸入基坑底面的长度宜大于桩径的5倍，且不应小于1m。微型桩应与喷射混凝土面层贴合。

（3）采用水泥土桩复合土钉墙时，应根据水泥土桩施工工艺对土层特性和基坑周边环境条件的适用性选用搅拌桩、旋喷桩等桩型；水泥土桩应与喷射混凝土面层贴合，桩身28d无侧限抗压强度不宜小于1MPa，伸入基坑底面的长度宜大于桩径的2倍，且不应小于1m；当水泥土桩兼作截水帷幕时，尚应符合截水要求。

（四）几何参数

（1）当采用洛阳铲或机械成孔注浆型钢筋土钉时，成孔直径宜取70～120mm（洛阳铲一般为60～80mm）；土钉钢筋宜采用HRB400、HRB500钢筋，钢筋直径应根据土钉抗拔承载力设计要求确定，且宜取16～32mm；应沿土钉全长设置对中定位支架，其间距宜取1.5～2.5m，土钉钢筋保护层厚度不宜小于20mm；土钉孔注浆材料可采用水泥浆或水泥砂浆，其强度不宜低于20MPa；

（2）当采用钢管土钉时，钢管的外径不宜小于48mm，壁厚不宜小于3mm；钢管的注浆孔应设置在钢管里端$l/2 \sim 2l/3$范围内，此处，l为钢管土钉的总长度；每个注浆截面的注浆孔宜取2个，且应对称布置，注浆孔的孔径宜取$5 \sim 8mm$，注浆孔外应设置保护倒刺；钢管土钉的接长采用焊接时，接头强度不应低于钢管强度；可采用数量不少于3根、直径不小于16mm的钢筋，且沿截面均匀分布拼焊，双面焊接时钢筋长度不应小于钢管直径的2倍。

（3）土钉长度。土钉长度应按各层土钉受力均匀、各土钉拉力与相应土钉极限承载力的比值近于相等的原则确定。土钉长度越长，抗拔力越高，土钉墙的稳定性越好；但超过一定长度，抗拔效率下降，施工难度和工程造价相应就会提高。目前的工程实践中，长度一般为$5 \sim 12m$，如需要较长土钉时，应考虑采用复合式土钉墙。

（4）分布间距。在立面上土钉的布置方式一般采用矩形或梅花形布置。土钉的间距有水平间距和竖向间距，通常采用等间距布置。土钉间距与土钉长度相关，一般情况下土钉越长，间距越大，同时，竖向间距与土体的开挖稳定性相关。一般土钉水平间距和竖向间距宜为$1 \sim 2m$；当基坑较深、土的抗剪强度较低时，土钉间距应取小值。

（5）倾角。理论上，土钉与整体滑动破裂面垂直时，土钉抗力的发挥将是最充分的，但实际上是做不到的。基坑浅部，破裂面近似垂直，上部土钉倾角越小，对变形的控制效果也越好，但越趋于水平，施工越难，特别是成孔注浆土钉，浆液靠自重灌注，倾角越小，浆液流入就越困难，可能需要多次补浆，并很难保证注浆质量。实践证明，土钉倾角取$5° \sim 20°$是比较适宜的。

从方便设计和施工角度，通常同一排土钉采用相同的倾角，各排土钉可采用不同的倾角。

（五）浆体强度指标、注浆方式设计

注浆材料宜采用水泥浆或水泥砂浆，并加入适量的速凝剂和减水剂，水泥浆或水泥砂浆的强度等级不宜低于M10；注浆水泥应采用普通的硅酸盐水泥，强度不低于P42.5。

视土质的不同和土钉倾角大小的不同，注浆方式可采用重力无压注浆、低压（$0.4 \sim 0.6MPa$）注浆、高压（$1 \sim 2MPa$）注浆、二次注浆等。当采用重力无压注浆时，土钉倾角宜大于15°；当土质较差、土钉倾角水平或较小时，可采用低压注浆和高压注浆，此时应配有排气管；当必须提供较大的土钉抗拔力时，还可采用二次注浆。

（六）喷射混凝土面板及土钉和面板的连接

面板上的土压力并不大，工程中通常采用构造要求设计面板厚度、混凝土强度等级和钢筋配置。面板厚度宜取80～100mm，混凝土设计强度等级不宜低于C20；面板内应配置钢筋网，在土钉位置应设置水平和竖向通长的加强钢筋；钢筋网宜采用HPB300级钢筋，钢筋直径宜取6～10mm，钢筋网间距宜取150～250mm，钢筋网间的搭接长度应大于300mm，保护层厚度不宜小于20mm；加强钢筋的直径宜取14～20mm，当充分利用土钉杆体的抗拉强度时，加强钢筋的截面面积不应小于土钉杆体截面面积的1/2。

土钉与加强钢筋宜采用焊接连接，其连接应满足承受土钉拉力的要求；当在土钉拉力作用下喷射混凝土面层的局部受冲切承载力不足时，应采用设置承压钢板等加强措施。

（七）坡顶防护及防水设计

土钉支护应采取恰当的排水措施，其内容包括地表排水、支护内部排水及基坑内排水。

基坑四周地表应加以修整，修筑排水沟和水泥砂浆或混凝土地面，以防止地表水向下渗透，靠近基坑坡顶2～4m的地面应适当垫高，并且里高外低，便于径流远离边坡。

支护内部排水可采用泄水孔，在喷射混凝土面层前预埋直径A40mm的PVC管，间距可为1.5～2m。

为排除基坑内积水和雨水，基坑底部应设置排水沟和集水坑，排水沟应离开基坑边沿0.5～1m，排水沟和集水坑可用砖砌并用砂浆抹面以防止渗漏，并及时排出基坑内的积水。

第三章　锚杆设计与施工

第一节　锚杆支护技术

锚杆（anchor）是指由杆体（钢绞线、普通钢筋、热处理钢筋或钢管）、注浆形成的固结体、锚具、套管、连接器所组成的一端与支护结构构件连接，另一端锚固在稳定岩土体内的受拉杆件。杆体采用钢绞线时，亦可称为锚索，其作用原理是利用锚固段与土体的摩阻力，对支挡结构产生作用，改变其受力模式，减少支挡结构的内力和变形并使之保持稳定。

锚杆加固技术是近代岩土工程领域中一种重要的加固形式。它是一种结构简单的主动支护，能最大限度地保持围岩的完整性、稳定性，有效地控制围岩变形、位移和裂缝的发展，充分发挥围岩自身的支撑作用，把围岩从荷载变为承载体，变被动支护为主动支护，其具有施工进度快、施工效率高、施工成本低、支护效果好等优点。锚杆这项技术首先在井下巷道使用，以后在煤矿、金属矿山、水利、隧道以及其他地下工程中迅速得到发展。

锚杆有多种类型，从锚杆杆体材料上讲，钢绞线锚杆杆体为预应力钢绞线，具有强度高、性能好、运输安装方便等优点，由于其抗拉强度设计值是普通热轧钢筋的4倍左右，是性价比最好的杆体材料，同时，预应力钢绞线锚杆在张拉锁定的可操作性、施加预应力的稳定性方面均优于普通钢筋，因此，预应力钢绞线锚杆应用最多，也最有发展前景。

随着锚杆技术的发展，钢绞线锚杆又可细分为多种类型，最常用的是拉力型预应力锚杆，还有拉力分散型锚杆、压力型预应力锚杆、压力分散型锚杆，压力型锚杆还可实现钢绞线回收技术，适应越来越引起人们关注的环境保护的要求。

在应用锚杆时，对于易塌孔的松散或稍密的砂土、碎石土、粉土层，高液性指数的饱和黏性土层，高水压力的各类土层中，钢绞线锚杆、普通钢筋锚杆宜采用套管护壁成孔工艺；锚杆注浆宜采用二次压力注浆工艺，锚杆锚固段不宜设置在淤泥、淤泥质土、泥炭、泥炭质土及松散填土层内。在复杂地质条件下，应通过现场试验确定锚杆的适用性。

岩石锚杆的基础是由水泥砂浆或细石混凝土与锚筋注入岩孔内组成的，锚筋与岩体胶结成一个整体，可以承受来自上部结构的压力。因此运用岩石锚杆进行锚固可以削减混凝土的用量、土石方开挖量，减少水泥、沙石、基础钢材及弃土的运输量，这样就大大减少了运输工程量，节约了运输成本，尤其是对地形复杂、运输成本高的高山地区更加适用。

在其他方面，也可以降低人工开挖或爆破作业对基础周围岩石基面树木植被的损害，降低对自然环境的破坏，提高环境保护效益。

由于岩石锚杆的结构形式所限，提高锚杆的抗拔力是比较困难的。因此，可通过数值模拟方法研究锚杆结构形式变化对抗拔力的影响，以提高锚杆的抗拔力为目标，优化锚杆的结构，给出更优的结构形式。使用较少的锚杆数量就可以实现同样的支护效果，大大减少锚杆的使用数量，从工程本身来看，可降低成本，提高经济效益；从社会效益来看，减少建筑材料的使用，实现新型绿色工程的目标，最大限度地满足社会可持续发展的要求，及减少工程建设对生态环境的破坏。总之，本文的研究将有助于提升该领域整体研究水平，提高工程安全性、可控性，节省工程造价，实现安全、环保，创造可观的经济效益、社会效益和环境效益。

第二节 锚杆构造及类型

一、锚杆构造

锚杆是一端（锚固段）固定在稳定地层内，另一端与梁板、格构或其他结构相连接，用于承担基坑外的土、水压力荷载，并维持基坑边坡稳定的一种受力杆件。锚杆一般由外锚具、自由段和锚固段三大部分组成。外锚具是指连接支挡结构，固定拉杆的锁定结构，包括承压板和锚具，锚具可以是螺栓等；自由段是指由外锚具段和锚固段之间的区段，其功能是将外锚具上承受的力传递到锚固段，所承受的力也包括锚杆上施加的预应力；锚固段是指锚杆与周围土体紧密接触的一段，其功能是通过锚固体与土层之间的黏结摩阻作用或锚固体的承压作用，将自由段传来的拉力传至土层深部，由周围土体来承担支护结构上的力。锚杆杆体可以采用钢绞线、普通钢筋、热处理钢筋或中空螺纹钢管，当采用钢绞线时，亦可称为锚索。

二、锚杆类型

根据不同的工程要求，可以采用不同类型的锚杆，因此，可从不同角度对锚杆进行分类。

按照工作年限，锚杆可分为临时性锚杆、永久性锚杆。

按照工作机理，锚杆可分为主动锚杆、被动锚杆，主动锚杆是施加预应力的锚杆，而被动锚杆则是不施加预应力，只有锚杆发生轴向变形后才受力。

按照锚固机理，即杆体与锚固体之间的接触方式分为拉力型锚杆和压力型锚杆。拉力型锚杆的杆体与锚固体之间全部接触，依靠杆体与锚固体界面上的剪应力进行传递；而压力型锚杆的杆体是借助特制承载体和无黏结钢绞线或带套管钢筋使之与锚固体分隔开，将荷载直接传至锚杆的底部，传递到土体中的力是从锚杆底部开始的，因此，锚固体承受的荷载为压力。

按照回收方式，锚杆可分为机械式回收锚杆、化学式回收锚杆和力学式回收锚杆。可回收锚杆一般用于临时性支护工程，工程结束后可以回收预应力钢筋，从而达到降低成本和不影响后续工序的目的。

按照锚杆杆体材料，可以分为钢绞线锚杆、钢筋锚杆和钢管锚杆。钢绞线锚杆可以细分为多种类型，最常用的是拉力型预应力锚杆，还有拉力分散型锚杆、压力预应力锚杆、压力分散型锚杆，压力型锚杆还可实现钢绞线回收技术。预应力钢绞线杆体的锚杆，其抗拉强度设计值是普通热轧钢筋的4倍左右，在张拉锁定的可操作性、施加预应力的稳定性方面也优于普通钢筋。强度高、性能好、运输安装方便等优点使预应力钢绞线锚杆成为应用最多、最具发展前景的杆体。

第三节　锚杆抗拔作用

锚杆为轴向受力构件，在支护结构中主要承受拉力，即发挥着抗拔作用。作用在锚杆外锚具位置的荷载为由支护基坑边坡外潜在滑动面向里的土中的土、水压力所引起，该荷载首先由挡土结构传递到圈梁上，再通过圈梁传递到外锚具，经过外锚具后再传递给锚杆杆体，再由杆体传递到锚杆的锚固段，最后由锚固段传递给潜在滑动面外的稳定土体，即锚杆实际上在稳定土体与潜在滑动土体之间起着桥梁作用。类似将一块板钉在墙上，墙体相当于稳定土体，板相当于潜在滑动面以内的滑动土体，钉子就相当于锚杆。

锚杆的抗拔作用最终由稳定土体提供，因此，土体的性质是影响锚杆抗拔作用的主要因素，同样的锚杆在砂性土与在黏性土中的抗拔作用就不同。

德国学者Ostermayer对砂土中锚杆的受力特性进行了研究，得到如下结论。

（1）当锚固长度超过7m后，锚杆的极限抗拔力增长较小，在砂性土中锚杆的最佳长度为6~7m。

（2）密砂最大表面摩擦力值分布在很短的锚杆长度范围内，但在松砂和中密砂中摩擦力的分布接近于理论假定的均匀分布的情况。

（3）随着荷载的增加，摩擦力峰值向锚杆根部转移。

（4）较短的锚杆的摩擦力平均值大于较长的锚杆表面的平均值。

（5）砂的密实度对锚杆承载力关系极大，从松砂到密砂，其表面摩擦力值要增加约5倍。

对于黏性土中的锚杆来说，土体的强度越大、塑性越小，锚固体与土体之间的平均摩擦力就越大，抗拔作用也就越强。

第四节　锚杆的承载能力

一、锚杆的极限抗拔承载力标准值

锚杆的极限抗拔承载力受锚杆杆体强度、杆体与锚固体之间的握裹力、锚固体与周围土体之间的摩阻力三个因素控制。

锚杆的承载能力一般指其极限抗拔承载力，确定极限抗拔承载力有两种方法：其一是通过抗拔试验确定，试验方法见《建筑基坑支护技术规程》（JGJ 120-2012）；其二极限抗拔承载力标准值也可以按下式进行估算（规范给出的是锚固体与周围土体之间的摩阻力），但应通过抗拔试验进行验证，估算方法如下：

$$R_k = \pi d \sum q_{sk,i} l_i \tag{3-1}$$

式中：d——锚杆的锚固体直径（m）；

l_i——锚杆的锚固段在第i土层中的长度（m），锚固段长度为锚杆在理论直线滑动面以外的长度；

$q_{sk,i}$——锚固体与第i土层的极限黏结强度标准值（kPa）。

锚杆的极限抗拔承载力由锚杆锚固段的长度、直径、锚杆倾角和锚杆的极限黏结强度标准值计算而得，若已经得到锚杆的极限抗拔承载力之后，就可以对锚杆的长度和直径进行设计了。而锚杆的极限抗拔承载力是根据锚杆上所受的实际轴向力来确定的，因此，为了确定锚杆的极限抗拔承载力，首先必须确定锚杆轴向拉力标准值。

二、锚杆轴向拉力标准值

锚杆的极限抗拔承载力是由锚杆轴向拉力标准值乘以一定的安全系数得到的，锚杆轴向拉力标准值可以按下式计算：

$$N_k = \frac{F_h s}{b_a \cos \alpha}$$

（3-2）

式中：N_k——锚杆轴向拉力标准值（kN）；

F_h——挡土结构计算宽度内的弹性支点水平反力（kN）；

s——锚杆水平间距（m）；

b_a——挡土结构计算宽度（m）；

α——锚杆倾角（° ）。

N_k是指单根锚杆上所受的力，F_h是在挡土结构内力计算中宽度为b_a时作用在挡土结构锚杆点处的力，应该通过锚杆的水平间距换算到单根锚杆上的力，而且应注意，F_h的方向为水平方向，N_k的方向为轴向，二者相差一个锚杆的倾角，因此必须除以一个$\cos\alpha$。

当锚杆锚固段主要位于黏土、淤泥质土层、填土层时，还应考虑土的蠕变对锚杆预应力损失的影响，并根据蠕变试验确定锚杆的极限抗拔承载力。

除了锚杆本身的长度与直径，以及周围土体的性质之外，注浆压力对砂土中锚杆承载力的影响也很大，试验表明：当注浆压力不超过4MPa时，锚杆承载力随着注浆压力的增大而增大。这是由于注浆压力越大，水泥浆液向周围土的裂缝中渗透得就越多、越远，使实际的锚固体直径大于钻孔的直径，增大了锚固体与土体之间的摩擦力；另外，由于水泥浆液的压力很高，增大了锚固体对周围土体的法向应力，同样提高了锚固体与土体之间的摩擦力，从而提高了锚杆的承载能力。

三、锚杆杆体本身的抗拉承载力

锚杆的承载力还受锚杆杆体本身的抗拉承载力控制，即不仅要求锚杆锚固段外围土体具有足够的承载力，锚杆杆体本身也不能被拉断而发生破坏，因此，锚杆抗拉承载力需符合下式规定。

$$N=\gamma_0\gamma_F N_k \leqslant f_{py}A_p \qquad\qquad (3-3)$$

式中：N——锚杆轴向拉力设计值（kN）；

f_{py}——杆体预应力筋抗拉强度设计值（kPa），当锚杆杆体采用普通钢筋时，取普通钢筋的抗拉强度设计值；

A_p——预应力筋的截面面积（m²）；

γ_0——支护结构重要性系数，对于安全等级为一级、二级、三级的支护结构，其值分别不应小于1.1、1.0、0.9；

γ_F——支护结构构件按承载力能力极限状态设计时，作用基本组合的综合分项系数，不应小于1.25。

四、锚杆与注浆体之间的握裹力

锚杆的承载力还受锚杆与注浆体之间的握裹力控制，若握裹力过小，锚杆杆体再大、周围土体对锚固体的摩阻力再大，锚杆的承载力也能由握裹力决定。因此，握裹力是一个非常重要的参数。

第五节　锚杆设计

锚杆设计前首先应对其适用性进行评价，主要从工程地质条件、基坑开挖要求和周边环境特别是周边地下管线分布等多方面进行调查后综合评价。确定采用锚杆支护方案之后，主要设计的内容包括锚杆长度、水平间距、竖向间距、锚孔直径、倾角、杆体、腰梁、张拉锁定、注浆以及承压板和锚具等。设计首先从挡土结构的内力计算开始，一般先采用弹性支点法计算出锚固点处单位、计算宽度内的水平反力，再由根据经验假设的锚杆水平间距、倾角等对锚固体直径、长度进行设计，经过反复计算出合理值之后，再对杆体、腰梁、张拉锁定、注浆以及承压板和锚具进行选择或设计。

一、锚杆的水平间距与竖向间距

锚杆位置布置包括确定水平间距和竖向间距，竖向间距在采用弹性支点法进行内力计算时根据挡土结构的内力、位移、稳定性满足规范要求而定，一般当基坑开挖深度较浅、基坑土体工程性质较好、周边环境保护要求不高时，设置一排锚杆应能满足强度、变形和稳定性要求。若基坑开挖深度较深、场地条件较差、周边环境也比较复杂时，需要在竖向设置两层甚至多层锚杆。

锚杆水平位移的布置主要考虑单列锚杆的影响范围，间距过大时，要求单列锚杆的影响范围较大，这时设计出的锚杆长度较长、直径较大，对于周围土体的极限黏结强度、杆体本身的强度要求均较大，若周围土体的极限黏结强度和杆体强度均不达要求时，应该适当减小锚杆的水平间距，但是锚杆的间距也不能过小，过小可能产生"群锚效应"，所谓"群锚效应"是指当锚杆间距（含竖向间距）太小时，会引起锚杆锚固段周围的高应力区叠加，从而影响锚杆抗拔力和增加锚杆位移，当影响过大时，会导致相邻几根锚杆被同时拔出，产生基坑边坡的破坏。

为了避免群锚效应，《建筑基坑支护技术规程》（JGJ 120-2012）中有如下规定：锚杆的水平间距不宜小于1.5m；多层锚杆竖向间距不宜小于2.0m；当锚杆的间距小于1.5m时，应根据群锚效应对锚杆抗拔承载力进行折减或相邻锚杆应取不同的倾角。根据有关参考资料，当土层锚杆间距为1.0m时，考虑群锚效应的锚杆抗拔力折减系数可取0.8；大于1.5m时折减系数取1.0；间距在1.0~1.5m之间时，折减系数可在0.8~1.0之间进行内插确定。

为了避免"群锚效应"，还有一些其他建议：例如在间距无法调整时，可以调整锚杆的倾角，使锚杆的锚固体位于不同深度的土层，或者采用不同长度的锚杆，使锚杆的锚固段在水平向相互错开等，目的就是避免锚固段集中在同一个位置。

此外，对于顶层锚杆的布置还有如下规定，即锚杆锚固段的上覆土层厚度不宜小于4.0m，这主要是由于锚杆是通过锚固段与土体之间的接触应力产生作用，如果锚固段上覆土层厚度太薄，则两者之间的接触应力也小，锚杆与土的黏结强度会较低。另外，当锚杆采用二次高压注浆时，上覆土层需要有一定厚度才能保证在较高注浆力作用下，浆液不会从地表溢出或流入地下管线内。

二、锚杆的倾角

锚杆水平倾角不宜过大，也不宜过小，一般取15°~25°，且不应大于45°，不应小于10°，这主要是因为如果水平倾角过小，锚杆轴向拉力的水平分力就越大，但是同时又会减弱浆液向锚杆周围土层内的渗透作用，影响锚固效果。而如果锚杆水平倾角过大，锚杆拉力的水平分力就越小，而锚杆的竖向分力会增大，这可能会增加挡土结构及边坡的垂直向下变形，也容易损坏锚头连接构件，而且水平分力小了之后，锚杆长度就要加长，从成本上考虑也不经济。因此，锚杆倾角的选择要合理，同时应尽量使锚杆锚固段位于黏结强度较高的土层，还要避开易塌孔、变形的地层。

三、锚杆直径与长度

锚杆的直径是指锚杆的成孔直径，确定锚杆直径主要是考虑锚杆的承载力、锚杆类型以及施工设备等因素。对钢绞线锚杆、普通钢筋锚杆，锚杆成孔直径一般要求取100～150mm。

锚杆杆体长度包括自由段、锚固段和外锚具段。

（一）锚杆自由段长度

锚杆自由段是锚杆杆体不受注浆固结体约束可自由变形的部分，其长度必须能使锚杆锚固段达到比潜在滑动更深的稳定土层中，从而保证锚杆支护的整体稳定性。锚杆的自由段长度越长，预应力损失就越小，锚杆拉力越稳定。自由段长度越短，锚杆张拉锁定后的弹性伸长就越小，锚具变形、预压力筋回缩等因素引起的预应力损失越大，同时受支护结构位移的影响也越敏感，锚杆拉力会随支护结构位移有较大幅度增加，严重时锚杆会因杆体应力超过其强度发生脆性破坏。因此，锚杆的自由段一般不应小于5.0m，且穿过潜在滑动面进入稳定土层的长度不应小于1.5m。

在施工中锚杆自由段可以通过在杆体外加设套管与注浆固结体隔离开来实现。在设计时钢绞线、钢筋杆体在自由段应设置隔离套管，或采用止浆塞，阻止注浆浆液与自由端杆体的固结。

（二）锚固段长度

锚杆的锚固段通常用水泥浆或水泥砂浆将杆体与土体黏结在一起而形成。根据土体类型、工程特性与使用要求，锚杆锚固体结构可设计为圆柱体型、端部扩大头型或连续球体型三种。一般来说，对于沙质土、硬黏土层并要求较高承载力时，宜采用端部扩大头型锚固体；对于淤泥、淤泥质土层并要求较高承载力的锚杆，宜采用连续球体型锚固体。

不同形式锚杆的锚固体，锚固段长度的计算方法也不同，下面对不同类型锚固体的长度计算方法依次进行介绍。

锚杆锚固段长度主要取决于满足极限抗拔承载力要求，圆柱体型锚固体的极限抗拔承载力主要由摩擦力决定，锚固段总长度由分布在各层土中的各分段长度之和构成，先由锚杆轴向拉力标准值确定极限承载力，再通过试算法反算锚固段长度。对于土层锚杆，若计算出锚固段长度不足6m，则应取6m。端部扩大头型锚杆锚固段的计算，根据是砂土还是黏土的不同分为两种，如果是沙土地层，端部扩大头型锚固体的极限抗拔承载力主要由摩擦力和面承力决定。连续球体型锚固体的面承力计算可近似地借鉴国外沙土中锚锭板抗力计算成果。

四、锚杆杆体

基坑工程锚拉式支挡结构中主要采用拉力型钢绞线锚杆，当设计的锚杆承载力较低时，也可采用普通钢筋锚杆，当环境保护不允许在支护结构使用功能完成后锚杆杆体滞留于基坑周边地层内时，应采用可拆芯钢绞线锚杆。对于锚杆杆体用钢绞线的，应符合现行国家标准《预应力混凝土用钢绞线》（GB/T 5224-2014）的有关规定；钢筋锚杆的杆体宜选用预应力螺纹钢筋或HRB400、HRB500级螺纹钢筋。预应力值较大的锚杆通常采用高强钢丝和钢绞线，有时也采用精轧螺纹钢筋或中空螺纹钢材。自钻式锚杆采用中空的具有国际标准螺纹的钢管，可根据需要接长锚杆，利用钢管中孔作为注浆通道，将锚杆成孔、注浆、锚固在一个过程中一次性完成。另外有时也采用玻璃纤维作锚杆杆体，它具有质量轻、强度高、抗腐蚀性强以及抗震强度低、具有脆性等优点，但同时由于弹性模量小，因此相对来说变形比较大，基坑对变形要求较高时应慎重采用。

锚杆杆体还应具有一定的防腐蚀性，不同的钢材对腐蚀的灵敏程度是不同的，对腐蚀引起的后果应预先估计并采取相应的预防措施。一般来说，高强度预应力钢材腐蚀的程度与后果要比普通钢材严重得多，因为它直径相对较小，较小的锈蚀就能显著减小钢材的横截面积，从而引起应力增加。

为了保证锚固效果，必须使锚杆杆体位于锚孔中央，需要沿锚杆杆体全长方向设置定位支架，定位支架的设置规格应能使相邻定位支架中点处锚杆杆体的注浆固结体保护层厚度不小于10mm。定位支架的间距宜根据锚杆杆体的组装刚度确定，对自由段宜取1.5～2.0m，对锚固段宜取1.0～1.5m。对于采用多肢钢绞线的，定位支架同时又相当于分离器，应能使各根钢绞线相互分离。

自由段套管用于隔离锚杆体与周围注浆体，使锚杆杆体能自由伸缩，而且可以防止杆体腐蚀，阻止地下水通过注浆体向锚杆杆体渗透，自由段的套管一般采用聚乙烯、聚丙乙烯或聚丙烯材料，本身具有足够的厚度、柔性和抗老化性能，并能在锚杆工作期间抵抗地下水等对锚杆体的腐蚀。波纹套管是设置在注浆体内部，使管内的注浆体与管外的注浆体形成相互咬合的沟槽，起到保证锚固段应力向地层内有效传递的作用，一般采用具有一定韧性和硬度的塑料或金属制成。

锚杆杆体的截面面积可以根据自身的抗拉强度确定，同时应保证锚杆杆体与注浆体之间有足够的握裹力，若握裹力过小，在锚杆作用时可能会先从杆体—注浆体之间的界面处被拉出而发生破坏。关于握裹力在规范中没有给出具体的计算方法，实际应用时可以参照锚固体的抗拔承载力，以及查阅相关资料进行计算。

五、腰梁设计

腰梁是锚杆与挡土结构之间的传力构件，它将挡土结构上的荷载传递到锚杆上，再由锚杆传递到周围土体中。

锚杆腰梁可以采用型钢组合腰梁或混凝土腰梁。锚杆腰梁的正截面、斜截面承载力，对混凝土腰梁，应符合现行国家标准《混凝土结构设计规范（2015年版）》（GB 50010-2010）的规定；对型钢组合腰梁，应符合现行国家标准《钢结构设计规范》（GB 50017-2017）的规定。当锚杆锚固在混凝土腰梁上时，腰梁应按受弯构件设计，其截面承载力应符合上述国家标准的规定。

锚杆腰梁应按受弯构件设计，并根据实际约束条件按连续梁或简支梁计算。如果是型钢组合腰梁，则进行腰梁型号的选择；如果是混凝土腰梁，则进行钢筋混凝土结构的配筋设计。

（一）钢筋混凝土腰梁

钢筋混凝土腰梁的混凝土强度等级不宜低于C25，剖面形状应采用斜面与锚杆轴线垂直的梯形截面。考虑到混凝土浇筑、振捣的施工尺寸要求，梯形截面的上边水平尺寸不宜小于250mm。

钢筋混凝土腰梁一般是整体现浇，梁的长度较长，应按连续梁设计，其正截面受弯和斜截面受剪承载力计算，应符合现行国家标准《混凝土结构设计规范（2015年版）》（GB 50010-2010）的规定。

锚杆的混凝土腰梁、冠梁宜采用斜面与锚杆轴线垂直的梯形截面，腰梁、冠梁的混凝土强度等级不宜低于C25。采用梯形截面时，截面的上边水平尺寸不宜小于250mm。采用钢筋混凝土梁时，第一道锚杆可以把冠梁作为腰梁。

（二）型钢组合腰梁

型钢组合腰梁可选用双槽钢或双工字钢，槽钢之间或工字钢之间应用缀板焊接为整体构件，能增加腰的整体稳定性，保证双型钢共同受力。型钢之间的连接应采用贴角焊焊接。双槽钢或双工字钢之间的净间距应满足锚杆杆体平直穿过的要求。

采用型钢组合腰梁时，腰梁应满足在锚杆集中荷载作用下的局部受压稳定与受扭稳定的构造要求。当需要增加局部受压和受扭稳定性时，可在型钢翼缘端口处配置加劲肋板。

组合型腰梁需在现场安装拼装，每节一般按简支梁设计，焊接形成的腰梁较长时，可按连续梁设计。其正截面受弯和斜截面受剪承载力计算，应符合现行国家标准《钢结构设计规范》（GB 50017-2017）的规定。

根据工程经验，槽钢的规格常在I18～I36之间选用，工字钢的规格常在I16～I32之间选用。具体工程锚杆腰梁取多大的规格与锚杆的设计拉力和锚杆间距有关，锚杆的设计拉力或锚杆间距越大，内力越大，腰梁型钢的规格也就会越大，具体选用应根据计算的腰梁内力按照截面承载力要求确定。

对于组合型钢腰梁，锚杆拉力通过锚具、垫板以集中力的形式作用在型钢上。

采用楔形钢垫块时，楔形钢垫块与挡土构件、腰梁的连接应满足受压稳定性和锚杆垂直分力作用下的受剪承载力要求。采用楔形混凝土垫块时，混凝土垫块应满足抗压强度和锚杆垂直分力作用下的受剪承载力要求，且其强度等级不宜低于C25。

第六节 锚杆稳定性分析计算

在锚杆支挡结构体系中，有可能因支挡结构嵌固深度不足、基坑土体强度不足、锚杆抗拔力不足或地下水渗透作用过大而造成基坑失稳。具体的失稳形式包括：支护结构倾覆失稳（嵌固失稳）、支护结构与基坑内外侧土体整体滑动失稳，锚杆的锚固段与土体之间的摩阻力不足而被拔出，基坑底部土体因强度不足而隆起，地层因地下水渗流作用引起流土（砂）、管涌以及承压水突涌等。因此，在锚杆设计过程中必须对基坑稳定性进行验算。

一、嵌固稳定性验算

悬臂式支挡结构、单层锚杆和单层支撑的支挡式结构以及双排桩，均应进行嵌固稳定性验算。其目的是验算这些支挡结构的嵌固深度是否满足嵌固稳定性要求。

单层锚杆和单层支撑支挡结构嵌固稳定性验算是以支点为转动点，计算基坑外侧土压力对支点的转动力矩和坑内开挖深度以下土反力对支点的抵抗力矩是否满足整体极限平衡，控制的是挡土构件嵌固段的踢脚稳定性。具体按下式进行计算：

$$\frac{E_{pk}a_{p2}}{E_{ak}a_{a2}} \geq K_e \qquad (3-4)$$

式中：E_{ak}、E_{pk}——基坑外侧主动土压力、基坑内侧被动土压力合力的标准值（kN）。

K_e——嵌固稳定安全系数；安全等级为一级、二级、三级的锚拉式支挡结构和支撑式支挡结构，K_e 分别不应小于 1.25、1.2、1.15。

a_{a2}、a_{p2}——基坑外侧主动土压力、基坑内侧被动土压力合力作用点至支点的距离（m）。

二、整体滑动稳定性验算

锚拉式、悬臂式支挡结构和双排桩均应进行整体稳定性验算。

整体稳定性验算方法是按平面问题考虑，以瑞典圆弧滑动条分法为基础。在进行力矩极限平衡状态分析时，仍以圆弧滑动土体为分析对象，并假定滑动面上土的剪力达到极限强度的同时，滑动面外锚杆拉力也达到极限拉力，因此，在极限平衡关系上，增加锚杆拉力对圆弧滑动体圆心的抗滑力矩。整体圆弧滑动稳定安全系数按下列公式进行计算：

$$\min\left\{K_{s,1}, K_{s,2}, \cdots, K_{s,i} \cdots\right\} \geq K_s \qquad (3-5)$$

$$K_{s,i} = \frac{\sum\left\{c_j l_j + \left[(q_j b_j + \Delta G_j)\cos\theta_j - u_j l_j\right]\tan\alpha_j\right\} + \sum R'_{K,k}\left[\cos(\theta_j + \alpha_k) + \phi_v\right]/s_{X,k}}{\sum(q_j b_j + \Delta G_j)\sin\theta_j}$$

$$(3-6)$$

式中：K_s——圆弧滑动稳定安全系数；安全等级为一级、二级、三级的支挡结构，K_s 分别不应小于 1.35、1.3、1.25。

$K_{s,i}$——第 i 个圆弧滑动体的抗滑力矩与滑动力矩的比值。抗滑力矩与滑动力矩之比的最小值宜通过搜索不同圆心及半径的所有潜在滑动圆弧确定。

c_j、α_j——分别为第 j 土条滑弧面处土的黏聚力（kPa）、内摩擦角（°）。

b_j——第 j 土条的宽度（m）。

θ_j——第 j 土条滑弧面中点处的法线与垂直面的夹角（°）。

l_j——第 j 土条的滑弧段长度（m）。

q_j——第 j 土条上的附加分布荷载标准值（kPa）。

ΔG_j——第 j 土条的自重（kN），按天然重度计算。

u_j——第 j 土条在滑弧面上的孔隙水压力（kPa）。

$R'_{K,k}$——第 k 层锚杆在滑动面以外的锚固段的极限抗拔承载力标准值与锚杆杆体受拉承载力标准值的较小值（kN）。

α_k——第 k 层锚杆的倾角（°）。

$S_{X,k}$——第 k 层锚杆的水平间距（m）。

φ_v——计算系数。

第七节　锚杆的抗拔试验

一、概述

在采用弹性支点法计算锚拉式支挡结构内力时需要事先知道刚度系数K_R；在初步确定锚杆的极限抗拔承载力R_k之后进一步验证R_k的合理性，都需要进行锚杆的抗拔试验。

锚杆的抗拔试验包括基本试验、蠕变试验和验收试验三种。试验要求包括：

（1）试验锚杆的参数、材料、施工工艺及其所处的地质条件应与工程锚杆相同。

（2）锚杆抗拔试验应在锚固段注浆固结体强度达到15MPa或达到设计强度的75%后进行。

（3）加载装置（千斤顶、油泵）的额定压力必须大于最大试验压力，且试验前应进行标定。

（4）加载反力装置的承载力和刚度应满足最大试验荷载的要求，加载时千斤顶应与锚杆同轴。

（5）计量仪表（测力计、位移计、压力表）的精度应满足试验要求。

（6）试验锚杆宜在自由段与锚固段之间设置消除自由段摩阻力的装置。

（7）最大试验荷载下的锚杆杆体应力，对预应力钢筋，不应超过其抗拉强度标准值的0.9倍；对普通钢筋，不应超过其屈服强度标准值。

二、基本试验

（一）基本试验要求

（1）同一条件下的极限抗拔承载力试验的锚杆数量不应少于3根。

（2）确定锚杆极限抗拔承载力的试验，最大试验荷载应大于预估破坏荷载。必要时，可增加试验锚杆的杆体截面面积。

（3）锚杆极限抗拔承载力试验宜采用循环加载法。

（二）终止试验条件

锚杆抗拔试验中终止荷载的标准如下，只要符合其中之一就可终止试验。

（1）从第二级加载开始，后一级荷载产生的锚头位移增量达到或超过前一级荷载产生位移增量的2倍。

（2）锚头位移不收敛。

（3）锚杆杆体破坏。

循环加载试验应绘制锚杆的荷载—位移曲线、荷载—弹性位移曲线和荷载—塑性位移曲线。锚杆的位移不应包括试验反力装置的变形。

（三）锚杆极限抗拔承载力确定方法

锚杆极限抗拔承载力应按下列方法确定。

（1）单根锚杆的极限抗拔承载力，在某级试验荷载下出现上述终止继续加载情况时，应取终止加载的前一级荷载值；未出现时，应取最大试验荷载值。

（2）参加统计的试验锚杆，当极限抗拔承载力的极差不超过其平均值的30%时，锚杆极限抗拔承载力标准值可取平均值；当级差超过其平均值的30%时，宜增加试验锚杆数量，并应根据级差过大的原因，按实际情况重新统计后确定锚杆极限抗拔承载力标准值。

三、验收试验

锚杆抗拔承载力检测试验的最大试验荷载，同时尚应符合检测对锚杆杆体钢筋强度的要求。

（1）锚杆试验时，当遇到前述规定的终止继续加载情况时，应终止继续加载。单根锚杆的极限抗拔承载力应按本文前述规定确定。逐级加载试验应绘制锚杆的荷载—位移曲线。锚杆的位移不应包括试验反力装置的变形。验收试验中，符合下列要求的锚杆应判定合格。

①在最大试验荷载下，锚杆位移稳定或收敛。

②对拉力型锚杆，在最大试验荷载下测得的总位移量应大于自由段长度理论弹性伸长量的80%，且应小于自由段长度与1/2锚固段长度之和的理论弹性伸长量。

（2）锚杆的检测应符合下列规定。

①检测数量不应少于锚杆总数的5%，且同一土层中的锚杆检测数量不应少于3根。

②检测试验应在锚杆的固结体强度达到设计强度的75%后进行。

③检测锚杆应采用随机抽样的方法选取。

④当检测的锚杆不合格时，应扩大检测数量。

第八节 锚杆施工

在不同地层施工不同类型的锚杆时应注意：对于易塌孔的松散或稍密的砂土、碎石土、粉土层，高液性指数的饱和黏性土层，高水压力的各类土层，钢绞线锚杆、普通钢筋锚杆宜采用套管护壁成孔工艺；锚杆注浆宜采用二次压力注浆工艺，锚杆锚固段不宜设置在淤泥、淤泥质土、泥炭、泥炭质土及松散填土层内。在复杂地质条件下，应通过现场试验确定锚杆的适用性。

锚杆施工主要包括：施工准备、锚杆孔的形成、锚杆杆体材料的制作、高压注浆、锚杆张拉与锁定、质量检验。

一、施工准备

（一）施工准备工作

锚杆施工前，应做好下列准备工作。

（1）应掌握锚杆施工区建（构）筑物基础、地下管线等资料。

（2）应判断锚杆施工对邻近建筑物和地下管线的不良影响，并拟定相应预防措施或预案。

（3）应检验锚杆的制作工艺和张拉锁定方法与设备。

（4）应确定锚杆注浆工艺并标定注浆设备。

（5）应检查原材料的品种、质量和规格型号，以及相应的检验报告。

锚固工程原材料性能应符合现行有关产品标准的规定，应满足设计要求，方便施工，且材料之间不应产生不良反应。

（二）灌浆材料

灌浆材料性能应符合下列规定。

（1）水泥宜使用普通硅酸盐水泥，必要时可采用抗硫酸盐水泥，其强度不应低于42.5MPa。

（2）砂的含泥量按重量计不得大于3%，砂中云母、有机物、硫化物和硫酸盐等有害物质的含量按重量计不得大于1%。宜采用中细砂；当采用特细砂时，其细度模数不宜小于0.7。

（3）水中不应含有影响水泥正常凝结和硬化的有害物质，不得使用污水。

（4）外加剂的品种和掺量应由试验确定。

（5）浆体配制的灰砂比宜为0.8～1.5，水灰比宜为0.38～0.5。

（6）浆体材料28d的无侧限抗压强度，用于全黏结型锚杆时不应低于25MPa，用于锚索时不应低于30MPa。

（三）早强水泥

用于锚杆的黏结材料主要是水泥质黏结材料和树脂类黏结材料。

水泥质黏结材料是指水泥砂浆或纯水泥浆。在一般情况下，水泥质黏结材料所使用的水泥是普通硅酸盐水泥；对于要求及时提供锚固力的砂浆锚杆，可以使用硫铝酸盐早强水泥。

硫铝酸盐早强水泥的主要矿物组成是无水硫铝酸钙和铝酸二钙，通过调整二水石膏的掺入比例可获得早强。

需要注意的是，使用早强或超早强水泥砂浆作为锚杆的黏结材料时，考虑到砂浆的凝结速度快，会造成注浆困难或机械堵塞，使用时可制作成速凝水泥砂浆药卷使用。

（四）套管材料

套管材料应满足下列要求。

（1）具有足够的强度，保证其在加工和安装过程中不致损坏。

（2）具有抗水性和化学稳定性。

（3）与水泥砂浆和防腐剂接触无不良反应。

（五）防腐材料

防腐材料应满足下列要求。

（1）在锚杆使用年限内，应保持耐久性。

（2）在规定的工作温度内或张拉过程中不得开裂、变脆或成为流体。

（3）应具有化学稳定性和防水性，不得与相邻材料发生不良反应。

（六）锚具

锚具在预应力锚索工程中十分重要，应符合相关要求。施工前应进行检验，并进行性能试验。

1.一般要求

锚具应选用符合现行行业标准的合格产品，使用的锚具要有出厂合格证和质量检验证明。

锚具的形式和规格应根据锚索体材料的类型、锚固力大小、锚索受力条件和锚固使用要求选取。承受动载和承受静载的重要工程，应使用 I 类锚具；受力条件一般的非重要工程，可使用 II 类锚具。锚具使用前，应按规定进行抽样检验。

2.检验

锚具在使用前，除应按出厂证明文件核对锚固性能级别、型号、规格及数量外，还应按下列规定进行验收。

（1）外观检查。从每批中抽取10%的锚具，且不少于10套，检查其外观和尺寸。如有1套表面有裂纹或超过产品标准及设计图纸规定的允许偏差，则另取双倍数量的锚具进行重新检查；如仍有1套不符合要求，则应逐套检查，合格者方可使用。

（2）硬度检查。从每批中抽取5%，且不少于5套锚具，对其中的锚环及不少于5片的夹片进行硬度试验。每个零件测试3点，其硬度应在设计要求的范围内。如有1个试件不符合要求，则另取双倍数量的零件重做试验；如仍有1个试件不符合要求，则该批锚具为不合格产品。

3.性能试验

（1）锚具的静载锚固能力。锚具的静载锚固能力，由预应力锚具组装件试验测定的锚具效率系数和达到实测极限拉力时的总应变确定。

（2）锚具的动载锚固能力。

I 类锚具预应力筋锚具组装件，除必须满足静载锚固性能外，必须能经受200万次循环的疲劳试验；在抗震结构中，还应满足循环50次的周期荷载试验。

II 类锚具只需满足静载锚固性能的要求。

此外，锚具尚应符合下列要求。

①当预应力筋锚具组装件达到实测极限拉力时，全部零件均不应出现肉眼可见的裂缝或破坏。

②锚具应满足分级张拉、补偿张拉等张拉工艺要求，并具有能放松预应力筋的性能。

二、锚杆的成孔规定

（一）一般要求

（1）钻孔过程中，对锚固段的位置和岩土分层厚度进行验证。如计划的部位不适合做锚固段地层时，则要采取注浆加固或固结灌浆改良或改变锚固段位置或增加锚固段的长度。

（2）根据钻孔设计要求和不同的岩土条件，应选择不同的钻机和钻孔方法，以保证杆体插入和注浆过程中孔壁不致塌陷，钻孔直径符合设计要求，不致使孔壁过分扰动。

（3）钻孔应保证在钻进、锚杆安装和注浆过程中的稳定性，钻孔完成后应及时进行锚杆的安装和注浆。

（4）钻孔用水以清水为好，膨润土悬浮液和浆水都会减弱锚杆的锚固力，应避免使用。

（5）锚固长度区段内的孔壁如有沉渣或黏土附着，会使锚杆锚固力下降，因此，要求用清水充分清洗孔壁。

（6）施工过程若有地下水从钻孔中流出，必要时应采取注浆堵水的方式，以防止锚固段浆液流出而影响锚杆的锚固力。

（7）对滑坡整治和斜坡稳定工程，钻孔水会产生不良影响，可采用固结灌浆以改良地层或采用无水钻孔法，即通常所说的"干钻法"。

（8）对于下倾的钻孔，待钻孔完成并清洗干净后，应对孔口进行暂时封堵，不得使碎块、杂物等进入孔内。

（9）在钻孔过程中，应有专业地质人员介入。同时，注意钻孔速度、返回介质的成分与数量、地下水等资料的收集与记录，发现异常现象，应及时向设计人员报告。

（二）钻孔精度

设计所要求的钻孔直径是为了满足施工和锚杆的锚固性能需要，直径过小会造成施工困难或影响锚杆性能，过大则会造成浪费，因此，应严格按照设计要求进行钻孔。在一般地层中，钻孔完成后其直径不会发生明显变小，但应考虑到某些地层（如新近的回填土、可塑的黏性土或破碎的岩石）中，钻孔完成后几小时内，孔径可能会严重收缩，即通常所说的"缩径"。当采用套管钻进时，应考虑到套管占据的面积。

钻孔精度视结构物的重要程度和使用目的而有所不同。不同规范也有不同要求。一般情况下，锚孔施工应符合下列要求。

（1）钻孔定位偏差不宜大于20mm。钻孔时，由于钻机的振动可能会使钻机发生移动而造成过大的钻孔误差，因此，应将钻机固定在坚固的或稳定的基础或重料上。

（2）锚孔偏斜度不应大于3%。

（3）钻孔深度超过锚杆设计长度应不小于0.5m。

（三）钻孔机械和钻孔方法

钻孔机械应考虑钻孔通过的岩土类型、成孔条件、锚固类型、锚杆长度、施工现场环境、地形条件、经济性和施工速度等因素进行选择。

短锚杆孔：气功冲击钻机（风钻）。

长锚杆孔：回转、冲击、回转冲击。

一般来说，在砂卵石地层中的成孔比较困难，常使用冲击钻机或冲击式锚杆安装机（常使用有一定密度透浆孔的钢管）直接打入地层，然后进行压力注浆，即打入式锚杆。

土中打入式锚杆是一种将钻孔、锚杆安装、注浆、锚固合为一体的锚杆，锚杆体使用等截面的钢管取而代之（钢筋），从而可确保锚杆体的强度。该锚杆的锚固力主要由钢管表面与地层之间的摩擦力提供，钢管一定长度的范围内按一定的密度布置透浆孔，透浆孔的直径一般为6~8mm，通过钢管杆体进行压力注浆可提高锚杆的锚固力。该锚杆具有施工速度快、锚固力大以及能及时提供锚固力的特点，可用于各类土层，特别适用于卵石层、砂砾层、杂填土和淤泥等难以成孔的地层。

三、锚杆杆体材料的制作

（一）杆体材料

包括普通钢筋、螺纹钢筋、高强钢丝、钢绞线。短锚杆制作、安放、施加预应力等都较简单。长锚杆制作、运输等都较困难，最好采用钢绞线，其柔性好，便于运输、安装。

（二）锚杆的制作

按要求的长度切割钢筋，施工较简单。每隔2~3m放隔离件。

（三）锚索的制作

锚索制作应由熟练的工人在有经验的岩土工程师的指导下进行，因为不同用途、不同类型、不同材料的锚索在制作与施工方面存在较大的差异，每个细小环节的失误都可能影响到锚索的质量。

1.锚索制作的一般程序

（1）按锚固段长度、张拉段长度、锚头长度和张拉长度之和截取锚索体材料。

（2）按设计要求进行防腐处理。

（3）将处理好的锚索体材料顺直置放于制作支架上。

（4）按设计要求制作锚索。

（5）经检验合格后编号待用。

2.锚索制作的一般要求

（1）制作锚索的材料应符合相关规定。

（2）锚索制作宜在加工车间或有覆盖的工棚内进行。

（3）锚索各种配件的放置位置及数量应在现场根据锚索组装试验后确定。

（4）锚索制作前，应对钻孔实际长度进行测量，并按孔号截取锚索体材料；钢绞线宜使用机械切割，不得使用电弧切割，制作好的锚索应按对应孔号进行编号。

（5）锚索制作完成后，应经有关技术人员进行详细检查，对于检查不合格的产品不得投入储存或使用。

3.高强钢丝锚索的制作

使用高强钢丝制作锚索比较复杂，而且要占用较大的场地。

（1）将钢丝校正并切割成所要求的长度，其长度误差不大于1/5000且小于5mm，下料的断口要平整。

（2）使用带孔的金属板将钢丝刷理整齐，并在每0.5～1.0m处结合在一起。

（3）做好钢丝的就位，因为放置的钢丝若全长上下相互平行，就不能充分利用钢丝的截面，而且会由于钢丝受力不均匀而降低锚索的承载力。

4.钢绞线锚索的制作

制作多股钢绞线锚索的加工场地与多根钢丝锚索相同，由于钢绞线的根数相对钢丝要少得多，所以制作较为容易。

（1）按设计长度截制钢绞线，当采用自由锚索时，应在张拉段范围内套上塑料管并注入油脂。

（2）若使用工厂生产的带套管的钢绞线时，应将锚固段和锚头长度范围的套管剥去，并用清洗剂将套管内附着的油脂清洗干净。

（3）锚索段的隔离支架和束线环应根据现场装配情况而定，一般间距为0.6～1.0m。

（4）张拉段对中支架的间距一般为1.5～2.0m。

（四）锚索的储存

锚索的储存应符合下列要求。

（1）锚索制作完成后，应尽早使用，避免长期存放。

（2）锚索应存放在干燥、清洁的地方，不得露天存放，要避免机械损坏或使焊渣、油污溅落在锚索体上。

（3）锚索存放在相对湿度超过85%的环境中时，锚索体裸露部分应用浸油脂的纸张或塑料布进行防潮处理。

（4）锚索应遵循随用随做的原则，对存放时间较长的锚索在使用前要进行严格的检查。

（五）锚索的安装

锚索一般由人工安装，对于大型锚索有时采用吊装。

在进行锚索安装前应对钻孔重新检查，发现塌孔、掉块时应进行清理。在不良地层中安装锚索时，应谨慎小心，以防推送时破坏钻孔。

在推送过程中，用力要均匀，以免在推送时损坏锚索配件和防护层。当锚索设置有排气管、注浆管和注浆袋时，推送时不要使锚索体转动，并不断检查排气管、注浆管，以免管子折死弯、压扁和磨坏，确保锚索在就位后排气管和注浆管畅通。

在遇到锚索推送困难时，宜将锚索抽出，查明原因后，再推送。

1.一般要求

（1）安装锚索前，应对钻孔重新进行检查，对塌孔、掉块应进行清理或处理。

（2）安装锚索前，应对锚索体进行详细检查，对损坏的防护层、配件、螺纹进行修复。

（3）安装锚索时，应避免张拉段与锚固段交界处产生剧烈弯曲，以防止注浆体开裂或脱落。

（4）推送锚索时，用力要均匀，以防止在推送过程中损伤锚索配件和防护层。

（5）推送锚索时，不得使锚索体转动，并不断检查排气管和注浆管，应确保将锚索体推送至预定深度后，排气管和注浆管畅通。

（6）当推送锚索困难时，应将锚索抽出，对抽出的锚索应仔细地进行检查，并对配件安放固定的有效性、保护层的损坏程度、孔的清洁度及排气管和注浆管的状况进行观察。当发现锚索体配件有移动、脱落或锚索体上黏附的粉尘和泥土较多时，应加强配件的固定措施并对其他钻孔的清洁程度进行检查，必要时应对钻孔重新进行清洗。

2.锚头的施工

（1）锚具、垫板应与锚索体同轴安装，对于钢绞线或高强钢丝锚索，锚索体锁定后，其偏差应不超过±5°。

（2）应确保垫板与垫墩接触面无任何空隙。

（3）切割锚头多余的锚索体宜采用冷切割的方法，锚具外保留长度应不小于50mm；当采用热切割时，保留长度应不小于80mm。

（4）当需要补偿张拉时，应考虑保留张拉长度。

（5）锚头的防腐处理应满足相关规定的要求。

3.垫板

锚索用垫板的材料一般为普通钢板，外形为方形，其尺寸大小和厚度应由锚固力的大小确定。为了确保垫板平面与锚索的轴线垂直和提高垫墩的承载力，一般使用与钻孔直径相匹配的钢管焊接成套筒垫板。

4.混凝土垫墩

垫墩的混凝土强度等级一般大于C30。有时锚头部位的地层不太规则，在这种情况下，为了保证垫墩混凝土的质量，应确保垫墩最薄处的厚度大于100mm；对于锚固力较高的锚索，垫墩内应配置环形钢筋。

四、锚杆的注浆

（一）一般规定

钢绞线锚杆和普通钢筋锚杆的注浆应符合下列规定。

（1）注浆液采用水泥浆时，水灰比宜取0.50～0.55；采用水泥砂浆时，水灰比宜取0.40～0.45，灰砂比宜取0.5～1.0，拌和用砂宜选用中粗砂。

（2）水泥浆或水泥砂浆内可掺入能提高注浆固结体早期强度或微膨胀的外掺剂，其掺入量宜按室内试验确定。

（3）注浆管端部至孔底的距离不宜大于200mm；注浆及拔管过程中，注浆管口应始终埋入注浆液面内，应在水泥浆液从孔口溢出后停止注浆；注浆后，当浆液液面下降时，应进行孔口补浆。

（4）采用二次压力注浆工艺时，二次压力注浆宜采用水灰比为0.50～0.55的水泥浆；二次注浆管应牢固绑扎在杆体上，注浆管的出浆口应采取逆止措施；二次压力注浆时，终止注浆的压力不应小于1.5MPa。

（5）采用分段二次劈裂注浆工艺时，注浆宜在固结体强度达到5MPa后进行，注浆管的出浆孔宜沿锚固段全长设置，注浆顺序应由内向外分段依次进行。

（6）基坑采用截水帷幕时，地下水位以下的锚杆注浆应采取孔口封堵措施。

（7）寒冷地区在冬期施工时，应对注浆液采取保温措施，浆液温度应保持在5℃以上。

（二）注浆工序

注浆是用注浆泵把液态的水泥质注浆体以一定的压力注入孔中的过程。锚杆注浆是为了形成锚固段和为锚杆提供防腐保护层。另外，一定压力的注浆可以使注浆体渗入地层的裂隙和缝隙中，从而起到固结地层、提高地层承载力的作用，固结地层的范围和效果取决于注浆的压力和地层的裂隙大小。

注浆是锚杆施工中最关键的工序之一，其效果的好坏直接影响到锚杆的锚固性能和永久性。

在对向下倾斜的锚杆注浆时，注浆管应随锚索体一同送入孔底，在注浆时边注边拔，使注浆管始终有一段埋于浆液中，直到注满为止。当孔底存有积水时，最可靠的方法是利用注入的浆液将积水全部排出，待溢出浆液的稠度与注入浆液的稠度一样后再抽出注浆管。

对于上倾的锚杆，在注浆时采用排气法注浆，即排气管随锚杆体一同送至孔的最底端，在口部进行可靠的封堵后进行注浆，这样一来，浆液从低处流向高处，待排气管被浆液堵死后即可停止注浆。

在含有大量裂隙或破碎的岩体中，预注浆是锚杆注浆前经常采用的一道工序。用于局部改善地层的预注浆可作为锚杆施工的一部分。但是，当预注浆压力不大于埋深压力而注浆量超过钻孔体积的3倍时，预注浆的功能就超出了常规锚杆施工的范畴。

在冬期进行注浆时，注浆体的防冻十分重要，因为受冻的浆液会大大降低其强度，所以，冬期施工应注意采取以下防冻措施。

（1）注浆时，浆体的温度应保持在5°C以上。

（2）拌和料应不含雪、冰和霜。

（3）锚杆体和任何接触注浆体的容器表面应无雪、无冰、无霜。

（4）注浆体应处于不会导致冷却的温度环境中。

五、预应力锚杆的张拉与锁定

（一）锚杆张拉的概念

锚杆张拉就是通过张拉设备使锚杆杆体的自由段产生弹性变形，从而对锚固结构产生所要求的预应力值。

（二）锚杆张拉的目的

当注浆体达到预计强度后即可进行张拉，张拉锚杆主要是为了达到以下目的。

（1）通过对锚杆加载，进一步证实锚固段的承载力和锚杆的各种力学性能。

（2）给锚杆施加预应力，达到设计加固效果。

（三）张拉的要求

（1）锚杆张拉前，应对张拉设备进行标定。

（2）当锚固体与台座混凝土强度大于30MPa时，方可进行张拉。

（3）锚杆正式张拉前，应取0.1～0.2倍设计轴向拉力值，对锚杆预张拉1～2次，使各部位紧密接触，杆体完全平直。

最方便的张拉方法是一次性张拉，但是正如国际岩石力学学会所论述的那样，这种张拉方法存在许多不可靠性，因为高应力锚杆由多根钢绞线组成，要保证每一根钢绞线受力的一致性是不可能的，特别是很短的锚杆，其微小的变形可能会出现很大的应力变化，所以，应采取有效施工措施以减小锚杆整体的受力不均匀性。

试验结果表明，采用单根预张拉后再整体张拉的施工方法，可以大大减小应力不均匀现象。

另外，使用小型千斤顶进行单根对称和分级循环的张拉方法同样有效，但这种方法在张拉某一根钢绞线时，必定会对其他钢绞线产生影响。试验表明，分级循环次数越多，其相互影响和应力不均匀性越小。在实际工程中，根据锚杆承载力的大小一般分3～5级。

考虑到张拉时应力向远端分布的时效性以及施工的安全性，加载速率不宜太快（加载速率要平稳，速率宜控制在设计预应力值的0.1/min左右；卸荷载速率宜控制在设计预应力值的0.2/min左右），并且在达到每一级张拉应力的预定值后，应使张拉设备稳定一定时间，在张拉系统出力值不变时，确信油压表无压力向下漂移后再进行锁定。

（4）当采用先单根预张拉然后整体张拉的方法时，锚杆各单元体的预张拉应力值应当一致，预加应力总值不宜大于设计预应力的10%，也不宜小于5%。

（5）在张拉时，应采用张拉系统出力与锚杆体伸长值来综合控制锚杆应力。当实际伸长值与理论值差别较大时，应暂停张拉，等待查明原因并采取相应有效措施后，方可张拉。

（6）锚杆应力锁定必须在压力表稳定后进行，稳压时间应根据设计要求或现场施工情况确定。

（7）张拉完成后48h内，若发现预应力损失大于设计预应力的10%时，应进行补偿张拉。

（四）张拉系统

张拉系统是指张拉的穿心千斤顶、高压油泵、油表以及用于连接它们的高压油管。对于预应力较小的钢筋锚杆，有时也可使用扭力扳手。不论采用哪种方式，只要能按设计要求的精度把锚杆预应力施加到指定量值，都是允许的。

张拉系统在正式投入使用前，应在具有相应资质的计量单位进行率定，并绘制压力表读数与系统出力曲线。为了确保张拉系统能可靠地进行张拉，其额定出力值一般不应小于锚杆设计预应力值的1.5倍。张拉系统应能在额定出力范围内以任一增量对锚杆进行张拉，且可在中间相对应荷载水平上进行可靠稳压，系统油压表的精度一般不低于1.5级，压力表常用读数不宜超过表盘刻度的75%。张拉系统在正式使用满3个月、经拆卸检修、受到强烈碰撞或损害等情况下，必须经过重新率定才能继续使用。

六、锚杆的施工偏差

锚杆的施工偏差应符合下列要求。

（1）钻孔深度宜大于设计深度0.5m。

（2）钻孔孔位的允许偏差应为50mm。

（3）钻孔倾角的允许偏差应为3°。

（4）杆体长度应大于设计长度。

（5）自由段的套管长度允许偏差应为±50mm。

七、预应力锚杆张拉锁定规定

预应力锚杆张拉锁定时应符合下列要求。

（1）当锚杆固结体的强度达到设计强度的75%且不小于15MPa后，方可进行锚杆的张拉锁定。

（2）拉力型钢绞线锚杆宜采用钢绞线束整体张拉锁定的方法。

（3）锁定时的锚杆拉力应考虑锁定过程的预应力损失量；预应力损失量宜通过对锁定前、后锚杆拉力的测试确定；缺少测试数据时，锁定时的锚杆拉力可取锁定值的1.1~1.15倍。

（4）锚杆锁定尚应考虑相邻锚杆张拉锁定引起的预应力损失，当锚杆预应力损失严重时，应进行再次锁定；当锚杆出现锚头松弛、脱落、锚具失效等情况时，应及时进行修复并对其进行再次锁定。

（5）当锚杆需要再次张拉锁定时，锚具外杆体的长度和完好程度应满足张拉要求。

第四章　边坡工程设计

第一节　边坡工程基本知识

一、边坡概念

边坡是自然或人工形成的斜坡，是人类工程活动中最基本的地质环境之一，也是工程建设中最常见的工程形式。

露天矿开挖形成的斜坡构成了采矿区的边界，因此被称为边坡；在铁路、公路建筑施工中，所形成的路基斜坡称为路基边坡；开挖路堑所形成的斜坡称为路堑边坡；在水利建设中开挖形成的斜坡也称为边坡。

边坡与坡顶相交的部位称为坡肩，与坡底面相交的部位称为坡趾或坡脚，坡面与水平面的夹角称为坡面角或坡倾角，坡肩与坡脚间的高差为坡高。

二、边坡工程

为满足工程需要而对自然边坡进行改造，称为边坡工程。

边坡按成因可分为自然边坡与人工边坡。天然的山坡和谷坡是自然边坡，此类边坡是在地壳隆起或下陷过程中逐渐形成的。人工边坡是由于人类活动（如开挖或填筑等）形成的边坡，如建筑边坡、水利水电工程边坡、矿山边坡、路基边坡、路堑边坡、基坑侧壁等，其中挖方形成的边坡为开挖边坡，填方形成的称为构筑边坡，也称为坝坡。人工边坡的几何参数根据工程建设的需要可以人为调控。

边坡稳定问题是工程建设中经常遇到的问题，如建筑的切坡、水库的岸坡、渠道边坡、隧洞的进出口边坡、坝肩边坡、公路或铁路的路基路堑边坡、基坑侧壁等，都涉及稳定问题。边坡的失稳，轻则影响工程质量与施工进度，重则造成人员伤亡与国民经济的重大损失。因此，不论是土木工程还是水利水电工程，边坡的稳定问题是需要重点考虑的问题。

边坡的稳定分析是边坡设计的基础，稳定性分析的前提是认识边坡，包括地质条件（区域地质、工程地质、水文地质、地应力水平、地质构造等）、岩土体室内及室外试验（确定岩土体的力学参数）边坡的受力（边坡承受的荷载，包括恒载与活载）、力学分析等。其中，力学分析是建立符合客观实际条件的物理模型，选用适合特定条件的数学模型，定性分析岩土体的力学动态趋势以及进行定量的力学成果分析和力学分析包括稳定性分析与岩土体的应力应变分析，两者缺一不可，稳定性分析是边坡工程稳定的必要条件，应力应变分析是边坡稳定的充分条件。在十分复杂的条件下，还应进行室内地质力学模型试验、离心机模拟试验等。

在稳定分析的基础上，应设计合适的支护措施，进行边坡支护，即为保证边坡及环境的安全，对边坡采取的支挡、加固与防护措施。常用的支护措施分为以下几种。

（1）挡土墙：承受土体侧压力的墙式构造物。

（2）抗滑桩：抵抗土压力或滑坡下滑力的横向受力桩。

（3）土钉：在土质或破碎软弱岩质边坡中设置钢筋钉以维持边坡稳定的支护结构。

（4）预应力锚杆（索）：由锚头、预应力筋、锚固体组成，通过对预应力钢筋施加张拉力以加固岩土体，使其达到稳定状态的支护结构。

（5）抗滑洞塞：岩质边坡体内用混凝土回填起抗滑作用的洞塞。

（6）坡面防护：包括用于土坡的各种形式的护砌和人工植被，用于岩质边坡的喷混凝土、喷纤维混凝土、挂网喷混凝土，以及柔性主动支护、土工合成材料防护等措施。

（7）喷锚支护：由锚杆和喷射混凝土面板组成的支护。

（8）减载：采用从边坡顶部开挖、削坡的方法，减少边坡自身荷载，提高边坡稳定性的措施。

（9）排水和防渗：包括坡面、坡顶以上地面排水、截水和边坡体排水等措施。

（10）其他措施：边坡压脚、注浆加固等措施。

在边坡设计与施工时，应注重动态设计与信息施工的运用。动态设计法是根据信息施工法和施工勘察反馈的资料，对地质结论、设计参数及设计方案进行再验证，如确认原设计条件有较大变化，应及时补充、修改原设计的设计方法。信息施工法是根据施工现场的地质情况和监测数据，对地质结论、设计参数进行验证，对施工安全性进行判断并及时修正施工方案的施工方法。

边坡介质十分复杂，即使经过充分的研究，对它的认识水平也是介于定性和定量之间。因此，对边坡的监测十分重要，用于反馈技术决策的正确性。

要判定一个边坡是否稳定，其可能失稳变形的类型和性质是什么，滑动的范围有多大，滑动的方向和速度怎样，有无大滑动造成灾害的可能，危害范围有多大（远），其失稳滑动与哪些主要作用因素（降雨、地震、河流冲刷、人工开挖坡脚、堆载、水库水位升降等）有关系，这些因素的作用机制和变化幅度如何，以及在已有变形的坡体上进行工程施工如何保障施工的安全，加固和治理的边坡或滑坡其效果如何等问题，除了工程地质调查、测绘、勘探、试验和评价外，动态监测是十分重要和不可缺少的手段，尤其是对重要、高大复杂的边坡及大型复杂的滑坡。

监测主要包括裂缝监测、位移监测、滑动面监测、地表水监测、地下水监测、降水量监测、应力监测及宏观变形迹象监测等。

边坡工程监测是边坡研究工作中的一项重要内容，随着科学技术的发展以及各种先进的监测仪器设备、监测方法和监测手段的不断更新，边坡监测工作的水平正在不断提高。

三、边坡分类

边坡的分类方法很多，常见的有按照边坡的成因、介质材料、高度、用途、使用年限、结构特征以及破坏模式等进行划分。

（一）按边坡成因分类

边坡按成因可以分为自然边坡与人工边坡两种。自然边坡由于其地层岩性、地质构造、地下水分布和风化程度的不同，在自然引力作用下形成了不同的形态，如有直线坡、凸形坡、凹形坡、台阶状坡等，且其坡高和坡率也千差万别，坡面的冲沟发育和分布密度、植被状况等也不相同，是设计人工边坡的地质基础和设计的参照对象。而人工边坡是将自然地质体的一部分改造成人工构筑物，因此其特征和稳定性很大程度上取决于自然边坡的地形地貌特征、地质结构和构造特征。

自然边坡分为剥蚀边坡（构造型、丘陵型）、侵蚀边坡（岸蚀边坡、沟蚀边坡）、塌滑边坡。人工边坡可分为挖方边坡和填筑边坡。挖方边坡是由山体开挖形成的边坡，如路堑边坡、露天矿边坡。填筑边坡是填方经压实形成的边坡，如路堤边坡、渠堤边坡等。

根据边坡的断面形式可分为直立式边坡、倾斜式边坡和台阶形边坡，由这三种形式又可构成复合形式的边坡。

（二）按边坡介质材料分类

边坡按边坡介质材料可分为土质边坡、岩质边坡与岩土混合边坡三种。

（1）土质边坡：整个边坡均由土体构成，按土体种类又可分为黏性土边坡、黄土边坡、膨胀土边坡、堆积土边坡、填土边坡等。

（2）岩质边坡：整个边坡均由岩体构成，按岩体的强度又可分为硬岩边坡、软岩边坡和风化岩边坡等，按岩体结构分为整体状（巨块状）边坡、块状边坡、层状边坡、碎裂状边坡、散体状边坡。

（3）岩土混合边坡：边坡下部为岩层，上部为土层，即所谓的二元结构的边坡。

土质边坡由于土体强度较低，保持不了高陡的边坡，一般都在20m以下，只有黄土边坡因其特殊的结构特征，可保持较高陡的边坡。较高陡的边坡必须设置支挡工程才能保持其稳定，由于坡面容易被冲刷，常需要设置坡面防护工程。对地下水发育的边坡，更应设置疏排水工程才能保持其稳定，而且当不同土层的分界面倾向临空面且倾角较大、相对隔水时，容易沿此面发生滑塌。当边坡底部有软弱土层分布时，也易发生沿软弱土层的滑动。

岩质边坡由于地层结构的复杂性，比土质边坡要复杂得多。首先，由于岩体强度较高，常可保持较高陡的边坡，所以高边坡几乎都是岩质边坡。其次，岩质边坡的稳定性主要取决于其岩体结构、坡体结构，即不同岩性的岩层及构造结构面，特别是软弱结构面在坡体上的分布位置、产状、组合及其与边坡走向、倾向和倾角之间的关系。当软弱结构面或其组合面（线）倾向临空面、倾角缓于边坡角而大于面间摩擦角时，容易失稳破坏。当上覆硬岩、下伏软岩，强度较低或受水软化时，也易发生失稳变形。

（三）按边坡的高度分类

边坡按边坡的高度可分为一般边坡和高边坡两种。

（1）一般边坡：岩质边坡总高度在30m以下，土质边坡总高度在15～20m。

（2）高边坡：岩质边坡总高度大于30m，土质边坡总高度大于20m。实践证明，容易发生变形破坏和滑坡的边坡多为高边坡。

（四）按边坡用途分类

在露天矿山，边坡可分为上下盘边坡和端帮边坡；在铁路、公路等交通领域，边坡可分为路堑边坡和路堤边坡，前者为山体开挖形成的边坡，后者为低洼地填筑形成的边坡；水工领域边坡则分为坝基边坡和坝肩边坡。不同部门对高陡边坡的定义有很大差别，如在矿山行业，边坡高度在300m以上、边坡角在45°以上的边坡称为高陡边坡；而在交通领域，边坡高度在30m以上、边坡角在30°以上（坡比小于1∶1.732）就可称为高陡边坡。

（五）按边坡结构特征分类

边坡按结构特征可分为以下几种。

（1）类均质土边坡：边坡由均质土体构成。

（2）近水平层状边坡：由近水平层状岩土体构成的边坡。

（3）顺倾层状边坡：由倾向临空面（开挖面）的顺倾岩土层构成的边坡。

（4）反倾层状边坡：岩土层面倾向边坡山体内。

（5）块状岩体边坡：由厚层块状岩体构成的边坡。

（6）碎裂状岩体边坡：边坡由碎裂状岩体构成，或为断层破碎带，或为节理密集带。

（7）散体状边坡：边坡由破碎块石、沙构成，如强风化层。

不同坡体结构的岩土形成的边坡，其稳定性是不同的，尤其是含有软弱层和不利结构面的坡体，常常出现边坡失稳滑塌现象。

四、边坡工程地质勘察基本要求

（一）要求查明的内容

（1）场地地形地貌特征。

（2）岩土的类型、成因、性状以及岩土出露的厚度、基岩面的形态和坡度、岩石的风化程度。

（3）主要结构面（特别是软弱结构面）的类型及等级、产状、发育程度、延伸程度、闭合程度、风化程度、充填状况、充水状况、组合关系、力学属性和临空面关系。

（4）地下水的类型、水位、水压、水量补给和动态变化，岩土的透水性以及地下水的出露情况和腐蚀性。

（5）不良地质现象的范围和性质。

（6）地区的气象条件（特别是雨期、降雨量及强度、坡面植被、水对坡面坡脚的冲刷情况）及其对坡体稳定性的影响。

（7）边坡邻近建（构）筑物的荷载、结构、基础形式及埋深，地下设施的分布及埋深。

（二）要求提供的参数

（1）边坡的最优开挖坡形和坡率。

（2）验算边坡稳定性、变形和设计所需的边坡岩、土的物理力学性质指标与计算参数值。

（三）勘探点布置

（1）勘探线应垂直于边坡走向，勘探范围应不小于设计坡高（坡脚处开挖深度）的1.5倍；钻孔深度应低于路基面以下5m，或进入中风化岩层不小于5m。

（2）勘探线间距20～30m，勘探点间距25m，每条勘探线上的勘探点不少于3个。

（3）钻孔布置并附图。

（四）提交成果

（1）工程地质详勘报告（必须包含边坡稳定性评价，并提出潜在的不稳定边坡整治措施的建议）。

（2）边坡工程地质平面图（1：500～1：1000），可利用线路平面图绘制。

（3）与路基横断面相对应的工程地质横剖面图（1：200）。

（4）提交的成果均应有电子文本。

第二节　边坡稳定性分析

一、边坡失稳的形态

（一）滑坡

1.滑坡的分类

滑坡是指斜坡上的土体或者岩体，受河流冲刷、地下水活动、地震及人工切坡等因素影响，改变了坡体内一定部位的软弱带（或面）中应力状态，或因水和其他物理化学作用降低其强度，在重力作用下，沿着一定的软弱面或者软弱带，整体地或者分散地顺坡向下滑动的自然现象。

滑坡形成于不同的地质环境，并表现为各种不同的形式和特征。滑坡分类的目的就在于对滑坡作用的各种环境和现象特征以及产生滑坡的各种因素进行概括，以便正确反映滑坡作用的某些规律。在实际工作中，可利用科学的滑坡分类指导勘察工作，衡量和鉴别给定地区产生滑坡的可能性，预测斜坡的稳定性以及制定相应的防滑措施。

目前滑坡的分类方法有很多，各方法所侧重的分类原则不同。有的根据滑动面与层面的关系，有的根据滑坡的动力学特征，有的根据规模、深浅，有的根据岩土类型，有的根据斜坡结构，还有的根据滑动面形状甚至滑坡形成的年代，等等。因此，人们从不同的角度将滑坡划分成多种类型。

2.滑坡的特征

滑坡的类型很多，但无论哪种类型，均有一个共同点：在滑坡体内都有一相对软弱的带（面），其强度比在它之上的滑体和在它之下的滑床的岩土强度小，滑坡就是滑体沿该软弱带（面）由剪切破坏发展而产生的。该软弱带可以是地质时代早已存在的构造带（面），也可以是地质环境不断变化作用下逐渐形成的。它可能是一个滑动带（面），也可能是大致平行的多个滑动带（面），其厚度可以薄至数厘米，也可厚至数米或数十米。对于滑坡而言，一般具有中部主滑段、后部牵引段和前部抗滑段三部分。当滑坡前缘剪出口出现时整个滑坡才算形成，从此滑坡进入整体移动阶段。由于各种不同类型滑坡的地质条件不同，特别是组成滑带的岩性差别很大，在不同因素和应力作用下其抗力的大小和持续时间也不同，不同类型滑坡的每一发展阶段也是不一致的。

大多数滑坡变形始于体内中部主滑带，且多数在水的作用下发生剪切破坏，或是前部抗滑体的支撑能力遭到削弱或切断，也有在后部和中部加载作用下产生滑动的。

3.滑坡的破坏模式分类

由于变形破坏的复杂性和表现形式的多样性，滑坡的破坏模式很多，按滑体的组成物质，可划分为两大类：岩质滑坡和土质滑坡。

（1）岩质滑坡。岩质滑坡按主滑带（面）成因划分为三个大类：顺层（层面）滑坡、构造结构面滑坡和同生面滑坡。

①顺层（层面）滑坡。按主滑面特征细分为六种破坏模式：完全平面式顺层破坏模式、前缘剪出式顺层破坏模式、溃屈式顺层破坏模式、阶梯式顺层破坏模式、楔形顺层破坏模式和缓倾平推式顺层破坏模式。

a.完全平面式顺层破坏模式。在沉积岩顺坡层状岩体结构和变质岩中顺坡似层状岩体结构中，当层面和似层面倾角缓于边坡坡角时，由于边坡开挖，切断了顺坡层面或似层面，沿层面或似层面可能发生完全平面式顺层破坏，其后缘拉裂缝往往追踪一组陡倾的构造裂面，这种滑坡称为完全平面式顺层滑坡。

b.前缘剪出式破坏模式。在沉积岩顺坡层状岩体结构和变质岩顺坡岩体结构中，当层面倾角与坡面倾角基本相等时，由于软弱滑动面以上岩体的下滑力较大，在滑动体下缘较薄弱的部位剪出破坏，破裂面可能追踪一组缓倾顺坡节理或缓倾反坡节理，也可能在薄弱部位将软弱薄层剪断，形成前缘剪出式顺层破坏，这种滑坡称为前缘剪出式顺层滑坡。

c.溃屈式顺层破坏模式。高大顺坡层状边坡岩体的下部经过长期蠕变，岩层逐渐发生弯曲，在弯曲的部位岩层脱空、弯折、破裂，最后破裂面与顺层滑动面连通，产生溃屈式顺层滑动破坏，这类滑坡就是溃屈式顺层滑坡。这类顺层滑坡多见于天然斜坡，在工程边坡中很少见。

d.阶梯式顺层破坏模式。在沉积岩顺坡层状岩体结构中，当岩层倾角较缓，而且软弱夹层较发育时，开挖边坡较陡，同时切割了几个软弱夹层，使边坡顺层岩体产生了沿多个软弱夹层的阶梯式顺层破坏，这种滑坡称为阶梯式顺层滑坡。

e.楔形顺层破坏模式。在斜交顺层层状岩体结构中，岩层的层面与构造结构面相交，交线倾向临空面，岩层面、结构面、坡顶面和边坡面所切割成的楔形岩体沿交线向下滑动的模式就是楔形顺层破坏模式。

f.缓倾平推式顺层破坏模式。在缓倾近水平层状边坡岩体中，岩层缓倾倾角通常在10°左右，上部岩体常为厚层硬岩（如砂岩），下部为软岩，硬岩中常有两组近直立的陡倾节理，透水性好。软硬岩之间常为不透水的软弱夹层。在长期大雨之中，雨水沿陡倾裂隙向下渗透，不仅软化了软弱夹层的土，使其强度很低，而且充满陡倾裂隙的水，沿软弱夹层顶可以向下流动。在裂隙水的动静水压力作用下，上部不稳定岩体就会产生缓倾平推式顺层破坏，这种滑坡就是缓倾平推式顺层滑坡。

②构造结构面滑坡。按主滑面特征细分为五种破坏模式：单一平面式结构面破坏模式、单一弧形结构面破坏模式、双结构面楔形破坏模式、多结构面折线式破坏模式和断层破碎带破坏模式。

a.单一平面式结构面破坏模式。在沉积岩巨厚反倾层状边坡岩体结构和岩浆岩、变质岩巨块状有向临空倾结构面的边坡地质结构中，常有平滑的延伸很远的向临空倾结构面，其上的不稳定岩体常沿单一平面式结构面发生破坏，这种滑坡称为单一平面式结构面滑坡。这类滑坡较多，因为滑动面切穿了岩层面，有人也称其为切层滑坡。

b.单一弧形结构面破坏模式。在反倾层状边坡地质结构和反倾似层状边坡地质结构中，当边坡岩体受地质构造影响强烈的地段常有向临空倾斜的弧形结构面，特别是在较软弱的泥质片岩和千枚岩中，这种弧形向临空倾的结构面更多，其上的不稳定岩体，常沿弧形结构面产生弧形滑动破坏，这种滑坡就是单一弧形结构面滑坡。

c.双结构面楔形破坏模式。在反倾层状边坡岩体、反倾斜交层状边坡岩体及岩浆岩、变质岩巨块状整体边坡地质结构中，当有两组构造结构面相交，交线向临空面倾斜时，由两组构造结构面和边坡顶面、边坡面共同切割的楔形体，可能沿交线或下滑力最大的方向发生双结构面的楔形破坏，情况类似于楔形顺层破坏模式，不同的只是其楔形面由两个构造结构面组成。这种滑坡在边坡上常见，但一般规模较小。

d.多结构面折线式破坏模式。在反倾层状边坡地质结构和反倾似层状边坡岩体结构中，当倾向临空的构造结构面发育时，滑坡的主滑带及滑坡后缘、前缘可能追踪不同的结构面发育，形成多结构面折线式破坏模式。

e.断层破碎带破坏模式。断层破碎带的岩体通常为边坡碎裂岩体，并常有泥质充填。在边坡开挖过程中，一旦挖穿断层破碎带后，断层破碎带的不稳岩体极易沿断层破碎带发生破坏，这种破坏模式就是断层破碎带破坏模式。

③同生面滑坡。按主滑面特征细分为三个破坏模式：错落挤压剪切式破坏模式、碎裂岩体压裂式破坏模式和类均质岩体弧形破坏模式。

a.错落挤压剪切式破坏模式。在近水平边坡地质结构中，当上部有柱状、板柱状等高大坚硬岩体，下部为软弱的砂页岩互层时，在上部高大岩体垂直挤压下，下部软岩中就会形成新生的剪切缓倾裂隙，上部不稳定岩体就会沿下部挤压剪切裂隙发生滑动破坏，这种滑坡就是错落挤压剪切式滑坡。

b.碎裂岩体压裂式破坏模式。在软岩反倾互层状边坡岩体和近水平互层状边坡岩体中，边坡表层常有较厚的碎裂岩体，它们在重力和长期雨水作用下，不稳定的碎裂岩体在较薄弱的部位可能被压裂，随之沿压裂面产生滑动破坏，压裂面是在滑动破坏的同时产生的，这种滑坡就是破裂岩体压裂式滑坡。一般这种滑坡的规模较小，典型碎裂岩体压裂式破坏模式的滑坡。

c.类均质岩体弧形破坏模式。在散体粒状边坡地质结构中，如强风化花岗岩散体粒状边坡，它们在结构上属类均质体，在无倾向临空的结构面时，在长期雨水冲刷作用下，可能产生类均质岩体的弧形破坏。

（2）土质滑坡。

土质滑坡按主滑面（带）特征可细分为六个破坏模式：堆积土层沿基岩顶面破坏模式、类均质土体内弧形破坏模式、残积土层沿原岩结构面破坏模式、沿不同堆积结构面破坏模式、沿老滑动面破坏模式和沿填土界面破坏模式。

①堆积土沿基岩顶面破坏模式。在二元边坡地质结构中，上部为坡残积、坡崩积和坡洪积等堆积层，下部为基岩，基岩向临空面倾斜，当开挖边坡切断堆积层时，常引起堆积层沿基岩顶面滑动破坏。

②类均质土体内弧形破坏模式。所谓类均质土体包括细颗粒类的类均质黏性土、类均质黄土、类均质残积层、类均质堆填土，也包括土石混杂的类均质土体，如类均质坡残积层、类均质坡崩积层、类均质坡积层土体。这些类均质边坡土体，在渗入雨水或地下水作用下，都可能产生弧形滑动破坏。这些滑坡可称为类均质土体内弧形滑坡，如膨胀土滑坡、一般黏土滑坡、堆填土滑坡等都属于此类情况。

③残积土层沿原岩结构面破坏模式。在残积层中保留了原岩的各种构造结构面，当残留的构造结构面倾向临空面时，一旦被边坡面切断时，结构面以上不稳的残积层极易沿原岩结构面发生剪切破坏。花岗岩残积层比较厚，常保留原岩中的构造结构面，当构造结构面倾向坡外时，在雨季就可能产生沿原岩结构面的滑动破坏。

④沿不同堆积结构面破坏模式。各种堆积结构面包括残积层与风化基岩界面，坡积层与崩积层的界面，冲洪积层内的沉积界面，残积层与坡积层、坡洪积层、坡崩积层的界面，如坡崩积层边坡常沿下部残积黏土顶面发生滑动破坏。

⑤沿老滑动面破坏模式。在老滑坡堆积区，由于工程开挖、库岸边坡蓄水、暴雨、地下水的长期作用，可能引起老滑坡堆积体沿老滑坡面产生滑动破坏。

⑥沿填土界面破坏模式。在填方地段，由于对填方基底未做加固处理，常引起人工填土沿原地面残积层发生滑动破坏。

（二）崩塌

1.崩塌的分类

崩塌是较陡斜坡上的岩土体在重力作用下突然脱离母体崩落、滚动、堆积在坡脚（或沟谷）的地质现象。产生在土体中者称土崩；产生在岩体中者称岩崩；规模巨大、涉及山体者称山崩；当其崩塌产生在河流、湖泊或海岸上时，称为岸崩。崩塌体与坡体的分离界面称为崩塌面，崩塌面往往就是倾角很大的界面，如节理、片理、劈理、层面、破碎带等。崩塌体的运动方式为倾倒、滑移、拉裂、错断、崩落等。崩塌体碎块在运动过程中滚动或跳跃，大小不等、零乱无序的岩块（土块）最后在坡脚处形成堆积地貌——崩塌倒石堆，崩塌倒石堆结构松散、杂乱、无层理、多孔隙；由于崩塌所产生的气浪作用，使细小颗粒的运动距离更远一些，因而在水平方向上有一定的分选性。

2.崩塌的特征

常见的边坡崩塌破坏具有如下特征。

（1）规模差异大，而且每次崩塌破坏均沿新的面产生，没有固定的带或面。

（2）崩落体脱离坡体，崩塌体各部分相对位置完全打乱，大小混杂，形成较大石块翻滚较远的倒石堆。

（3）崩落破坏具有突发性和猛烈性，运动速度快，虽然有征兆迹象，如岩体的蠕动、破坏声音、出现地裂缝和出口带潮湿与压裂等变形，但先兆不明显。

（4）崩塌破坏速度快（一般为5~200m/s），崩塌的岩土体一般呈彼此分离的块体，各块体之间失去原有结构面之间的相对关系。

（5）崩塌的垂直位移大于水平位移。

3.崩塌的破坏模式

崩塌的规模大小、物质组成、结构构造、活动方式、运动途径、堆积情况、破坏能力等千差万别，但其形成机理是有规律的，根据崩塌的破坏机理，将崩塌划分为倾倒式崩塌、滑移式崩塌、鼓胀式崩塌、拉裂式崩塌和错断式崩塌等五种破坏模式。

二、边坡失稳的原因

（一）内因

1.岩土性质

岩性即岩土性质的影响，包括岩石的化学和物理力学性质，即岩土的坚硬程度、抗风化能力、抗软化能力、强度、组成、透水性等；岩层的构造与结构的影响，表现在节理裂隙的发育程度及其分布规律、结构面的胶结情况、软弱面和破碎带的分布与边坡的关系、下伏岩土界面的形态以及坡向、坡角等。

2.岩层结构

岩层结构包括两个因素，结构面和结构体。结构面是指岩石物质分异面及不连续面，具有一定方向，规模、形态和特性的面、缝、层、带状的各种地质界面。结构体是由不同产状的各种结构面组合起来，将岩体切割单元块体而成的。岩体结构主要是指结构面和岩块的特性以及它们之间的排列组合。影响边坡稳定的岩体结构因素主要包括：结构面的倾向、倾角和走向，结构面的组数和数量，结构面的连续性，结构面的起伏差和表面性质以及软弱结构面。

3.构造应力场

大地构造运动通常划分为以断裂为主的地壳断裂运动和以折皱为主的地壳折皱运动，这两种运动都会产生构造应力。开挖形成的挖方边坡影响挖方边界处岩体的应力状态。由于地层的构造作用，基岩可能承受一定的水平向构造应力，这种构造应力对挖方边坡的性能有着重要影响，尤其在深挖方中，这种影响是相当明显的。在边坡稳定性的极限平衡分析中是无法考虑构造应力影响的，在应力应变的数值分析中，则可以定量地计算构造应力大小。

（二）人为活动

（1）开挖、填筑、堆载、加固等人为因素同样会影响边坡的稳定性。边坡开挖对边坡稳定性的影响因素主要为坡高与坡比，坡高愈大，坡比愈大（边坡角愈陡），在其他条件相同的情况下，边坡稳定性愈差，边坡破坏概率也就愈大。开挖面形态也是一个重要因素，开挖的边坡面可以是直线形、凹形或凸形。从力学机制分析，凹形坡面是一个稳定形态，但实际上矿山边坡多为凸形坡面，因为上部边坡往往是冲积层，下部才是基岩，冲积层的边坡角应缓，基岩的边坡角则应放陡。边坡的超挖（超过设计深度的开挖）对边坡破坏程度也很大，对于矿山硬岩，为了能形成要求的坡面，有时钻孔的深度要稍大于台阶边坡高度，即需要一定的超深，超深过大即形成超挖，坡趾遭到破坏时有可能导致上部坡面岩体发生滑动和崩塌。

（2）爆破对边坡稳定性的影响与地震类似，但爆破产生的震动与地震的震动效应有差别，爆破药量越大，质点震动频率越低，周期越长，从而越接近地震效应。通常，形成边坡面的爆破多为钻孔爆破，它对岩石边坡的破坏作用机理有两点：炮孔的升压作用，即爆破生成的气体升压（膨胀压力）；由升压作用在炮孔周边产生的压力脉冲（冲击波）在传播时形成应力波。

（3）加固对边坡稳定性的影响。加固能改善边坡的稳定性，常用的加固措施有锚杆、锚索、抗滑桩、挡土墙、格构梁等。

（4）其他因素的影响。边坡坡顶面上的行车荷载会对边坡造成一定的影响，由于这种影响较小，稳定性分析中往往忽略不计。

三、边坡稳定分析方法

常用边坡稳定分析方法有圆弧滑动法、推力传递系数法。

（一）圆弧滑动法

1.原理

（1）假定边坡的滑动面为圆弧，滑动体绕圆心旋转下滑；

（2）按平面受力问题考虑滑面上的静力平衡。

2.边坡稳定系数

定义表达式：

$$K_S = 抗滑力矩 M_R / 下滑力矩 M_S \qquad (4-1)$$

3.稳定系数的求解

采用条分法分析单个土条滑面上的受力，但不考虑条间力的作用，则整个边坡稳定系数计算式为：

$$K_S = \Sigma \left(W_i \cos\alpha \tan\varphi_i + c_i l_i \right) / \Sigma W_i \sin\alpha \qquad (4-2)$$

式中：W_i——第 i 块土条重；

c_i、φ_i——第 i 块土滑面上的黏聚力、内摩擦角，均取标准值；

l_i——第 i 块土条滑面长。

（二）推力传递系数法

1.原理及计算

（1）当边坡由多层岩土或不同结构面组成时，假定边坡的滑动面为折线形；

（2）滑动体由若干刚性铅直条块构成，由后向前传递下滑力做整体滑动，不计两侧摩阻力，但考虑与滑面平行的条间下滑力；

（3）按平面受力问题考虑滑面上的静力平衡。

K_S 为边坡的整体稳定系数，是最后一个滑块的阻滑力（T_{Rn}）加上上面所有滑块传递下来的阻滑力与最后一个滑块的下滑力（T_n）加上上面所有滑块传递下来的下滑力之比。

边坡的整体稳定系数应满足要求，如不能满足要求，应计算最后一个滑块的剩余下滑力。

2.剩余下滑力计算表达式的建立

在平面问题中，以条块的底边为X轴，则：

$$\Sigma X = OT_{is} + T_{Ri} - W_i sin\alpha_i - T_{i-1} cos(\alpha_{i-1} - a_i) = 0$$

$$\Sigma Y = OR_i - W_i cos\alpha_i - T_{i-1} sin(a_{i-1} - a_i) = 0$$

然后联解消去R_i，即可得第i块土的剩余下滑力。

在实际工程中，求得的稳定系数往往大于1，则剩余下滑力为零或负值，但不一定满足规范要求。因此，实际工程中采用了下滑力超载安全系数，以增大剩余下滑力。

第三节 边坡设计

一、设计内容

（一）边坡形状

1.直线形

坡高10m以内，土质均匀的边坡，所谓"一坡到顶"。

2.台阶形

（1）坡高大于12m，台阶高8~10m，台阶宽2m，困难条件下，石质边坡台阶宽可适当减少；

（2）对于由多层岩土构成的边坡，岩土界面处宜设台阶。对于多层岩土边坡，可按不同坡率放坡。

（二）边坡排水系统

边坡排水系统有：

（1）坡顶截水沟；

（2）平台排水沟；

（3）竖向跌水沟、集水井；

（4）坡脚侧沟（道路边沟）；

（5）仰斜式排水孔：孔径75~150mm，仰角不小于6°，内插钢塑软式透水管或速排龙。钢塑软式透水管是以防锈弹簧圈支撑管体，形成高抗压软式结构，无纺布内衬过滤，使泥沙杂质不能进入管内，从而达到净渗水的功效。丙纶丝外绕被覆层具有优良吸水性，能迅速收集土体中多余水分。橡胶筋使管壁被覆层与弹簧钢圈管体成为有机整体，具有很好的全方位透水功能，渗透水能顺利渗入管内，而泥沙杂质被阻挡在管外，从而达到透水、过滤、排水一气呵成的目的。

（三）边坡绿化

（1）湿法喷播：以水为载体，喷播种子，适用于土坡。

（2）客土混植生喷播：以客土为载体，喷播混植生种子，适用于岩质边坡。

二、设计步骤

（1）收集道路平、纵、横设计图。

（2）收集边坡专项地质勘察资料。

（3）初拟设计边坡典型横断面图。

（4）上机计算，调整有关参数及初拟横断面图，形成计算书。

（5）绘图。

①边坡平面设计图。以道路平面图为基础，绘制边坡设计平面图，主要内容如下。

a.边坡的平面投影，包括各级平台、边坡轮廓界面线和主要变化点的坐标、设计边坡的起止里程。

b.排水系统及流向。

c.支护类型的标注。

d.图说内容：坐标系、边坡全长、排水系统的设置、支护结构类型与规格等不便用图表达的设计内容。

②边坡横断面设计图。以道路横断面图为基础，绘制边坡设计横断面图，主要内容如下。

a.各级台阶高、平台宽及水沟、坡脚起坡点高程及其与线路中心的关系。

b.原地面线及地层分界线。

c.护坡结构类型及坡率的标注。

d.锚索（杆）的竖向布置和长度及其与水平面的夹角。

e.图说内容：护面结构材料和规格、锚杆（索）规格、纵向间距、孔径、设计承载力等不便用图表达的设计内容。

③各种大样图：锚索（杆）构造、护面结构构造、跌水沟等。

（6）主要工程数量统计。

（7）编写设计总说明。主要内容包括以下几点。

①前言：道路梗要，边坡位置、长度、最大高度。

②设计依据。

③设计标准与原则：边坡等级、稳定系数、生态环境和地质灾害意识。

④设计范围与规模：边坡设计起止点里程、总长、最大高度、台阶级数及分级高。

⑤工程地质条件和水文地质条件。

⑥边坡设计。

a.边坡形状。

b.边坡稳定分析与计算：失稳形态的推断、计算方法、计算结果。

c.边坡支护结构：结构类型、构造、材料、规格、锚索（杆）设计承载力。

d.边坡排水：各种水沟的规格、材料。

e.边坡绿化。

⑦边坡监测：

a.监测项目与内容。

b.测点布置。

c.监测频率与周期。

（8）质量验收。

按《建筑边坡工程技术规范》和其他相关规范（程）执行。

三、边坡设计

（一）边坡形状

边坡拟采用多级，坡率分别为1：0.4、1：0.5、1：0.75、1：1.0、1：1.25的台阶形状，单级台阶高原则上取10.0m，台阶宽1.5～2.0m，台阶内侧设平台截水沟。

（二）边坡稳定分析与计算

（1）边坡失稳形态推断：边坡大部分由残积土和强、弱、微风化混合花岗岩组成，边坡失稳形态在岩质边坡中考虑结构面的影响，按折线滑面进行验算，在土层中按圆弧滑动面控制。

（2）稳定计算方法：条分法—刚体极限平衡理论。

（3）典型断面稳定计算结果：采用理正岩土系列5.0版软件计算，采用锚拉格构加固后，边坡安全稳定系数计算结果大于1.3。

（三）边坡支护结构

1.线路左侧高边坡地段

边坡主要由残积亚黏土及强、弱、微风化混合花岗岩组成，未发现不良地质现象，初步判断无结构面整体稳定性问题，原则上采用允许坡率放坡，但坡高已大大超过25m，故高边坡部分采用全黏结锚杆+矩形格构护坡，一则可加固节理裂隙发育的坡面，二则有利于坡面绿化，防止坡面进一步风化，从而保证边坡的整体稳定性与安全性。

2.线路右侧边坡

边坡主要由残积亚黏土及强风化混合花岗岩组成，且坡高在10m左右，坡顶有放坡条件，故采用允许坡率放坡，坡面用浆砌片石人字骨架防护，以利于稳定和绿化。

3.坡高5～11m的其他地段

边坡主要由残积亚黏土或人工填土及强风化混合花岗岩组成，坡顶无充分放坡条件，考虑到对生态环境和民房的保护，尤其是线路左侧，红线距民房只有6m，故采用坡率为1∶0.25的土钉墙形式，坡面为矩形格构，以利稳定和绿化。

（1）全黏结锚杆（土钉）：锚杆与水平面夹角15°，孔径110mm，锚杆长4～15m；1根A28螺纹钢筋，锚杆间距2.5m×3m，土钉间距1.5m×1.75m，矩形布置；锚杆通长注浆，注浆强度等级M30，注浆体材料28d无侧限抗压强度不低于25MPa；单孔锚杆的设计承载力不小于127kN。

（2）钢筋混凝土矩形网格护面：网格骨架断面尺寸40cm×40cm，嵌入坡面5cm，C25混凝土现浇。

（四）边坡排水

1.地面排水

边坡地面排水采用侧沟、平台截水沟、跌水沟和天沟排水。

（1）路侧边沟：位于坡脚或路肩边缘外侧，纵坡与道路一致，该部分内容由道路专业设计，底宽、沟深等详见道路专业图纸。

（2）平台截水沟：位于平台内侧，底宽40cm，沟深40cm，沟壁厚30cm，M7.5浆砌片石砌筑，引向跌水沟并排至道路集水井。

（3）坡顶截水沟：位于坡顶以外5m，基本上沿等高线布置，底宽40cm，沟深40cm，沟壁厚30cm，M7.5浆砌片石砌筑，排往跌水沟引至道路雨水管的集水井或坡体外。

（4）跌水沟：踏步式跌水沟竖向设于坡面，采用C25素混凝土浇筑而成，间距25～35m，并与平台截水沟形成网络，将水排往路侧边沟集水井。

2.地下水排水

由于边坡所在地段的地下水赋存条件较差，坡面均未全封闭，故一般不设地下水排水措施，施工开挖中如发现坡面某处有地下水渗流，可钻孔设置横向排水软管。

（五）边坡绿化

在矩形格网内客土喷混植生材料，由专业生态环境建设队伍实施，该部分详见有关的绿化景观设计图纸。

四、监测

边坡工程监测包括施工安全监测和支护效果监测。

（一）监测项目与内容

（1）坡顶15m范围内地表裂缝数量、宽度和走向。

（2）坡面水平位移与沉降。

（二）监测点的设置

单个高边坡的监测剖面不少于2条，且具有代表性，并尽量与地勘横剖面靠近，每条剖面上的监测点不少于3个。

（三）监测期限与周期

（1）监测期限竣工后不少于2个雨季。

（2）监测周期：施工安全监测应从开工初期就执行，8~24h观测一次，雨季及气候恶劣时适当缩短周期；支护效果监测周期一般为15~30d。

五、质量验收

参照《建筑边坡工程技术规范》（GB 50330—2013）执行。

六、施工要点及注意事项

（1）边坡工程实施前，应编制经总监理工程师认可的边坡工程施工组织设计。

（2）边坡开挖，应采取自上而下，分级、分段跳槽，及时支护的逆作法或部分逆作法施工，严禁无序大开挖作业。

（3）锚杆应自上而下逐排施作，开挖一排实施一排。锚杆注浆后，3d之内不得碰撞和悬挂重物。

（4）边坡分段跳槽施工的长度可取20m左右，每段锚杆实施后，应立即浇筑钢筋混凝土网格，尽量缩短坡体的裸露时间。

（5）大、暴雨施工期，应对未完工的裸露边坡体及时进行遮盖。

（6）锚杆大面积施工前，应按《建筑边坡工程技术规范》附录C的要求进行基本试验。

（7）边坡工程开工时应结合永久排水措施做好现场临时排水系统，以免大雨毁坏施工现场；边坡施工期间应采取有效的环保措施，做到文明施工。

（8）采用信息施工法，及时调整、完善设计与施工。

第四节 锚拉格构的设计与计算

一、结构组成

锚拉格构主要由锚杆（索）和坡面格构梁组成。

（一）锚杆

（1）非预应力全黏结锚杆：杆体材料为A20～A32螺纹钢筋，M35水泥砂浆或水泥净浆全长灌注。

（2）预应力锚索：锚索采用高强度低松弛钢绞线，一孔锚索由若干束A15.2钢绞线组成，一束钢绞线又由7根钢丝绞合成形。此外，锚索还包括专用锚具、夹片和连接器等。

（3）精轧螺纹钢。

（二）格构梁

格构梁一般由钢筋混凝土现浇而成，梁截面为矩形，梁单元可采用矩形或菱形。

二、适用条件

（1）非预应力全黏结锚杆：常用于土质边坡，锚杆长一般不超过12m，锚杆轴向承载力设计值不大于240kN。

（2）预应力锚索：常用于岩质边坡，其长度和承载力均大于非预应力全黏结锚杆。

三、其他有关问题

（1）预应力锚索锚固段长度通常取4～10m，当计算长度超过10m时，宜采用二次注浆、改善锚头构造和直径等措施提高锚固力。理论分析与实测数据表明，当锚固段过长时，随着应力不断增加，靠近自由段的灌浆体首先开始屈服或破坏，然后，最大剪应力向深处转移，破坏也逐渐发展扩大，因此，并非锚固段越长越好。

（2）预应力锚索（杆）的自由段长度不应小于3～5m，以便将锚固力传至较深的岩土层，获得可靠的锁定力。

（3）锚索孔径应视锚固力大小而定，常用g100～b150。

（4）预应力锚索（杆）的间距应考虑群锚效应，间距小，应力重叠，锚固能力降低；间距大，出现应力跌落区，削弱了坡体与滑面的整体锚固效果。预应力锚索的间距一般常取3～5m。

（5）预应力锚索抗拉力（锚索的承载力）的设计值应满足下列要求。

①等于或大于边坡下滑力设计值。

②等于或小于锚索材料的抗拉力设计值，一般可取材料抗拉强度标准值（相当于极限抗拉强度）的1/2（钢筋可取61/100）。

③等于或小于锚索的抗拔力（岩土与锚固体的黏结强度特征值）。

（6）预应力锚索的超张拉值可取锚索承载力设计值的1.05～1.1倍，锁定值可取锚索承载力设计值的3/5左右。

（7）锚杆（索）的防腐处理措施。

①预应力锚杆（索）的自由段经除锈、刷船底漆、沥青玻纤布缠裹不少于两层处理后装入套管中，套管两端用黄油充塞，外绕工程胶布固定。

②锚固段应除锈，砂浆保护层厚度不少于25mm。

③预应力锚索的外锚头经除锈、涂防腐漆后，应采用钢筋网罩、现浇细石混凝土封闭。

（8）格构梁的单元形状可采用矩形或菱形，单元大小按锚杆（索）的间距确定。

（9）理论上而言，格构梁的截面大小应根据锚固力的大小和坡面岩土地基承载力确定，同时，格构梁底的接触压应力应小于地基承载力。但是，由于预应力锚索格构与边坡体相互作用的复杂性，目前，尚无合适的格构梁底接触压应力计算方法。庆幸的是，梁底接触压应力的实测值还不到"理论"值的1/10，故一般格构梁的截面不小于300mm×300mm即可（锚固力较大时应按计算确定），采用C25混凝土现浇，梁底嵌入坡面。

（10）格构梁的截面大小还与其所受弯矩大小有关，一般而言，格构梁可按集中荷载下的弹性地基梁进行分析计算。理论分析表明，格构结点处（锚索作用处）为负弯矩（梁底受拉），跨中为正弯矩（梁顶受拉）。试验研究表明，上述弯矩分布规律只适合锚固力较大（500kN以上）、硬质岩体边坡情况；若锚固力较小（300kN以下）、边坡岩土体软弱，则格构梁表现为整体向坡内弯曲（梁底受拉）。因此，格构梁按对称构造配筋即可。

第五节 桩板式挡墙的设计与计算

一、桩板式挡墙的类型与特点

桩板式挡墙适用边坡开挖工程、填方边坡及工程滑坡治理；适用于坡顶已有建筑物，对变形要求较高边坡工程。另一方面，桩板式挡墙较少占用土地，适合发挥土地的功能。

（一）桩板式挡墙的类型

桩板式挡墙主要由抗滑桩、挡土板、锚力系统（支撑）等构成。桩截面为圆形桩、矩形桩及T形桩。考虑到桩体受力条件，矩形桩一般采用正面较短、侧面较长的截面。桩板式挡墙按桩平面排列方式可分为：单排桩桩板式挡墙和双排桩桩板式挡墙。双排桩桩板式挡墙中前后桩可以错开排列，也可以为不等桩，根据实际工程需要设定；双排桩有时和承受竖向荷载工程桩结合，构成三排桩。工程桩设计，后排桩一般是承受竖向荷载和水平荷载。

单排桩按边坡高度和锚力系统（支撑）情况，桩板式的类型可分为：悬臂式桩板挡墙、锚拉式桩板挡墙。特殊地形条件下，也可以采用支撑式桩板挡墙。

悬臂式桩板挡墙亦称自立式桩板挡墙，或称无拉结桩板挡墙，是利用桩的嵌固作用、被动土抗力来保证支护结构的稳定性。由于在边坡开挖过程中没有任何拉锚和支撑，一般边坡高度不大，适用边坡高度一般不大于12m。与拉锚式相比易于产生较大的侧向变形，对于坡顶有建筑物的边坡，对变形有较高要求时，不宜采用。

锚拉式桩板挡墙由锚杆（锚索）、桩体和挡土板共同组成，依靠锚固于稳定土层中的锚杆（锚索）所提供的拉力、桩的嵌固作用、被动土抗力保证支护结构的稳定。锚杆（锚索）可以是多道提供拉力，亦改善桩体受力状态。当边坡高度较大时，一般不大于18m，可以采用单道单锚拉式桩板挡墙；当边坡高度很大时，可以采用多锚拉式桩板挡墙。

实际工程中，在一些特殊的地形条件下使用，也可设置内支撑，为永久性支撑。支撑式桩板挡墙是由桩、内支撑和挡土板共同组成的。内支撑一般采用钢管或现浇钢筋混凝土支撑。支撑式桩板挡墙在边坡中采用不多，只在一些特殊的条件下使用。

双排桩桩板式挡墙在剖面上主要为两种型式：门字形桩板式挡墙、h形桩板式挡墙。多排桩桩板式挡墙多为三排桩，以m形为主，一般结合上部建筑桩基础型式进行。

桩板式挡墙也可与其他边坡支护结构结合使用，形成复合支护结构。

桩板式挡墙的挡土板是桩板式挡墙的组成部分之一。桩板式挡墙一般设有挡土板，在单排桩间距较小时，由于土拱效应，可以不设挡土板，但设置防护面层，桩顶一般设置压顶梁。

挡土板与伸出地表部分抗滑桩截面呈T形，通常分为预制平板、现浇板、拱板（墙）。挡土板分前置、后置挡土板。一般后置挡土板用于填筑边坡，前置挡土板用于开挖边坡。

（二）桩板式挡墙的特点

桩板式抗滑挡土墙作为一种新型的挡土防护结构，具有以下特（优）点。

（1）适宜于土压力大，而墙高又超过一般重力式挡墙限制的情况。

（2）地基强度不足可由桩的埋深补偿，挡土板可不考虑基底承载力。

（3）桩位设置灵活，可以单独使用，安设在边坡中最利于抗滑的部位，也可以与其他构筑物配合使用。

（4）桩板式抗滑挡土墙施工简便，外形构造美观。

（5）施工安全简便、速度快，工程量小、占用土地面积小，运营养护维修费用低。近年来，作为一种挡土支护结构，桩板式抗滑挡土墙在建筑边坡中应用越来越广泛。

二、桩板式挡墙的设计

（一）桩体平面布置及入土深度

桩的平面布置主要是选择适当的桩径（一般≥800mm）、桩距及桩平面排列形式。桩径的选择主要考虑地质条件、边坡开挖（填筑）高度、结构形式（悬臂式、锚拉式）、锚索（杆）竖向间距与容许变形等综合确定。当边坡高度较大时，常常需要在桩径与锚索（杆）竖向设置的道数之间进行优化。尤其是高陡边坡，由于工程需要，采用复合式支挡结构形式，而桩板式挡墙位于边坡的下部，桩径与锚索（杆）竖向设置的道数之间优化显得尤为重要。一般而言，边坡工程桩径≥800mm。

桩体净间距可根据桩径、桩长、边坡高度等确定，一般1～2倍桩径。桩径与桩长应根据地质和环境条件由计算确定。当土质较好时，可利用"土拱"效应与挡土板适当扩大桩间距。

桩的入土深度可根据地质条件、坡高、桩径、桩长等确定。目前一般从锚固段桩周地层的强度来考虑，即要求锚固段桩侧应力不大于地基横向承载力特征值。

（二）桩板墙的配筋计算

桩板式挡墙一般可不作"正常使用极限状态验算"，而只作"承载能力极限状态验算"。

1.截面配筋（以圆形截面为例）

圆形截面桩的配筋分对称式、不对称式两种。

（1）对称配筋（纵向钢筋不少于6根）：

计算公式如下：

$$aa_1f_c(1-\frac{\sin 2\pi a}{2\pi a})+(a-a_t)f_yA_s=0 \qquad （4-3）$$

$$M\leqslant \frac{2}{3}a_1f_cAr\frac{\sin^3\pi a}{\pi}+f_yA_sr_s\frac{\sin\pi a+\sin\pi a_1}{\pi} \qquad （4-4）$$

式中：M——桩截面弯矩设计值（$kN\cdot m$）；

A——支护桩截面面积（mm^2）；

A_s——全部纵向钢筋截面面积（mm^2）；

r——圆形截面的半径（m）；

r_s——纵向钢筋重心所在圆周的半径（m）；

a——对应于受压区混凝土截面面积的圆心角（rad）与2π的比值；

a_t——纵向受拉钢筋截面面积与全部纵向钢筋截面面积的比值，$a_t=1.25-2a$，当$a>0.625$时，取$a_t=0$；

a_1——受压区混凝土矩形应力图的应力值与混凝土轴心抗压强度设计值的比值，当混凝土强度等级不超过C50时，a_1取为0.94，其间按线性内插法确定；

f_c——混凝土与轴心抗压强度设计值（N/mm^2）；

f_y——普通钢筋抗拉强度设计值（N/mm^2）。

（2）不对称配筋计算公式如下式：

$$aa_1f_cA(1-\frac{\sin 2\pi a}{2\pi a})+f_y(A'_{sr}-A_{sr})=0 \qquad （4-5）$$

$$M\leqslant \frac{2}{3}a_1f_cAr\frac{\sin^3\pi a}{\pi}+f_yA_{sr}r_s\frac{\sin\pi a_s}{\pi a_s}+f_yA'_{sr}r_s\frac{\sin\pi a'_s}{\pi a'_s} \qquad （4-6）$$

式中：A_{sr}、A'_{sr}——均匀配置在圆心角$2\pi a$、$2\pi a'_s$内的纵向受拉、受压钢筋截面面积（mm^2）；

r_s——纵向钢筋重心所在圆周的半径（m），$r_s=r-c-0.01m$，c为混凝土保护层厚度（mm）；

a_s——对应于周边均匀受拉钢筋的圆心角（rad）与2T的比值；

a'_s——对应于周边均匀受压钢筋的圆心角（rad）与2π的比值，一般取$a'_s \leq 0.5 \times a$；

a——对应于周边均匀受压钢筋的圆心角（rad）与2π的比值。

2.箍筋配筋

按一般受弯构件计算，斜截面的受剪承载力计算公式如下：

$$V \leq V_{cs}$$
$$V_{cs} = 0.7 f_t b h_0 + 1.25 f_{yv} \frac{A_{sv}}{s} h_0 \qquad (4-7)$$

式中：V——构件斜截面上最大剪力设计值（kN）；

V_{cs}——构件斜截面上混凝土和箍筋的受剪承载力设计值（kN）；

A_{sv}——配置在同一截面内箍筋各肢的全截面面积：$A_{sv}=n \times A_{sv1}$，n为在同一截面内箍筋的肢数；

A_{sv1}——单肢箍筋的截面面积（mm^2）；

s——沿构件长度方向的箍筋间距（m）；

f_{yv}——箍筋抗拉强度设计值（N/mm^2）；

f_t——混凝土轴心抗拉强度设计值（N/mm^2）；

b——以1.76r代替（m）；

h_0——以1.6r代替（m）；

r——圆形截面的半径（m）。

3.构造配筋

一般按受弯构件构造要求配筋，满足以下规定：

$$\rho_{sv} = A_{sv}/(bs) \qquad (4-8)$$

$$\rho_{sv} \geq 0.24 f_t / f_{yv} \qquad (4-9)$$

式中：ρ_{sv}——箍筋配筋；

其他符号同前。

4.加强箍筋

边坡某些高度位置，如锚杆（索）安装处、连系梁前后桩连接节点等抗裂剪力设计需进行加强时，需对这一位置上下一段范围内采取箍筋加密、加强措施。

5.桩体配筋构造

桩的纵向受力钢筋宜选用HRB335、HRB400级钢筋，直径不小于16mm，间距不小于120mm，混凝土保护层厚度不应小于50mm。

当采用沿截面周边配置非均匀纵向钢筋时，受压区的纵向钢筋根数不应少于5根；当不能保证钢筋的方向时，不应采用沿截面周边配置非均匀纵向钢筋的形式。

三、预应力锚索桩板墙设计分析

预应力锚索桩板墙是在桩板墙的桩上设置预应力锚索，锚索穿过潜在滑动面，从而形成锚索与桩板墙的联合体。

预应力锚索通过桩板墙对坡体主动施加一个相当大的预应力，可明显改善结构物的受力条件，由于这种受力状态减少了桩周应力，因此，可使桩截面小、桩身短、配筋少。

（一）锚索桩板墙结构形式分析

为缩小桩板墙的桩截面，在具体施工中可在桩上进行施加锚索，并以满足限界要求为准。挡土板应用桩外挂板这种形式：即先挖孔桩，并在其外侧进行钢筋预埋，完成成桩开挖后，再进行立模浇筑。这样进行施工不仅确保施工安全，又可满足外表美观的良好效果。

（二）锚索桩结构的计算要点分析

（1）进行荷载设计。荷载作用于锚索桩板墙的，可分为两种力：①侧向土压力；②结构加固作用力。计算侧向土压力以静止土压力为准，有关破裂面以内上部的荷载，诸如各种交通工具、建筑物等，也应同时考虑；在进行结构设计以及检算强度过程中，若进行预应力施加，则有关施工工序可能对结构受力造成的不利影响应予以考虑。为确保支挡建筑物安全、经济可行这一重要条件，必须对设计参数进行正确选择。

（2）确定锚索预应力的值。①把仅在土压力作用下桩与锚索共同位移时在锚索内所形成的力计算出来；②结合弯矩图（其桩身未计锚索力）促使设锚后桩身正负弯矩相同，并以地层锚固抗拔力这一原则来对每排锚索所需总作用力进行确定；③确定实际预应力的值。

（3）确定锚索预应力值后，就可根据锚索桩的计算模式，把桩当作弹性地基梁，整个受力结构为锚索和桩，在此基础上把桩身内力计算出来。根据相关计算机大量工程实践表明，陡坡地段的高填方不仅可应用预应力锚索桩板墙，高陡边坡的支挡工程也可应用预应力锚索桩板墙；但应确保桩所露出地面高度保持在10~20m这一范围，这时桩身截面可选用小尺寸为宜，如15m×1.75m。

（4）进行挡土板计算。如工程属于市政工程，为使限界得到满足并确保工程美观的施工效果，在进行设计时，把挡土板进行前置；计算挡土板根据等跨连续梁的方法来进行操作，并把板所在位置墙后的最大土压应力作为班上作用的荷载；通过相关计算，得出挡土板厚度为≥15cm，为能与桩进行有效连接，桩间板厚确定为25cm。

第六节　加筋土边坡的设计与计算

一、加筋土边坡的形式和组成

加筋土边坡一般指填方工程中采用加筋材料对土体进行补强以提高边坡稳定性的一类工程，主要应用于新建填方边坡、滑坡治理，原路堤边坡加高加宽、护坡、护岸等。

与传统边坡工程相比，通过对土体进行加筋，可以在同样填土条件，甚至较差的填土条件下修筑更陡的边坡，减少填方量，节约土地资源。无论从安全性、经济性、施工便利性、环境协调性等多方面，加筋土边坡都具有很大优势，特别是在土工合成材料问世后，加筋土作为一种柔性加筋材料弥补了金属条带等刚性筋材的缺点，近几十年来其在国内外水利、公路、铁路、环境、市政和建筑等不同领域内得到了广泛认可和实践应用。

加筋土边坡主要由填土、加筋材料和面层系统组成，将筋材分层铺设于土体中形成水平加筋层，通过筋材与土体之间的相互作用达到改善土体性能、增强边坡稳定性的目的。根据边坡坡率和结构物工作要求，筋材在坡面边缘处即可水平铺设，也可回折包裹土体，其约束侧向变形的效果更强，面层系统一般为柔性护面与植被相结合的形式，也可不设。

一般将坡角小于45°（坡比1∶1）的边坡定义为缓边坡，可允许结构有较大变形，坡角介于45°~70°（坡比1∶0.364）的边坡定义为陡边坡，为避免滑动破坏带来的严重后果，对变形有一定的控制要求，特别是铁路，高速公路的路堤边坡对变形要求更为严格。两者的稳定性均按照土体滑动的极限平衡法进行设计。坡角大于70°则称为加筋土挡墙，按照郎肯或库仑土压力理论，采用楔体极限平衡法进行设计。

二、加筋土边坡的破坏模式

对于加筋土边坡，随边坡具体情况（如地基条件、坡比坡高、外部荷载条件、筋材、填料等）的不同，可存在多种破坏模式，归纳为以下三类。

（1）内部破坏。破坏面穿过加筋区域，包括筋材断裂、拔出、沿筋土界面滑动等。

（2）外部破坏。破坏面在加筋土体区域外，可能发生在地基表面，也可能深入地基内发生深层滑动，包括沿地基表面的平面滑动、深层圆弧滑动、软基侧向挤出（坡脚承载力不足）或过量沉降等。

（3）混合型破坏。破坏面一部分在加筋体外，一部分穿过加筋体。

三、加筋土边坡的设计步骤与计算

（一）确定加筋土边坡的几何尺寸、荷载条件与功能要求

（1）几何尺寸和荷载条件：包括坡高H、坡角 θ、外部荷载；外部荷载包括坡顶超载q，可变活荷载Δq、设计地震加速度A_m。

（2）土坡的安全性要求：根据规范设定不同破坏形式的安全系数。

（二）确定现场土的工程性质及参数

（1）地基土及加筋土体后原状土的类别及性质。

（2）土的强度指标。

（3）土的重度。

（4）固结参数：压缩系数、压缩指数与回弹再压缩指数以及先期固结压力。

（5）地下水位及在有渗流情况下的浸润线。

（6）如为滑坡修复治理，还应提供滑动面位置及滑坡原因等。

（三）确定加筋土填方土料的工程性质及参数

如果加筋土中的填土不同于加筋土体后的土的性质及种类，还应了解填土的性质及指标。

（1）级配及塑性指数。

（2）压实特性：控制压实度为95%，含水率为最佳含水率$\omega_{op} \pm 2\%$。

（3）每层铺土厚度。

（4）抗剪强度指标。

（四）确定筋材参数（Fs）

（1）确定土工合成材料筋材的容许强度。

（2）确定界面稳定安全系数。

对于粗粒土：$F_s = 1.5$。

对于黏性土：F_s=2.0。

最小锚固长度L_e=lm。

（五）验算无加筋土坡的稳定性

（1）首先应验算土坡无筋时的稳定性，以决定是否需要加筋，论证加筋的必要性（F_s>1.0），校验是否会发生整体深层滑动等；利用常规稳定分析方法计算对于潜在滑动面的稳定安全系数。

（2）确定需要加筋的安全系数临界区范围。

①确定潜在的破坏面范围：无加筋的安全系数F_{SU}≤F_{SR}（要求的安全系数）。

②在边坡断面图上画出所有滑动面。

③安全系数等于设计要求的安全系数F_{SR}的所有滑动面的包线就围出了临界区。

（3）如果临界区延伸到坡脚以下，表明将会发生深层滑动，后者涉及地基承载力问题，需进行地基稳定分析与地基处理。

（六）加筋边坡设计

（1）计算筋材总拉力T_s。

为达到需要的安全系数F_{SR}，对于在临界区内的每一个潜在的滑动面计算筋材总拉力：

$$T_s=（F_{SR}-F_{SU}）M_D/D \qquad （4-10）$$

式中：T_s——考虑拉断与拔出，在筋材与滑动面交界处，每延米所需的筋材总拉力；

M_D——滑动土体对应于滑动面圆心的力矩；

D——T_s关于圆心的力臂；

F_{SR}——加筋土坡所要求的安全系数；

F_{SU}——不加筋土坡的稳定安全系数。

（2）计算筋材单宽最大拉力T_{smax}。

计算筋材单宽最大拉力是基于以下假设：

①筋材可拉伸。

②填土为均匀的无黏性土。

③坡内无孔隙水压力。

④坚硬，水平的地基，即承载力足够。

⑤无地震力。

⑥坡顶作用均匀超载。

⑦筋土间摩阻力相对较高，一般情况下为格栅类筋材。

（3）确定筋材分布。

①如果坡高$H \leqslant 6m$，则可将总拉力T_{smax}均匀分配给各层筋材，筋材可等间距布置。

②如果$H>6m$，则可沿坡高分为等高度的$2 \sim 3$个加筋区，每个加筋区内的筋材拉力均匀分配，其总和等于T_{smax}。

（4）确定筋材竖向间距S_v，或各层筋中的最大拉力T_{max}。

（5）为了确保边坡的局部稳定，对于危险与复杂的情况，可以假设潜在滑动面通过各主加筋层以上，进行验算，重新计算T_s。

（6）确定筋材锚固长度L_e。

①每层主筋的埋置长度取决于临界滑动面，一般也是计算T_{max}所用的滑动面，必须满足拉拔阻力要求：

$$L_e = \frac{T_{max}F_s}{F^*\alpha\sigma_v'R_cC}$$

（4-11）

式中：L_e——滑动面后被动区内筋材的埋置长度；

F^*——抗拔阻力系数（界面摩擦系数）；

σ_v'——筋土交界面的有效正应力，可按作用在筋材上的自重应力计算；

C——筋材的有效周长，对于条带、格栅、片状筋可取2；

α——考虑筋材与土相互作用的非线性分布效应系数，资料缺乏时，土工格栅取0.8，土工织物取0.6；

R_c——加筋覆盖率，对于连续分布的土工格栅和土工织物，$R_c=1.0$。

②中间加筋层的筋材较短，可以在$1.2 \sim 2.0m$之间，最大间距为60cm，当同时起到包裹作用时，间距可适当加密；如果仅仅是为了稳定坡面和便于压实，则可以更短。

③L_e的最小值是1.0m。

④为了简化筋长布置，可以分为两段或者三段等长度的配筋。

⑤除底层加筋长度受抗滑移所需要的筋材长度控制，至少应延伸到临界区边界之外，上部筋材一般可不延伸到临界区以外。我国铁路规范中规定加筋土路堤的最小锚固长度不得小于2.5m。

⑥检查验算通过每一个破坏面的筋材总拉力大于所要求的T_s。

（七）外部稳定性验算

（1）抗滑移稳定验算。这时可以将加筋区当成一个刚性挡土墙进行墙底滑动验算，底边滑动面假定为加筋土坡底部或各层筋材的筋土界面。加筋区后的土压力可由库仑主动土压力确定。外部稳定的安全系数需大于规范规定的最小值。

（2）深层滑动稳定验算。在无筋土坡的稳定计算中可以发现是否存在深层滑动面。当完成加筋土坡设计以后，还应检查是否所有通过加筋土体之后及深入地基土层的滑动面都满足要求。

四、加筋土边坡的优化设计

土工合成材料加筋土工程可以显著降低工程造价，已得到国内外工程界广泛承认。B.R.Christophe认为，加筋土结构节省投资体现在以下四个方面：①降低工程量；②简化施工工序和加速施工进度；③改善结构的长期性能，延长服役周期；④保护自然环境，重视可持续发展。如道路工程中采用土工合成材料，可减少碎石料30%～40%，特别是对中小型工程，采用土工合成材料建造加筋土挡墙，可比钢筋混凝土结构节省25%～50%的投资，如能进一步代替桩和桩帽结构，则节省投资可达50%以上。

土工合成材料加筋结构可以有效延长结构物的服役周期，材料由工厂制造，质量风险可控，工程后期维护费用低，使得工程单位成本也显著降低，这种隐蔽的经济效益是不容忽视的。由于采用当地材料或废弃料作为填料，既减少了废料存量和堆放，又减少了运输成本，对降低碳排放量和能耗有明显作用。

因此，大力发展土工合成材料加筋土结构符合当前建设环境友好型社会的迫切需求。但实践中影响加筋土边坡稳定性的因素很多，不仅与填料组成、土粒粒径与级配、筋材类型、结构尺寸、力学性质有关，同时与环境条件、边坡坡高坡率、荷载状况等因素有关。近年来对于加筋边坡优化设计的研究成果表明，控制稳定性的敏感性因素依次为填土的内摩擦角、筋土界面似摩擦系数、填土黏聚力筋材长度、筋材强度、筋材间距、填土重度。

以往的加筋土设计优化多集中在筋材铺设位置和间距的选择上。从工程成本控制的经济性和合理性方面来说，确定适宜有效的加筋边坡结构尺寸既可充分利用多种因素提高加筋边坡的稳定性，又可避免过度设计产生的浪费。但影响加筋土边坡造价和稳定性的因素很多，如何合理判断各影响因素的重要性，如何将主要因素的作用合理反映在设计方法中，在保证工程安全、结构稳定的前提下开展加筋土边坡的优化设计，获得工程造价最经济的设计参数组合，已经是当前需要重点关注的问题。有研究者提出了基于经济效益的加筋土边坡优化设计思路，以加筋土边坡每延米最低工程造价为目标函数，针对某三级加筋边坡进行了优化设计。结果显示，通过优化设计可使加筋边坡的综合坡率减小1°，每延米土工格栅用量减少36.3%，而安全系数仍较原设计提高0.008，最终体现在经济效益方面，每延米工程造价可节约33.3%。

第五章　滑坡工程分析治理

第一节　滑坡的勘测

一、滑坡勘测的目的与内容

滑坡勘测的目的是用各种勘测手段查明滑坡的环境地质条件、规模、范围、性质、原因、变形历史，危害程度和发展趋势等，为滑坡分析和有效治理提供基本资料和科学依据，主要有以下内容。

（1）确定滑坡面、滑动带（相邻深度两滑动面之间的薄层）、滑体以及其他滑坡要素。

（2）确定滑体、滑动带和滑床（稳定地层）的物质组成结构，并采取相应的岩土样品做相关的物理力学性质试验。

（3）确定各层地下水的位置、流向、性质、分布和平衡情况。

（4）查明滑坡的范围、规模、地质背景、性质及其危害程度，分析滑坡产生的主次条件和滑坡原因，并判断稳定程度，预测其发展趋势和提出预防与治理方案建议。

二、滑坡工程地质测绘和调查

滑坡勘察应进行工程地质测绘和调查，调查范围应包括滑坡及其邻近地段。比例尺可选用1:200~1:1000。用于整治设计时，比例尺应选用1:200~1:500。

滑坡区的工程地质测绘和调查，除应包含一般岩土工程地质测绘和调查内容外，尚应调查下列内容。

（1）搜集地质、水文、气象、地震和人类活动等相关资料。

（2）滑坡的形态要素和演化过程，圈定滑坡周界。

（3）地表水、地下水、泉和湿地等的分布。

（4）树木的异态、工程设施的变形等。

（5）当地治理滑坡的经验。

对滑坡的重点部位应摄影或录像。

地面调查是工程地质工作的重要环节，许多重要的或者细微的地质现象只有通过地面调查才可获得，然后经过综合、分析、取舍、推断，得到正确的结论。调查工作开始之前，应广泛收集工作区的地形、地貌、地质、遥感影像、气象、水文、地震资料及已有的调查、勘探等有关资料，对其进行分析研究。调查时，应就滑坡变形史，变形迹象、危害等进行详细调查、访问，调查工作区域各类滑坡发生的时间及其与环境因素的关系，在可能范围内进行工程地质比拟。通过地貌形态和地表形迹的调查，查明滑坡是否存在及当前的稳定状态，进行地质和水文地质条件的调查，查明地层岩性、岩体结构、地质构造及水文地质条件，进行诱发滑动因素调查以及滑动前兆现象的调查。

经验推测就是指基于以往对不同滑坡的分析对比而得出的经验，结合地面调查（工程地质测绘）的信息，分析推测实地滑坡滑动面形状、滑体厚度、滑动性质，从而为必要时的地下勘探和土工试验提供充分的资料。相对于其他勘测手段，经验推测法具有费用较低、适合地形条件困难地区的优点。

三、滑坡勘探

滑坡勘探的目的是在地面详细调查测绘的基础上进一步查清坡体和滑床的地质结构，滑动面的位置、埋深、层数、形态，地下水的分布位置、层数、水量、补给与排泄方向及其与滑坡的关系，同时采取必要的岩土、水样供试验使用，也为滑坡的深部位移监测提供条件。

勘探线和勘探点的布置应根据工程地质条件、地下水情况和滑坡形态确定。除沿主滑方向应布置勘探线外，在其两侧滑坡体外也应布置一定数量的勘探线。勘探点间距不宜大于40m，在滑坡体转折处和预计采取工程措施的地段，也应布置勘探点。

钻探是一种常用的岩土工程勘测技术，它是使用钻机穿透地层、研究滑坡地质情况、推测滑坡几何要素的有效手段。钻探的目的是推测滑动面和基岩的位置，探测滑坡区域各土层的工程地质和水文地质情况，提供土工试验所需的岩土样品。合理的钻孔布置是确保优质钻探资料的前提。滑坡主轴线（主滑方向）上的钻孔应能保证钻探资料足以反映滑坡的整体特征。当滑坡有明显分级或分块时，对每一级或每一块均应布孔。勘探孔的深度应穿过最下一层滑面，进入稳定地层，控制性勘探孔应深入稳定地层一定深度，满足滑坡治理需要。施钻过程中必须及时准确记录钻探过程中的各种异常情况，如缩孔、掉块、卡钻、漏水等，并标明其位置。施钻方法的选择应以易于发现软弱夹层和含水层为主，并以尽可能保持地层的原状结构和提取足够数量的原状岩芯为原则。

第二节 滑坡的类型和稳定性分析

一、滑坡类型

由于自然条件千变万化，滑坡的成因、形态以及滑动的过程亦各有特点，为了便于滑坡的识别和治理，需根据滑坡体的物质组成和结构型式等主要因素，对滑坡进行分类。

滑坡的类型有很多，按滑体物质分为土质滑坡和岩质滑坡，前者又分为黄土滑坡、黏性土滑坡（包括膨胀土滑坡）、堆积土滑坡和堆填土滑坡，后者又分为岩体滑坡和破碎岩体滑坡。按滑坡的发生年代分为古老滑坡和新生滑坡。按滑动力学性质（运动形式）分为推移式滑坡、牵引式滑坡和混合式滑坡。

对滑坡进行分类，主要有以下几点作用。

（1）便于滑坡工作者能以相通的术语相互交流。

（2）便于工程师根据滑坡类型援引往例进行滑坡稳定分析和防护治理工作。

（3）便于滑坡研究人员有针对性地进行深入广泛的研究。

（4）便于世界范围内滑坡编目工作的开展。

（5）便于行业或地区滑坡规程的编制和实施。

二、滑坡稳定性分析

滑坡稳定性分析的目的是判断滑坡的稳定状态，为滑坡的防治提供稳定性分析资料。滑坡的稳定性分析包括定性判断和定量计算。

（1）定性判断可以从以下几个方面进行：①根据滑坡的地貌形态判断滑坡的稳定性；②根据滑坡的工程地质类比来判断滑坡的稳定性；③根据滑坡前的各种迹象判断滑坡的稳定性。

（2）定量计算的主要工作是确定下滑力和抗滑强度，可以有以下几种方法进行定量分析计算：①常规土坡稳定计算方法；②岩质滑坡极限（极值）平衡方法；③数值计算方法；④模型试验方法。

常规土坡稳定性分析计算方法是从最初的瑞典圆弧法发展起来的，以后逐渐扩展到其他形式的滑面，并发展了各种各样的条分法以考虑条间力的作用。

（3）滑坡的稳定性计算应符合下列要求。

①正确选择有代表性的分析断面，正确划分牵引段、主滑段和抗滑段；②正确选用强度指标，宜根据测试成果、反分析和当地经验综合确定；③有地下水时，应计入浮托力和水压力；④根据滑面（滑带）条件，按平面、圆弧或折线，选用正确的计算模型；⑤当有局部滑动可能时，除验算整体稳定外，尚应验算局部稳定；⑥当有地震、冲刷、人类活动等影响因素时，应顾及这些因素对稳定的影响。

第三节 滑坡的整治措施

一、滑坡防治的原则

防治滑坡应当贯彻"早期发现，以防为主，防治结合"的原则；对滑坡的整治，应针对引起滑坡的主导因素综合治理，原则上应一次根治，不留后患。对性质复杂、规模巨大，短期内不易查清或工程建设进度不允许完全查清后再整治的滑坡，应在保证建设工程安全的前提下作出全面整治规划，采用分期治理的方法，使后期工程能获得必需的资料，又能争取到一定的建设时间，保证整个工程的安全和效益；对建设工程随时可能产生危害的滑坡，应先采用立即生效的工程措施，然后做其他工程。一般情况下，对滑坡进行整治的时间，宜在旱季为好，施工方法和程序应以避免造成滑坡产生新的滑动为原则，动态设计、信息化施工的原则，加强防滑工程维修保养的原则，滑坡防治与环境保护、水土保持、文物保护相结合的原则。滑坡防治应考虑环境保护，如污水、泥浆处理，降低粉尘、噪声污染等，尤其是在城镇地区，应对滑坡防治工程进行绿化、美化，结合当地气候环境，种植植被树木，防治水土流失；在文物保护区应妥善处理保护文物，同时滑坡防治工程还可结合地方文化进行景观设计，体现地方民族风俗文化特点。

二、滑坡治理的主要工程措施

（一）预防措施

（1）在斜坡地带进行房屋、公路、铁路建设前，必须首先做好工程勘察工作，查明有无滑坡，或滑坡的发育阶段存在。

（2）在斜坡地带进行挖方或填方时，必须事先查明坡体岩土条件、地面水排泄和地下水情况，做好边坡和排水工程设计，避免造成工程滑坡。

（3）施工前应做好施工组织设计，制定挖方的施工顺序，合理安排弃土的堆放场地，禁止大药量爆破，做好施工用水的排泄管理等。

（4）做好使用期间的管理和有危险的边坡监测。

（5）对于已查明为大型滑坡或滑坡群，或近期正在活动的滑坡，一般情况下建设工程均宜加以避让。当必须进行建设时，应制定详细的防治对策，经技术经济论证对比后，慎重取舍建设场地。

（二）处理措施

根据工程地质、水文地质条件以及施工影响等因素，分析滑坡可能发生或发展的主要原因，采取防治滑坡的处理措施。

1.清除滑坡体

选择场地时，通过收集资料、调查访问和现场踏勘，查明是否有滑坡存在，并对场址的整体稳定性作出判断，对场址有直接危害的大、中型滑坡应避开为宜。对无向上及两侧发展可能的小型滑坡，可考虑将整个滑坡体挖除。用某些导滑工程，将滑坡的滑动方向改变，使其不危害建设工程。

2.卸载

在保证卸载区上方及两侧岩土稳定的情况下，可在滑体主动区卸载，但不得在滑体被动区卸载。对于推动式滑坡，在上部主滑地段减重，常起到根治滑坡的效果。

3.反压

在滑坡的抗滑段和滑坡体外前缘堆填土石加重，如做成堤、坝等，能增大抗滑力而稳定滑坡。但必须注意只能在抗滑段加重反压，不能填于主滑地段。而且填方时，必须做好地下排水工程，不能因填土堵塞原有地下水出口，造成后患。减重和反压后，应验算滑面从残存的滑体薄弱部位及反压体地面剪出的可能性。

4.排水

排水工程包括地表排水工程和地下排水工程。

（1）地表排水工程——排除地表水的目的主要是拦截旁引地表水不流入滑坡体内，以及使滑坡体内地表水及时排走。地表排水工程包括滑坡区以外的山坡环形截水沟、滑坡区内的树枝状排水沟及自然沟谷，形成一个统一的排水网络。应注意沟渠的防渗，防止沟渠渗漏和溢流于沟外，对于易降暴雨地方的坡体张裂隙，要用柔性物料（如黏土）堵塞密封，防止地表水进入裂隙形成很高的水压，导致滑坡。

（2）地下排水工程——排除地下水的目的是降低地下水位，消除或减轻水对滑体的静水压力、浮托力和动水压力，以及地下水对滑体的物理化学破坏作用。地下排水工程包括支撑渗沟、截水渗沟、水平钻孔排水、垂直排水钻孔、垂直疏干井排水与深部水平排水廊洞以及它们的组合等。

5.支挡

抗滑支挡工程，包括抗滑挡土墙、抗滑桩、预应力锚索抗滑桩、预应力锚索框架或地梁等，由于它们能迅速恢复和增加滑坡的抗滑力使滑坡得到稳定而被广泛应用。

（1）抗滑挡土墙。抗滑挡土墙是用来支撑路基填土或山坡土（岩）体，防止填土或土（岩）体变形失稳的一种构筑物。挡土墙的形式有：重力式挡土墙（包括衡重式挡土墙）、薄壁式挡土墙（包括悬臂式和扶壁式挡土墙）、加筋式挡土墙、锚杆式和锚定板式挡土墙，还有竖向预应力锚杆式、土钉式及桩板式等挡土墙。重力式挡土墙最为常见，一般设置在滑体的前缘。如滑坡为多级滑动，总推力太大，在坡脚一级支挡工作量太大时，可分级支挡。锚杆挡墙是近几十年来发展起来的新型支挡结构，可节约材料，代替了庞大的坛工挡墙。锚杆挡墙由锚杆、肋柱和挡板三部分组成。滑坡推力作用在挡板上，由挡板将滑坡推力传于肋柱，再由肋柱传至锚杆上，最后通过锚杆传到滑动面以下的稳定地层中，靠锚杆的锚固力来维持整个结构的稳定性。

（2）抗滑桩。抗滑桩系穿过滑坡体固定于滑床的桩体，是借助桩与周围岩土共同作用，把滑坡推力传递到稳定地层的一种抗滑结构。由于这种支挡结构具有比抗滑挡墙开挖面小、坛工体积小、施工速度快等优点，因而抗滑桩得到了广泛的应用与推广。对于滑体较厚、滑床埋藏较深且下有坚实地层、复杂、推动力大的滑坡，当采用抗滑挡墙坛工量大，或缺乏石料，施工开挖困难，并且容易引起滑坡体下滑时，则宜采用抗滑桩来稳定滑坡体的变形。抗滑支挡结构的基底应埋置于滑动面以下的稳定土（岩）层中。抗滑支挡结构的选型、选材、断面大小、长度、布置组合形式及其间距，要能满足抗剪断，抗压、抗弯，抗滑移、抗倾覆等要求，必要时应验算墙（桩）顶以上的土（岩）体从墙（桩）顶滑出的可能性。

（3）预应力锚索（杆）及其与其他支挡结构联合应用。预应力锚索（杆）技术的引入，使滑坡防治工程由被动支护进入主动支护阶段，充分发挥了滑坡体的潜能。从强度理论上分析，通过对滑坡体施加预应力：一方面增大了滑体的抗滑阻力，另一方面减小了滑体的下滑力。从变形理论上分析，预应力锚索大大改变了滑坡体作为工程复合材料的性能，增加了整体刚度，充分发挥了滑体的自承能力，形成了主动制约下滑力的复合墙体，由于预应力的施加，迫使滑体内部应力重新分布，大大延长了变形体的塑性变形发展阶段，主动控制了滑坡的变形破坏过程。为保证加固效果，在锚索（杆）之间布置混凝土（钢）横梁，并在锚头和横梁上挂设金属网，然后在网上喷水泥砂浆或混凝土，以防表面碎石滚落和风化，这样就构成了一个完整的锚索（杆）加固系统，更好地起到了加固和防护作用。预应力锚索抗滑桩是桩—预应力锚索组成一个联合受力体系，用锚索拉力平衡滑坡推力，改变了悬臂桩的受力机制，使桩的弯矩大大减小，桩的埋置深度变浅，达到了受力合理、降低工程费用、缩短工期的目的。

6.滑带土改良

滑带土的改良是通过采用各种各样的方法来改变滑带土的性质，提高其抗剪强度，增加滑坡本身的抗滑动能力。包括爆破破坏滑动面、滑带土焙烧加固、电化学（电渗）、冻结加固、滑带灌浆（水泥浆和化学浆液）、石灰（砂）桩、旋喷桩等措施。

7.坡面防护

当边坡整体稳定无滑动问题，仅对边坡表面或局部出现的变形破坏而采取的防护措施，称为坡面防护，其目的是防止边坡表面侵蚀、岩土流失、风化剥落以及防止局部崩落。坡面防护常用的方法可分为两类，即工程防护和生态防护。

第四节　滑坡的监测

一、滑坡监测的作用

滑坡的监测是指通过对滑坡的动态观测，判断滑坡的发育阶段，并进行防灾减灾预报。具体来说，监测的作用有以下几点。

（1）作为滑坡勘察的手段之一，为滑坡勘察提供定量数据，帮助查明滑坡性质，为预防和治理滑坡提供资料。

（2）边坡防治工程施工期间的安全监测，能够保障施工安全。

（3）监测检验治理工程的效果。

（4）监测滑坡动态，预警预报危险滑坡，防止造成灾害。

二、监测的内容及方法

监测的内容一般包括：地表裂缝位错监测、地表大地变形监测、地面倾斜监测、建筑物变形监测、滑坡裂缝多点位移监测、滑坡深部位移监测、地下水监测、孔隙水压力监测、滑坡地应力监测、声发射监测、降雨和环境监测等。对于Ⅰ级滑坡防治工程，应建立地表与深部相结合的综合立体监测网。

地表裂缝位错监测是了解地裂缝伸缩变化和位错情况。可采用伸缩仪、位错计、千分卡等进行量测，测量精度为0.1～1.0mm。

地表大地变形监测是滑坡监测中的常项。绝对位移监测常采用大地测量法和近景摄影测量法等。经常采用经纬仪、全站仪、GPS等测量仪器了解滑坡体水平位移、垂直位移以及变化速率。点位误差要求不超过 ±5.4mm，水准测量每公里中误差小于 ±1.5mm，对于土质滑坡，精度可适当降低，但要求水准测量每公里中误差不超过 ±3.0mm。近景摄影测量法是把近景摄影仪安置在两个不同位置的固定测点上，同时对滑坡体的观测点摄影构成立体相片，利用立体坐标仪量测相片上各测点的三维坐标进行测量的方法。近景摄影测量设站受地形条件限制，内业工作量大，适合对临空陡崖进行监测。

目前，激光测距仪、高精度电子经纬仪以及基于光纤传感的滑坡监测系统正逐步广泛应用于滑坡动态监测中，并正向高精度的综合自动化遥测系统发展，可以让观测人员远离滑坡危害区，能够自动采集、存储、打印和显示滑坡变形监测数据，绘制各种变化曲线和图表，具有监测内容丰富、覆盖面广、信息容量大、可全天候实时观测、远距离传输、省时省力等特点。

锚索测力计用于预应力锚索监测，以了解预应力动态变化和锚索的长期工作性能，为工程实施提供依据。采用轮辐式压力传感器、钢弦式压力盒、应变式压力盒、液压式压力盒进行监测。长期监测的锚杆数不少于总数的5%。

压力盒用于抗滑桩受力和滑带承重阻滑受力监测，以了解滑坡体传递给支挡工程的压力。压力传感器依据结构和测量原理区分，类型繁多，使用中应考虑传感器的量程与精度、稳定性、抗震及抗冲击性能、密封性等因素。

由于地下水和地表水对滑坡的影响至关重要，因此通过滑坡的水文地质观测，掌握地下水和地表水的变化规律，为滑坡的排水防渗工程设计提供依据尤为重要。水文地质观测的内容包括：滑坡地段自然沟壑、截排水沟中的地表水流量随时间变化的情况，滑坡体内地下水位、水量、水温、气温等变化规律，地下水孔隙水压力、扬压力、动水压力及地下水水质监测。水文地质观测资料应和位移观测资料一起作为综合分析的依据。

声发射监测是收集岩土破坏时所发出的与周围环境不同的音响，分析其频率和振幅，评价滑动带的位置，发展和扩大范围，破坏程度等。声发射仪性能比较稳定，灵敏度高，操作简便，能实现有线自动巡回检测。一般来说，岩石破裂产生的声发射信号比观测到位移信息超前2~7s，因此，适用于岩质斜坡处于临滑阶段的前兆性监测。对于处于蠕动变形阶段和匀速变形阶段的滑坡体，可以不采用。

三、监测网点的布设与监测周期

监测网点的布设取决于监测目的和要求。应根据滑体的形体特征、变形特征和赋存条件，因地制宜地进行布设。监测网由监测线（剖面）和监测点组成，要求能形成点、线、面、体的三维立体监测网，能全面监测滑坡体的变形方位、变形量、变形速度、时空动态及发展趋势，能监测其致灾因素和相关因素，能满足监测预报各方面的具体要求。

监测剖面是监测网的重要构成部分，每条监测剖面要控制一个主要变形方向，监测剖面原则上要求与勘察剖面重合（或平行），同时应为稳定性计算剖面。监测剖面不完全依附于勘察剖面，应具有轻巧灵活的特点，应根据滑坡体的不同变形块体和不同变形方位进行控制性布设。监测剖面应充分利用勘察工程的钻孔、平硐、竖井布设深部监测，尽量构成立体监测剖面。监测剖面应以绝对位移监测为主体，在剖面所经过的裂缝、滑带上布置相对位移监测和其他监测，构成多手段、多参数、多层次的综合性立体监测剖面，达到互相验证、校核、补充并可以进行综合分析评判的目的。监测剖面布设时，可适当照顾大地测量网的通视条件及测量网形（如方格网），但仍以地质目的为主，不可兼顾时应改变测量方法以适应监测剖面。

监测点的布设首先应考虑勘察点的利用与对应。利用钻孔或平硐、竖井进行深部变形监测，孔口建立大地测量标桩，构成绝对位移与相对位移连体监测，扩大监测途径。监测点要尽量靠近监测剖面，一般应尽可能控制在5m范围内。若受通常条件限制或因为其他原因，亦可单独布点。每个监测点应有自己独立的监测功能和预报功能，应充分发挥每个监测点的功效。监测点不要求平均分布，对滑带，尤其是滑带深部变形监测，应尽可能布设。对地表变形剧烈地段和对整个滑坡体稳定性起关键作用的块体，应重点控制，适当增加监测点和监测手段。但对滑坡体内变形较弱的块段，也必须有监测点予以控制并具代表性。

监测周期的确定取决于坡体变形的快慢。变形快者应间隔时间短，一周或半月一次，变形缓慢者间隔时间长，可一到两个月一次；很缓慢甚至趋于稳定者，可三个月一次。但在施工期，为确保施工安全，汛期、雨季等有不利因素影响以及变形加剧时应加密监测。

第六章 软弱地基处理

第一节 加筋土垫层法与人工硬壳层理念

一、工艺特点

人工硬壳层比较经济适用的做法可采用加筋土垫层，即挖除部分地表浅层软弱土—原土补充碾压或重锤夯实数遍—填筑加筋土垫层（人工硬壳层）至路面基层底标高。

加筋土挡墙是利用加筋土技术修建的一种支挡结构物，是通过筋带与填土之间的摩擦作用，改善土体的变形条件和提高土体的工程性能，从而达到加固、稳定土体的目的。本书介绍的是某度假酒店挡土墙的选型和设计过程，应用的恰好是加筋土挡土墙结构和振动沉管碎石桩地基处理技术。为了提高地基土强度，需加快土中水的排泄，并可达到缩短工期、减少工后沉降的要求。利用高填土自身的重量作为地基加载、地基中设置砂石桩作为排水压实固结通道，和土工加筋砂石垫层相结合的新型复合地基处理方法加固地基土，使地基土满足上部结构的要求。在填土中加筋可有效地提高土体的地基承载力，减少地基竖向沉降量，提高填土层的整体稳定性。

二、原理与作用

原理尚在研究、探索中，一般认为，硬壳层具有板体支撑效应。根据加筋土的"准黏聚力"原理，即加筋砂土力学性能的改善，是由于新的复合土体（加筋砂）增加了一个"黏聚力"，这个黏聚力不是砂土原有的，而是加筋的结果，其表达式可根据土的极限平衡条件求得。

拉筋转化为"准黏聚力"后，加筋土具有较高的强度和刚度，承载力可达200kPa以上，变形模量可达30MPa。为此，可将加筋土体视为一支撑在地基上的准板体，用以抵抗路堤和地基的剪切破坏，从而使路堤和地基的整体稳定性得到保障，同时沉降也被控制在允许范围内。

为了提高地基土强度、加快土中水的排泄、缩短工期、减少工后沉降，利用工程高填土自身的重量作为地基加载、采用普通砂石井排水压实固结和土工加筋砂石垫层相结合的新型复合地基处理方法加固地基土，使地基土满足上部结构的要求。

场地中分六个区域布置振动挤密砂石井，待砂石井质量检查合格后，在砂石井顶标高上沿整个场地铺设2.0m厚的加筋土垫层。在整个场地范围内周边区域加筋带网格间距为300mm×300mm，中间区域网格间距为400mm×400mm。密实的砂石井在软弱砂土中置换了同体积的软弱砂土，在承受外荷载时即发生压力向砂桩集中现象，减小了砂石井周围土层承受的压力，使地基强度显著提高，同时砂石井可以起到排水作用，加快地基的固结沉降速度。同时加筋土垫层的施工过程即可完成堆载预压，基本上消除了地基的沉降。

试验与工程实践证实，地基中设置砂石井作为排水压实固结通道和土工加筋砂石垫层相结合的新型复合地基处理方法，能有效地提高地基土的承载力、均化应力，调整地基不均匀沉降，增加地基的整体稳定性等作用。该新型复合地基处理与常规地基处理方法相比，劳动力及机械投入可节约60%～80%，工期可缩短一半。

加筋土挡土墙是利用加筋土技术修建的一种支挡结构物，加筋土是一种在土中加入筋带的复合土，它利用筋带与土之间的摩擦作用，改善土体的变形条件和提高土体的工程性能，从而达到稳定土体的目的。加筋土挡土墙由填料、在填料中布置的筋带以及墙面板三部分组成，砂性土在自重或外力作用下易产生严重的变形或坍塌。若在土中沿应变方向埋置具有挠性的筋带材料，则土与筋带材料产生摩擦，使加筋土犹如具有某种程度的黏聚性，从而改良了土的力学特性。

堆山时，填土较高，且高填土上部为建筑物，如果高填土出现不均匀沉降、裂缝，将会造成较为严重的后果。在填土中加筋可有效地提高土体的地基承载力，减少地基竖向沉降量，提高填土层的整体稳定性。故须对垫层采用加固处理，经过经济技术分析，决定采用对砂砾石垫层进行加筋强化处理。设计在整个堆山范围内，填土至5.5m、8.0m、11m、15m及16.5m标高时，在场地范围内铺设1.5～2.5m厚的加筋土垫层。每层垫层顶标高与上部建筑物基底标高距离大于500mm时，根据空间增加加筋垫层层数，每层500mm；若距离小于500mm时，用填料铺设，保证每个建筑物基底下均铺设加筋土垫层。

加筋土挡墙主要由墙面板、拉筋组成，它是依靠填料与拉筋间的摩擦力拉住墙面板，以承受面板后的土的压力，保证加筋土结构的稳定。其主要优点是对地基要求低、结构简单、施工方便。同时，加筋土挡土墙可以节约占地，减少土方量，降低造价，美化环境等。加筋土属于柔性结构，可承受较大的地基变形，当挡土高于8m时，传统挡墙形式的运用受到很大限制，而加筋土挡墙单级墙高即可达到12m，多级设置后常达到30m；其稳定性高，比其他类型的挡土墙抗震性能好。墙面板和其他构件可预制，现场可用机械

（或人工）分层拼装和填筑。节省劳力、缩短工期。加筋土面板薄、基础尺寸小，与钢筋混凝土挡土墙相比，可减少造价一半左右，且墙越高其经济效益越佳。外形美观，挡墙的总体布置和墙面板的图案可根据需要进行造型调整。

三、适用条件

适用于地表以下人工填土层或素土层厚度不小于2.8m、软土层厚度不大于5m、路堤填方高度不大于3m的路段。

四、设计

（1）垫层厚度：0.5～1.5m。

（2）垫层宽度：等于路堤底宽加1.0～1.5m。

（3）垫层填料：

①砂砾、碎石：有一定级配，含泥量不大于5%，粒径不大于100mm。

②石粉渣：含粉量不超过10%，最大粒径不大于40mm。

③素土：采用砂质黏土或砾质黏性土，有机质含量小于5%。

（4）加筋材料：

①塑料土工格栅：单向，抗拉力不小于80kN/m，质量不小于900g/m²，沿路堤纵向搭接长度为15cm。

②有纺土工布：通过实验确定采用与否。

③加筋层距：30～50cm。

（5）垫层压实度：符合路基规范要求，一般为93%～96%。

（6）原土夯实：地表填土层往往密实度较松散，可采用重型压路机或重锤对开挖后的坑底进行夯实，以补充硬壳层的厚度；锤重15kN，落距4～5m，锤底直径1.15m满夯多遍。若地下水位较高，应采用片石层垫底，以便于夯实。

（7）加筋土垫层底不得直接接触淤泥。

五、计算

（1）稳定（圆弧滑动法）：加筋土垫层的黏聚力后，假定值不变，即可采用理正边坡稳定分析中的复杂土层土坡稳定计算程序进行计算。计算中可根据需要调整加筋土垫层厚度。

稳定计算包括堤身与地基两者的整体稳定，因此同公路路基中的高填方路堤一样，稳定计算通过，强度问题亦得到保障，剩下的问题就是压缩变形——沉降计算。

（2）沉降：采用分层总和法，按公路路基设计相关规范执行，在此不再赘述。

六、绘图

平、纵、横断面图及加筋布置大样图。

七、质量检验

（1）每一压实层均应检测压实度，检测方法可采用环刀法或灌水（砂）法。

（2）交工面完成后，应按路基施工规范中有关土质路堤施工质量标准进行检验，其中交工面的弯沉值要求不宜大于330（1/100mm）。

第二节　堆载预压、塑料带排水固结法

一、工艺特点

在加固地段插打塑料排水带，然后利用路堤填土按一定速率逐级对地基预压，使地基强度逐渐提高，同时完成预加荷载下的地基沉降量。

有时为缩短工期，可采用超载预压（堆载大于路堤设计高度），待地基固结度和沉降速率满足设计要求后，挖去超载部分，整平至交工面（路床顶面）。

二、适用条件

适用于处理路堤高度不大、工期较富裕的深厚饱和黏性土（淤泥、淤泥质土、冲填土等）地基。

三、实用设计步骤

（一）确定预压荷载大小（预压高度）

预压荷载大小等于路基底面压应力，即路堤设计高度+预压沉降量+路面结构层厚度，三者之和产生的基底压应力，超载大小应根据工期和要消除的沉降量通过计算确定，一般不超过设计荷载的30%。

（二）确定第1级容许施加荷载（或分级填土高）

（1）每天竖向沉降量10～20mm。

（2）每天边桩位移不超过4～6mm。

（3）孔隙水压力增长值与荷载增长值之比小于0.6。

四、卸载标准

（1）实测沉降量达到要求。

（2）实测推算的固结度满足要求。

（3）实测沉降速率满足要求。

（4）实测地基土的抗剪强度满足要求。

五、原位监测

（1）监测内容：地表沉降、边桩位移、深层沉降与位移、孔隙水压力。

（2）监测点的布置：一般路段沿纵向每100～200m设置1个监测断面。

六、绘图

（1）平面图：以道路平面图为基础，示出堆载加固范围。

（2）纵断面图：以道路纵断面图为基础，示出排水带底高程、原地面高程、砂垫层顶面高程、碾压土层厚度、堆载顶面（按路基填土碾压）高程、预压沉降量、交工面高程、超载顶面高程、桩号等。上述高程参数的相互关系如下。

①砂垫层顶面高程：按砂垫层厚度不小于0.5m确定，相当于场平高程。

②堆载顶面（按路基填土碾压）高程=砂垫层顶面高程+碾压土层厚度。

③交工面高程=堆载顶面（按路基填土碾压）高程-预压沉降量。

（3）横断面图：以道路横断面图为基础，示出排水带的横向布置范围，以及与纵断面相对应的高程内容。

（4）排水盲沟平面与断面图（包括布置图与大样）。

（5）排水带平面布置大样图。

（6）监测平、断面布置图。

（7）施工程序图。

（8）总说明：包括排水系统、加压系统、监测系统以及其他常规内容。

七、质量检验

（1）塑料排水带的性能指标检测。

（2）根据堆载预压监测资料对加固效果进行评价。

第三节 强夯法

一、工艺特点

将10～40t的重锤提升10～20m的高度，反复夯击地基，使地基土压实和振密，以达到提高地基土强度、降低压缩性的目的。

强夯法也称动力固结法（Dynamic Consolidation Method）或动力压实法（Dynamic Compaction Method），这种方法是反复将很重的锤（一般为8～40t）提到一定高度（一般为8～20m，最大可达40m）后使其自由落下，给地基以冲击和振动能量。由于锤的冲击使得在地基土中出现强烈的冲击波和动应力，可以提高地基土的强度，降低土的压缩性，改善砂性土的抗液化条件，消除湿陷性黄土的湿陷性，另外还可提高土层的均匀程度，减少将来可能出现的不均匀沉降。强夯法起源于古老的夯实方法，它是在重锤夯实法的基础上发展起来的一项近代地基处理新技术，但是强夯法与重锤夯实法在很多方面又有着很大的差异，这些差别包括加固原理、加固效果、适用范围和施工工艺等方面。

强夯技术的开发和应用始于粗粒土，随后在低饱和度的细粒土中得到一定应用。迄今为止，强夯法已成功而广泛地用于处理各类碎石土、砂性土、湿陷性黄土、人工填土、低饱和度的粉土与一般黏性土，特别是能处理一般方法难以加固的大块碎石类土及建筑、生活垃圾或工业废料组成的杂填土。实践表明，对于上述土类为主体的大面积的地基处理，强夯法往往被作为优先、有时甚至是唯一的处理方法予以考虑，且具有以下的特点。

（1）适用各类土层：可用于加固各类砂性土、粉土、一般黏性土、黄土、人工填土，特别适宜加固一般处理方法难以加固的大块碎石类土以及建筑、生活垃圾或工业废料等组成的杂填土，结合其他技术措施亦可用于加固软土地基。

（2）应用范围广泛：可应用于工业厂房、民用建筑、设备基础、油罐、堆场、公路、铁道、桥梁、机场跑道、港口码头等工程的地基加固。

（3）加固效果显著：地基经强夯处理后，可明显提高地基承载力、压缩模量，增加干重度，减少孔隙比，降低压缩系数，增加场地均匀性，消除湿陷性、膨胀性，防止振动液化。地基经强夯加固处理后，除含水量过高的软黏土外，一般均可在夯实后投入使用。

（4）有效加固深度：单层8000kN·m高能级强夯处理深度达12m，多层强夯处理深度为24~54m，一般能量强夯处理深度为6~8m。

（5）施工机具简单：强夯机具主要为履带式起重机。当起吊能力有限时可辅以龙门式起落架或其他设施，加上自动脱钩装置。当机械设备困难时，还可以因地制宜地采用打桩机、龙门吊、桅杆等简易设备。

（6）节省材料：一般的强夯处理是对原状土施加能量，无须添加建筑材料，从而节省了材料，若以砂井、挤密碎石工艺配合强夯施工，其加固效果比单一工艺高得多，而材料比单一砂井、挤密碎石方案少，费用低。

（7）节省工程造价：由于强夯工艺无须建筑材料，节省了建筑材料的购置、运输、制作、打入费用，仅需消耗少量油料，因此成本低。

（8）施工快捷：只要工序安排合理，强夯施工周期最短，特别是对粗颗粒非饱和土的强夯，周期更短。与挤密碎石桩、分层碾压、直接用灌注桩方案比较，更为快捷，因此间接经济效益更为显著。

二、原理与作用

强夯法加固地基的机理至今尚未形成成熟和完善的理论。比较一致的看法如下。

（1）对于非饱和土而言，是基于动力压密的概念，即冲击型动力荷载使土体中的孔隙体积减小，土颗粒靠近，土体密实，从而提高其强度。所以，强夯法又可称为动力压密法。

（2）对于饱和土而言，是基于动力固结模型，即在强大的夯击能作用下，土中孔隙水压力急剧上升，致使土体中产生裂隙，土的渗透性剧增、孔隙水得以顺利排出，土体出现固结，压缩变形和强度同时增长。所以，强夯法又可称为动力固结法。

三、适用范围

强夯法适用于杂填土地基、素填土地基、填海地基、可液化砂土地基等，对于饱和黏土（淤泥质黏土）地基，往往采用在夯坑内填块石，形成强夯置换墩。

四、强夯设计

强夯设计主要是确定下列强夯参数。

（一）夯击能

（1）单击夯击能：锤重与落距的乘积，取决于欲加固的深度。

（2）单位夯击能：整个加固场地的总夯击能（锤重×落距×总夯击数）除以加固面积，它影响整体加固效果，可通过试验确定，粗粒土可取1000～3000kN·m/m²，细粒土可取1500～4000kN·m/m²。

（二）夯击次数

按现场试夯得到的夯击次数与沉降量关系曲线确定，同时应满足下列条件。

（1）夯击能在3000kN·m以下时，最后两击平均夯沉量不大于50～70mm。

（2）夯击能大于3000kN·m时，最后两击平均夯沉量不大于80～100mm。

（3）夯坑周围地面隆起量不大于1/4夯沉量体积。

（三）夯击遍数

原则上应根据地基土的性质而定，一般夯击两遍，最后以低能量满夯一遍。

（四）间隔时间

两遍夯击之间应有一定的时间间隔，透水性差的黏性土2～4周，砂土等粗颗粒土可连续夯击。

（五）夯点布置与夯击间距

夯击点布置可取等边三角形或正方形，间距可按夯击间距和夯击遍数确定，第一遍夯击间距4～9m，以后各遍的间距与第一遍相同。

（六）强夯处理范围

由于基础底面应力扩散作用，强夯处理范围应大于基础范围，一般应超出路基边缘外3m。

（七）强夯设计理论及施工参数研究

强夯法经过30多年的发展，在实践中已经被证实是一种较好的地基处理方法，但到目前为止还没有一套很成熟完善的设计计算理论和方法，国内外的一些强夯计算公式大多是半经验半理论的，使用起来差异很大，因此对于强夯加固地基的设计施工参数的研究具有十分重要的意义。

强夯加固地基的目的在于根据场地土的不同特性加以处理，以提高地基的承载能力和消除不均匀变形或消除地震液化，或消除湿陷性等。加固后的地基应达到事先规定的指标值，因而对不同的地基和工程有不同的加固要求。例如：

（1）对高填土地基，加固后以满足需要的地基容许承载力和消除不均匀变形为主。

（2）对地震液化地基，加固后应消除液化。

（3）对湿陷性黄土地基加固，要求消除湿陷性，强夯加固后地基湿陷系数<0.015时为消除湿陷性。

（4）对于软弱土地基加固，着重于提高地基土强度和减少变形。

（八）强夯设计步骤

强夯法虽然已在工程中得到广泛的应用，但有关强夯机理的研究，特别是饱和土强夯加固机理国内外至今尚未取得满意的结果，由于各地土的力学性质差别很大，国内外很多专家、学者大多按不同的土类来研究强夯机理并推导出相应的设计计算方法。常规做法大多是根据土质情况按经验进行设计，再根据试夯结果加以调整，具体分以下几步。

（1）首先查明场地地质情况（用钻探或原位测试方法）和周围环境影响，以及工程规模的大小及重要性。

（2）根据已查明的资料、加固用途及承载力与变形要求，初步计算夯击能量，确定加固深度，然后选择必要的锤重、落距、夯点间距、夯击次数等。

（3）根据已确定的施工参数，制订施工计划和进行强夯布点设计及施工要求的说明。

（4）施工前进行试夯，并进行加固效果的检验测试（动力触探、静力触探、标准贯入、静载荷试验和波速等原位测试以及钻探取样试验等），通过对加固效果测试资料的分析，确定是否需要修改原强夯设计方案。

（九）强夯法主要施工设备选择

强夯法施工的主要设备主要包括：夯锤、起重机、脱钩装置三部分。

1.夯锤

（1）夯锤锤重。

根据有效加固深度来选用。有效加固深度在4~10m时，可选择10~18t重的夯锤施工；若地基加固深度大于10m时，应选择大于18t的重锤施工比较适合。

（2）夯锤形状和尺寸选择。

夯锤按照形状主要分为四种：方锤、圆柱锤、倒圆台锤和球形锤。方锤的底面为正方形，它的优点是锤形和基础的形状比较一致，缺点是落点不容易控制，需要人工导向，即便是这样，夯锤也常常发生旋转，损失不少能量，从而降低强夯效果；圆柱锤即上下底面具有相等直径的夯锤，它的优点是落点准确，不用人工导向，虽然锤形和基础的形状不一致，但可以通过布点布置形式来弥补这一不足，比如采取正三角形或梅花形布点；倒圆台锤即上底直径大、下底直径小（一般下底直径比上底直径小20～40cm）的夯锤，它除具有圆柱形夯锤的特点外，对减小由于冲击扰动使地基土表面出现的松散区域有所减轻，对减轻强夯所引起的振动也有一定的效果；球形锤即底面为球面的夯锤，可以是球冠，也可以是球缺，使用球形锤施工，地基土的面波传播大为减弱，能量吸收较好，夯锤对地基土的瞬间应力作用更有效，避免了脱钩后夯锤发生的倾斜现象，减少了能量损失，空气阻力减小。

从大量的工程实践可以看出，夯锤的底面一般选择圆形或方形，由于圆形定位方便，重合性好，采用较多。锤底面积宜按照土的性质确定，一般来说，沙质土和碎石填土采用底面积为2～4m²的小面积夯锤较为合适，第四系黏性土采用底面积为3～4m²的夯锤，对于淤泥质土采用4～6m²的大面积夯锤。锤的底面宜对称设置若干与顶面贯通的排气孔，孔径可取25～30cm，以减少起吊锤时的吸力和夯锤着地前的瞬时气垫的上托力。

2.起重设备

根据国内实际情况，起重设备宜采用带有脱钩装置的履带式起重机或采用三脚架、龙门架。当直接用钢丝绳悬吊夯锤时，起重机的起重能力应大于夯锤的3～4倍，当采用自动脱钩装置时，起重能力取大于1.5倍的夯锤重量。

3.脱钩装置

在强夯设备中，脱钩系统是关键。现有设备大多采用自动脱钩装置，即当起重设备将夯锤吊到规定的高度时，利用吊车上副卷扬机的钢丝吊起锁卡焊合件，使夯锤自由落下对地面进行夯击。当锤重超出吊机卷扬机的能力时，就不能用单缆锤施工工艺，只有利用滑轮组并借助脱钩装置来起落夯锤。

（十）强夯设计施工参数选择

1.有效加固深度

强夯法的有效加固深度既是选择地基处理方法的重要依据，又是反映处理效果的重要参数，我们一般根据工程的规模与特点，结合地基土层的情况，确定强夯处理的有效加固深度，依此选择锤重和落距。

2.夯击能

夯击能分为单击夯击能和单位夯击能，而我们所说的夯击能一般是指单击夯击能。单击夯击能即夯锤锤重（M）和落距（h）的乘积；而单位夯击能即施工现场单位面积上所施加的总夯击能，单位夯击能应根据地基土的类别、结构类型、荷载大小和要求处理的深度等综合考虑，并通过现场试夯确定，根据我国目前工程实践，在一般情况下，对于粗颗粒土单位夯击能可取1000～3000kN·m，细颗粒土为1500～4000kN·m。

采用强夯法加固地基时，合理地选择夯击设备及夯击能量，对提高夯击效率很重要。夯锤锤重（M）和落距（h）决定着夯击能的大小，是影响强夯有效加固深度的重要因素。单击夯击能过大时，不仅浪费能源，对于饱和软黏土有可能反而降低强度；单击夯击能太小时，土体中的水分不易排出，不能达到预期的加固效果，甚至可能出现橡皮土。综合比较单击夯击能的选取应在不破坏土体结构的前提下，根据设计加固范围内土体的控制指标的要求，尽可能地取大值。这时，不仅土体中的水分能有效地排出，同时可减少夯击次数，将加固场地的单位面积夯击能控制在较低的水平上，大大提高强夯施工的效率。进行强夯法施工设计时，单击夯击能应根据现场工程地质条件和工程使用要求，根据工程要求的加固深度和加固后需要达到的地基承载力来确定单击夯击能。

曾庆军等人从强夯机理及碰撞理论的角度分析，并结合工程实际，得出以下结论：夯锤质量越大，往深层土传的能量越多，反之则少，即轻锤高落距主要加固浅层土，重锤低落距主要加固深层土。杨建国等人综合利用土体动力学理论，结合弹塑性有限元分析，得出在同等能量条件下，轻锤高落距的加固深度和影响范围小于重锤低落距，但轻锤高落距对地面土体的加密效果大于重锤低落距，比较适合后期对地表振松区的处治。山西L有限公司在各项强夯实践中证明：在单击夯击能、锤底面积、锤形、制锤材料、夯点布置等完全相同，地基土性质基本相近的情况下，夯锤重量与落距之比M：h=1～1.4时，强夯的效果较好。

3.夯击次数

夯击次数是强夯设计中的一个重要参数，夯击次数与地基加固要求有关，因为施加于单位面积上的夯击能大小直接影响加固效果，而夯击能量的大小是根据地基加固后应达到的规定指标来确定的，夯击要求使土体竖向压缩最大，侧向移动最小。国内外一般每夯击点夯5～20击，根据土的性质和土层的厚薄不同，夯击击数也不同。我国《建筑地基处理技术规范》（JGJ 79-2012）中指出夯击次数一般通过现场试夯确定，常以夯坑的压缩量最大、夯坑周围隆起量最小为确定的原则。可从现场试夯得到的夯击次数与夯沉量的关系曲线确定，并同时满足下列条件。

（1）最后两击的平均夯沉量不宜大于下列数值：当单击夯击能小于4000kN·m时为50mm；当单击夯击能为4000～6000kN·m时为100mm；当单击夯击能大于6000kN·m时为200mm。

（2）夯坑周围地面不应发生过大的隆起。

（3）不因夯坑过深而发生提锤困难。

五、强夯设计

（一）平面图

以道路平面图为基础，示出强夯平面范围、起止里程、控制点坐标、夯击能大小、夯点布置大样图等。

（二）纵断面图

以道路纵断面图为基础，示出道路设计线、原地面线、场地平整线或垫层顶面线（起夯面）、交工面等高程线。

（三）横断面图

以道路横断面图为基础，示出路基断面、强夯外边线、原地面线、场地平整线或垫层顶面线（起夯面）、交工面等高程线。

（四）主要说明内容

（1）强夯参数的确定。

（2）质量检验与验收。

（3）施工注意事项：强夯加固顺序，先深层后浅层；重视低能量满夯工序，避免表层土松弛；加强检测，做好施工记录。

六、质量检验与验收

（一）室内试验

比较夯前、夯后土的物理力学性质指标的变化。

（二）原位测试

十字板试验、标准贯入试验、静力触探试验、荷载试验、表面波谱分析法等。

（三）验收

检验深度大于设计处理深度。检验点不少于3点，每增加1000m²，增加一检验点。

第四节　水泥土搅拌桩法

一、工艺特点

水泥土搅拌桩法是通过搅拌机械，将水泥与地基软土强制搅拌成桩柱体，这种桩柱体具有半刚性体的特性，若干桩柱体与周围的软土体构成强度较高、变形较小的复合地基，可以达到软土地基加固的目的。

二、原理与作用

（1）水泥土搅拌桩的竖向增强体作用。通过搅拌，水泥固化剂与软黏土产生一系列物理化学反应，在软土地基中形成刚度较大的水泥土桩柱体，从而使地基土得到加固。

（2）水泥土搅拌桩与桩周土共同承担构（建）筑物荷载，形成非均质、各向异性的人工复合地基，人工复合地基的强度和沉降显然优于原未加固土地基。

水泥土搅拌桩系指利用水泥（或石灰）等材料作为固化剂，通过特制的搅拌机械，在地基深处，就地将软土和固化剂强制搅拌，由固化剂和软土间产生一系列物理和化学反应，使软土硬结成具有整体性、水稳定性和一定强度的水泥土搅拌桩。这种水泥土搅拌桩与桩周土一起组成复合地基，从而提高地基承载力，减少地基沉降。

水泥土搅拌桩法具有施工简单、快速、振动小等优点，能有效地提高软土地基的稳定性，减少和控制沉降量。水泥土搅拌桩现已发展成一种常用的软弱地基处理方法，主要适用于加固饱和软黏土地基。

三、适用范围

水泥土搅拌桩的应用要考虑两个主要问题，一是地基土的可搅拌性，如高液限软土就不宜搅拌；二是地基中的水和土质条件对水泥是否有害，如有机质含量高、pH值较低的软土加固效果就很差。一般而言，水泥土搅拌桩适用于处理淤泥、淤泥质土、粉土等黏性土地基。

四、水泥土的工程性能

（一）水泥土的物理性质

水泥土的重度、含水率、渗透系数等物理性质均与水泥掺入比有关，但变化范围不大，与天然软土相比，约在7%以下。

（二）水泥土的力学性质

水泥土的无侧限抗压强度、抗剪强度、压缩模量等力学性质与水泥掺入比、龄期、土质条件等因素有关，且变化较大，一般应通过试验测定。

五、设计与计算

（1）桩径：常用500～700mm。

（2）桩间距：根据置换率确定，一般为1.0～1.5m。桩的平面布置可为等边三角形、正方形或格栅形。

（3）水泥宜选用42.5普通硅酸盐水泥，水泥掺入比在17%左右。

（4）桩长：一般应穿透软土层，进入持力层0.5m。

（5）置换率：置换率的大小取决于所要求的复合地基承载力的大小，一般应大于17%。

（6）桩顶褥垫层：级配中粗砂或碎石加筋土垫层，厚度0.3～0.5m，宽度应超出最外排桩1m。

（7）沉降计算：搅拌桩复合地基的沉降包括复合土层的压缩变形和桩端下未加固土层的压缩变形。

六、设计出图

（1）平面图。以道路平面图为基础，标示出搅拌桩加固范围，包括起止里程、桩平面布置大样等。

（2）纵断面图。以道路纵断面为基础，分段标示出桩底标高、桩顶标高、场地平整标高（应比设计桩顶高0.3～0.5m）等内容。

（3）横断面图。以道路横断面为基础，绘制典型搅拌桩布置横断面图。

（4）大样图。桩顶加筋土垫层等。

（5）施工注意事项：

①施工桩顶应高出设计桩顶0.3～0.5m，施工桩顶垫层时将高出部分挖除。

②搅拌桩全面施工前，应进行工艺桩试验，以确定各项施工工艺参数，如工作压力、电力强度、钻进和提升速度等。

③当浆液达到出浆口后，应喷浆座底，即原位喷浆搅拌30s。

七、质量检验

（1）施工过程中检查的重点包括：水泥用量、桩长、搅拌头转数和提升速度、复搅次数等。

（2）成桩7d内，用轻便触探仪取样观察，同时进行触探试验，检测频率为10%。

（3）钻芯取样（28d后），进行室内试验。

（4）进行单桩或复合地基荷载试验（28d后）。

低强度、高可压缩性和低渗透性是软土已知的工程特性，如果直接在软土地基上修建工程，容易引起承载力不足、沉降过大或者沉降长期不稳定等问题，影响结构物的正常使用。因此，在上部结构施工之前，需要首先对软土地基进行相应处理，以提高其承载能力并减少压缩性。

八、混凝土芯水泥土搅拌桩研究概述

（一）应用及发展概况

水泥土搅拌桩和预制混凝土桩是两种常用的桩型，它们分别属于柔性桩和刚性桩的范畴，并且有各自的优缺点。

首先，对水泥土搅拌桩进行讨论。水泥土搅拌桩是通过搅拌桩头对软土进行搅拌，同时喷射浆液（湿喷工法）或者干粉（干喷工法），使得软土与固化剂能够得到充分拌匀。软土与固化剂之间会发生一系列物理化学反应，使得软土的物理力学性质得到提高，形成类似柱状的竖向增强体。水泥土搅拌桩施工简便，价格低廉，对周围环境的影响较小，因此应用较为广泛。但是，随着对水泥土搅拌桩的深入研究后发现，水泥土搅拌桩存在无法避免的缺点：第一，由于水泥土搅拌桩的桩体是由软土加固后形成的，因此桩身强度较低，压缩性较大。当上部荷载较大时，桩体容易被压碎或产生较大压缩量，无法满足承载力和沉降的控制要求。第二，对于水泥土搅拌桩这种柔性桩，存在"有效桩长"的概念，即桩土间侧摩阻力只在有效桩长的范围内存在，超过有效桩长的部分桩土间并不存在侧摩阻力。所以，当上部荷载增加时，有效桩长范围内的桩土侧摩阻力不断增加直至桩土间发生剪切破坏，而有效桩长以下范围内的桩土侧摩阻力得不到发挥，对于桩体承载力的提高无法产生价值。

同样，混凝土预制桩也存在它的优缺点。混凝土预制桩是指在工厂或者现场进行预制成桩之后，利用静压或者动压的方法将桩体插入软土而对地基进行加固的一种方法。混凝土预制桩的成桩质量较易控制，施工周期短，而且承载力和沉降控制较好。但是，混凝土预制桩的造价较高。而且桩土所能提供的极限侧摩阻力相比混凝土的竖向抗压强度来讲较小，往往在上部荷载作用下，桩土之间已经发生了剪切破坏，但桩身还远远未达到其抗压强度极限值，所以容易造成材料的浪费。

软土地基处理的理想效果是在较小沉降时能提供足够高的承载力，同时又能充分发挥基础材料的强度，即用经济有效的处理方法满足设计要求。因此，需要发明一种新桩型，使其能够有效回避水泥土搅拌桩和混凝土预制桩的缺点，并发挥其各自的优点。混凝土芯水泥土搅拌桩的发明灵感最初来源SWM工法。SWM工法是指首先利用机械将固化剂与软土进行搅拌，形成连续的水泥土地下连续墙，然后在地下连续墙内插入H型钢。利用SWM工法进行基坑开挖时，水泥土地下连续墙的止水效果良好，同时插入的H型钢则能有效抵抗土体的侧向压力。因此SWM工法也可以看作一种复合结构，在这种复合结构中，水泥土搅拌桩和H型钢各自发挥了自身的优点，从而保证基坑开挖的顺利进行。基于这种复合结构的思想，在水泥土搅拌桩施工完毕后，利用静压机械将预制混凝土芯插入水泥土搅拌桩中就形成一种新的复合桩型，它结合了刚性桩抗压强度高和水泥土搅拌桩大表面积的优点，是一种经济有效的地基处理桩型。

在我国，首次进行混凝土芯水泥土搅拌桩的试验研究是在1994年。某市J有限公司和河北工业大学将钢筋混凝土空心电线杆插入水泥土搅拌桩内，形成一种组合桩型，并开展了载荷板试验，他们将这种组合桩型称为"旋喷复合桩工法"。

混凝土芯水泥土搅拌桩的主要施工流程分为三步：（1）混凝土芯预制；（2）水泥土搅拌桩外壳施工；（3）静压插入混凝土芯。在进行混凝土芯预制和水泥土搅拌桩外壳施工时，其技术要点可以参照建筑桩基技术规范和建筑地基处理技术规范的相关要求。而在进行混凝土芯插入时，则需要保证混凝土芯与水泥土搅拌桩外壳具有一定的同轴度，以有利于桩身荷载的有效传递。针对这一难题，江苏省交通规划设计院和南京大学联合发明了一种新型混凝土芯水泥土搅拌桩机。该新型桩机将静压桩机和水泥土搅拌桩桩机有效结合在一起。当水泥土搅拌桩施工完毕后，通过导槽把静压装置中的导向架恰好移位至水泥土搅拌桩的中心，进行混凝土芯的压入，有效保证了混凝土芯与水泥土搅拌桩外壳的同轴度，提高了混凝土芯水泥土搅拌桩的施工效率和施工质量。

（二）研究现状

董平、董志高等利用静载试验结合弹塑性有限元方法，研究了混凝土芯水泥土搅拌桩在竖向荷载下的力学性质，提出了荷载的"双层扩散模式"（荷载混凝土内芯扩散至搅拌桩外壳再扩散至桩周土）。他们通过载荷板试验表明，混凝土芯水泥土搅拌桩能很好地提高地基承载力；利用有限元计算得到混凝土芯轴力传递到复合桩端不超过总荷载的7%，所以可以认为，混凝土芯水泥土搅拌桩为纯摩擦桩。但是并未系统地对混凝土芯、水泥土搅拌桩外壳和桩周土的应力进行测试，而且对芯长比分别为混凝土芯和水泥土搅拌桩外壳长度和含芯率对混凝土芯水泥土搅拌桩工作特性影响的讨论较少。

李俊才等利用载荷板试验结合ABAQUS有限元软件，分析了素混凝土劲性水泥土复合桩的桩土荷载分担规律和混凝土芯的竖向应力传递规律。同样并未考虑芯长比和含芯率对于素混凝土劲性水泥土复合桩荷载传递规律的影响，也未讨论水泥土搅拌桩外壳和桩周土中的荷载传递规律。

陈颖辉和鲁忠军等根据K市G村和T大学小操场北侧的混凝土芯水泥土搅拌桩载荷板试验结果，以含芯率0.25为界限，将混凝土芯水泥土搅拌桩的破坏分为急进破坏和渐进破坏两种，并认为混凝土芯水泥土搅拌桩的最佳含芯率为0.25。同时提出当芯长比小于0.75时，混凝土芯水泥土搅拌桩为纯摩擦桩；而当芯长比大于0.75时，混凝土芯水泥土搅拌桩为摩擦端承桩，并据此给出了混凝土芯水泥土搅拌桩的承载力计算方法。但是，陈颖辉等在确定最佳含芯率的时候并未考虑芯长比的影响。实际上，芯长比控制了桩土侧摩阻力发挥长度，因此含芯率和芯长比是相互影响的，不能撇开芯长比单独提出最佳含芯率的概念。研究中给出的是混凝土芯水泥土搅拌桩的单桩承载力计算公式，无法考虑复合地基中土体的承载作用。

许晶著等基于桩土的双曲线位移模式，给出了混凝土芯水泥土搅拌桩的单桩沉降计算方法。但存在以下不足：（1）未考虑混凝土芯与水泥土搅拌桩外壳之间的侧摩阻力，直接将混凝土芯与水泥土搅拌桩外壳当作等应变进行考虑；（2）仅考虑桩头处施加竖向荷载的边界条件，无法考虑桩头和土体表面共同承担上部荷载这种更普遍的情况。

张慧等根据T大学建筑设计院的试验资料，建立了三维有限元分析模型，讨论了混凝土芯水泥土搅拌桩中混凝土芯的荷载传递规律和内外芯的荷载分担比。数值模拟的讨论重点仍然是单桩特性，没有对桩周土的荷载分担传递特点进行研究。

吴习之等将载荷板试验的曲线假设为双曲线形式，并据此推导了混凝土芯水泥土搅拌桩的应力分担比。但是，该推导结果是基于小面积刚性载荷板试验，对于实际复合地基的大面积受力情况并不适用。

岳建伟、吴迈、付宝亮、凌光容等也通过现场试验和数值模拟方法，分析了混凝土芯水泥土搅拌桩的单桩承载特性和荷载传递规律。但是讨论仍然局限于单桩，未对桩土共同作用的复合地基情况进行研究。

江强等通过总结J市某小区、S市某综合楼两处工程实例，对混凝土芯水泥土搅拌桩的施工工艺和经济效益进行了研究。

陈昆等利用数值模拟的方法，讨论了混凝土芯水泥土搅拌桩中混凝芯长度对承载力的影响，建议混凝土芯的长度取水泥土搅拌桩外壳长度减去1～2m，这样能够保证桩土侧摩阻力的发挥长度，该文献的分析结果同样是针对单桩。

第五节 水泥土高压旋喷桩法

一、工艺特点

将带有特殊喷嘴的注浆管插入设计土层深度，然后将水泥浆以高压流的形式从喷嘴内射出，用以切割土体并使水泥浆与土搅拌混合，经过从下向上不断喷射注浆，最终形成具有较高强度的水泥土圆柱体，从而使地基土得到加固。因此，高压旋喷桩和搅拌桩都是水泥土桩，只是成桩方法和工艺不同，搅拌桩有单头、双头之分，而旋喷桩则有单管（喷浆）、二管（喷浆和气）、三管（喷浆、水、气）以及多重管等不同类型。此外，旋喷桩尚可定喷、摆喷以形成止水帷幕。

二、原理与作用

对于地基加固而言，旋喷桩、搅拌桩都是形成复合地基，其原理与作用大致相同，在此不再赘述。

三、适用范围

当欲加固的地基土无法使用搅拌桩时，如地基土不具有搅拌性、加固深度超过15m，加固场地上方有障碍物时，可考虑采用高压旋喷桩。高压旋喷桩机高度较小、钻孔小（7～9cm）、加固深度可达30m，可广泛应用于淤泥、淤泥质土、粉土、人工填土、碎石土地基的加固。

四、设计

（1）对于软基加固而言，常用单管旋喷，旋喷桩直径D一般取600mm。

（2）旋喷桩的平面布置形式可采用方形或正三角形，桩间距2.5d（d为旋喷桩半径）左右，桩长一般应穿透软土层。

（3）旋喷注浆压力宜大于20MPa，水灰比常取1.0，外加剂的掺入量应通过试验确定，每米桩长水泥用量约250kg（来源东莞市港口大道试验数据）。

（4）桩顶褥垫层：级配中粗砂或碎石加筋土垫层，厚度0.3~0.5m，宽度应超出最外排桩1m。

五、设计出图

（一）出图内容

可参照前述搅拌桩设计出图。

（二）施工注意事项

（1）旋喷桩的施工参数（浆液配比、旋喷压力、提升速度等），一般应通过桩工艺试验确定。

（2）废弃泥浆应妥善处理，做好环境保护。

六、高压旋喷桩工程特性

（一）软土地基处理方法的发展历史及现状

我国地域辽阔，有各种成因的软土层，如沿海地区滨海相沉积土、江河中下游的三角洲相沉积土、湖泊湖相沉积土等，其分布范围广，土层厚度大。这类软土的特点是含水量高，孔隙比大，抗剪强度低，压缩系数高，渗透系数小，沉降稳定时间长。由于这类软土承受外荷载的能力很低，如不做处理，是不能用作荷载大的建筑物的地基的，否则将导致地基和建筑物的下沉、倾斜和破坏。但是，在这类软土地区分布着大量的城市、村镇和工业区，根据工业布局和城市发展规划，常需要在这类软土地基上进行建筑，因此必须对这些地基进行处理。

软土地基的处理方法应依实际土质情况而定，以前通常采用挖除置换、长桩穿越和人工加固等措施。

1.挖除置换法

就是把一定厚度的原位土挖除，换回优质素土、沙土、二八灰土、三七灰土或砂砾石土。但要挖除深厚的软土层实属不易，尤其是地下水位较高的情况下，更是困难。况且在一般情况下，本地区缺乏良质土砂，需要从远处运土，不但困难，而且不经济；如遇下雨，无法施工，则会影响施工进度。

2.长桩穿越法

主要采用混凝土灌注桩、混凝土预制桩或人工挖孔混凝土桩（当条件允许时）穿透软土层，作为建筑物基础。此方法施工技术性强、质量控制难度大，对一般建筑物来说造价过高。

3.人工加固法

主要有砂桩、灰桩、土桩、强夯、压力灌浆、深层搅拌等几种。在这些方法中，砂桩、灰桩、土桩都需要挖孔，并且在多数情况下软土难以人工成孔，特别是有地下水时，根本无法做桩；强夯施工振动大，对周围建筑物有影响，故在多数情况下受到一定限制；灌浆法施工工艺要求严格，易于漏浆，对地面造成一定污染，因此多数情况不易采用；深层搅拌法则是将固化剂注入地基土中，与原位土搅拌混合形成具有一定强度的桩体和复合地基。在深层搅拌法中，固化剂的注入有两种形式：一是浆液灌注，二是粉体喷射。

我国于20世纪70年代末引进高压旋喷注浆技术，处理软土地基效果非常明显，尤其是它能成倍地提高地基的承载力，正越来越多地被人们所采用。

用高压旋喷法加固地基，不但最大限度地利用原位土与固化剂充分混合，形成复合地基，提高承载能力，而且施工简便，成本低廉，无不良影响，其发展前景十分乐观。由于我国应用高压旋喷技术时间不长，实践经验不足，技术数据不全面，规范标准尚不完整，有待在今后的实践中不断补充和完善，得到进一步发展。

（二）高压旋喷桩主要优点及适用范围

所谓高压旋喷注浆法是利用钻机等设备，把安装在注浆管底部侧面的特殊喷注，置入土层预定深度后，用高压泥浆泵等高压发生装置，以20MPa左右的压力把浆液从喷嘴中喷射出去，冲击破坏土体。同时借助注浆管的旋转和提升运动，使浆液与土体上崩落下来的土搅拌混合，经过一定时间凝固，便在土中形成圆柱状的固结体，即旋喷桩。

1.高压旋喷桩的主要优点

（1）设备简单，施工方便。只需钻机及高压泥浆泵等简单设备就可施工，操作简单，移动灵活，只需在土层中钻直径50mm的小孔，便可成直径为400～800mm的桩体。

（2）桩体强度高。据有关资料报道，在亚黏土中，桩径为800mm的桩，桩长10m，允许承载力可达90～130t。当浆液为水泥浆时，黏性土桩体抗压强度可达5～10MPa，砂类土桩体抗压强度可达10～20MPa。

（3）有稳定的加固效果和较好的耐久性能，而且施工速度快，打入桩、混凝土灌注桩相比较，工期可缩短1/3～1/2。

（4）料源广阔。一般采用325或425普通硅酸盐水泥即可，掺入适量外加剂，以达到速度、高强、抗冻、耐蚀和浆液不沉淀等效果。

此外，还可以在水泥中加入适量的粉煤灰，这样既利用了废料，又降低了成本。

（5）生产安全，无公害。高压设备上有安全阀或自动停机装置，当压力超过规定时，阀门便自动开启泻浆、降压或自动停机模式。旋喷桩所使用的钻机及高压泥浆泵等机具振动很小，噪声也较低，不会对周围的建筑物带来振动的影响和产生噪声公害，水泥浆也不存在污浊水域、毒化饮用水源的问题。

2.高压旋喷桩的适用范围

（1）适用的土质种类：旋喷桩主要适用于软弱土层，如第四纪的冲积层、洪积层、残积层及人工添土等。实践证明，砂类土、黏性土、黄土和淤泥都能进行旋喷加固，一般效果较好。

（2）适用工程范围：由于旋喷桩具有上述优点，因而在工业与民用建筑的地基处理及加固、矿山井巷工程、矿井防治水，加固路基及桥基、治理滑坡及流沙等工作中得到广泛应用。

近年来大量的工程实践效果表明，高压旋喷桩是软土地基加固处理中富有生命力的一种新方法。它技术先进，安全可靠，能明显地节省投资、缩短工期，而且均地适应性强，并已列入有关规范。国家颁布了行业标准，有些省份也颁发了地方标准。这标志着该施工技术已基本成熟，加固效果也得到公认，进入全面推广应用阶段。然而，这些标准是基于数年来有限的工程资料得出来的，有其时间上的局限性和地域上的局限性；而且标准都较简单，一些参数取值范围较大，给设计和施工参数的确定带来了较大的人为因素和不确定性，致使在工程实践中：一方面由于过分保守的设计，造成巨大的浪费；另一方面又给工程带来了隐患。为了更好地推广应用这一新技术及弥补规范的不足，推动我国建筑地基处理技术的发展。我们应该加强高压旋喷桩施工技术的研究和创新，以期更经济、更安全的服务于施工。

七、高压旋喷桩的成桩机理和施工工艺

旋喷注浆是近年来发展起来的一项土体加固新技术，它是利用工程钻机，将旋喷注浆管置于预定的地基加固深度，通过钻杆旋转，徐徐上升钻头，将预先配置好的浆液，用一定的压力从喷嘴中喷射液流，冲击土体，把土和浆液搅拌成混合体，随后凝聚固结，形成一种新的有一定强度的人工地基。这一整套地基加固方法，称为旋喷注浆加固地基技术，简称旋喷技术。

旋喷注浆加固地基的深度，主要取决于钻机设备的适应性能（不仅仅是机械性能）；土体固结的半径，主要取决于旋转时喷射的搅动半径；土体加固的强度，主要取决于浆液与土质的性质和凝固过程。这三个因素，既有相互配合又有相互制约的特征。要掌握这项新技术，首先要从这三大因素着手，然后进一步掌握三大因素的相互关系。施工前，必须根据工程的具体条件和技术状态选择喷射的各种性能参数。在施工过程中，还要不断取样进行分析，以保证工程质量，满足设计要求。这样，才能收到应有的技术经济效果。

（一）旋喷注浆的成桩作用

1.高压喷射流对土体的破坏作用

高压喷射流破坏土体的效能，随着土的物理力学性质的不同，在数量方面有较大的差异。喷射流破坏土体的机理比较复杂，出现旋喷的现象，可以分析其主要作用。

高压喷射流破坏土体的作用，可用以下主要因素予以说明。

（1）喷流动压。高压喷射流冲击土体时，由于能量高度集中地冲击一个很小的区域，因而在这个区域内及其周围的土和土结构之间，形成强大的压应力作用，当这些外力超过土颗粒结构的破坏临界值时，土体便遭到破坏。

当喷射流介质密度和喷注截面积一定时，则喷射流的破坏力和速度的平方成正比，而喷射压力越高，则流速越大。因此，用增加高压泵的压力，是增大高速喷射流的破坏力最合理的方法。

（2）喷射流的脉动负荷。当喷射流不停地脉冲式冲击土体时，土粒表面受到脉动负荷的影响，逐渐积累起残余变形，使土粒失掉平衡，从而促使土的破坏。

（3）水流的冲击力。由于喷射流断续地锤击土体，产生冲击力，促进破坏的进一步发展。

（4）空穴现象。当土体没有被射出孔洞时，喷射流冲击土体以冲击面上的大气压力为基础，产生压力变动，在压力差大的部位产生孔洞，呈现出空穴的现象。在冲击面上的土体被蒸气泡的破坏压所腐蚀，使冲击面破坏。此外，在空穴中，由于喷射流的激烈紊流，也会把较软弱的土体掏空，造成空穴扩大，从而使更多土颗粒遭受剥离，使土体遭受破坏。

（5）水楔效应。当喷射流充满土层时，由于喷射流的反作用力，产生水楔。喷射流在垂直于喷射流轴线的方向上，楔入土体的裂隙或薄弱部分中，这时喷射流的动压变为静压，使土发生剥落加宽裂隙。

（6）挤压力。喷射流在终了区域，能量衰减很大，不能直接冲击土体使土粒剥落，但能对有效射程的边界土产生挤压力，对四周土有压密作用，并使部分浆液进入土粒之间的空隙里，使固结体与四周土紧密相依，不产生脱离现象。

（7）气流搅动。在水或浆与气的同轴喷射作用下，空气流使水或浆的高压喷射流从破坏的土体上将土粒迅速吹散，使高压喷射流的喷流破坏条件得到改善，阻力大大减少，能量消耗降低，因而增大了高压喷射流的破坏性。

2.旋喷成桩注浆

由于高压喷射流是高能高速集中和连续作用于土体上，压应力和冲蚀等多种因素总是同时密集在压应力区域内发生效应，因此，喷射流具有冲击切割破坏土体并使浆液与土搅拌混合的功能。

单管旋喷注浆使用浆液作为喷射流；二重管旋喷注浆也以浆液作为喷射流，但在其外围裹着一圈空气流成为复合喷射流；三重管旋喷注浆以水汽为复合喷射流并注浆填空。三者使用的浆液都随时间逐渐凝固硬化。

旋喷时，高压喷射流在地基中把土体切削破坏，其加固范围就是以喷射距离加上渗透部分或压缩部分的长度为半径的圆柱体。一部分细小的土粒被喷射的浆液所置换，随着液流被带到地面上（俗称"冒浆"），其余土粒与浆液搅拌混合。在旋喷动压、离心力和重力的共同作用下，在横断面上土粒按质量大小有规律地排列起来，小颗粒在中部居多，大颗粒多在外侧或边缘部分，形成了浆液主体、搅拌混合、压缩和渗透等部分，经过一定时间便凝固成强度较高渗透系数小的固结体。随着土质的不同，横断面的结构多少有些不同。由于旋喷体不是等颗粒的单体结构，固结质量不太均匀，通常中心的强度低，边缘部分强度高。

固结体的物理力学性能和化学稳定性（一般指抗压强度、抗折强度、容重、承载力、渗透系数和耐久性等），与使用的浆液材料种类及其配方有密切关系。

对大砾石和腐殖土的旋喷固结机理有别于砂类土和黏性土。在大砾石中，喷射流因砾石的体大量重，不能切削颗粒或者使其移动和重新排列，充斥周围的空隙。鉴于喷注的旋转，能使喷射流保持一定的方向性，浆液向四周挤压，其机理接近所谓的"渗透理论"的机理，因而形成圆柱形加固的地基。对于腐殖土层，旋喷固结体的形状及它的性质，受植物纤维的粗细长短、含水量及土颗粒多少的影响很大。对纤维细短的腐殖土旋喷时，完全和在黏性土中的旋喷机理相同。然而对纤维粗长而数量多的腐殖土旋喷时，纤维质富于弹性，切削较困难。但由于孔隙多，喷射流仍能穿过纤维体，形成圆柱形固结体。但纤维质多而密的部位，浆液少，固结体的均匀性较差。

固结体的形状与喷注移动的方向和持续喷射的时间有密切关系。当喷注边旋转边提升，便形成了圆柱状或异型圆柱状固结体。当喷注一面喷射一面提升，便形成了壁状固结体。

（二）旋喷注浆施工工艺

1.施工程序

单管、二重管和三重管三种旋喷注浆方法所注入的介质数量和种类是不同的，但它们的施工步骤则大体一致，都是先把注浆管插入预定地层中，自下而上进行旋喷作业。施工步骤为钻机就位、钻孔、插管、旋喷作业、冲洗等。

（1）钻机就位。旋喷注浆施工的第一道工序就是将使用的钻机安置在设计孔位上，使钻杆头对准孔位的中心。同时为保证钻孔达到设计要求的垂直度，钻机就位后，必须进行水平校正，使其钻杆轴线垂对准钻孔中心位置。

（2）钻孔。钻孔的目的是将旋喷注浆喷嘴插入预定的地层中。钻孔方法很多，主要视地层中的地质情况、加固深度、机具设备等条件而定。

通常单管旋喷多使用70型或柄型旋转震动钻机，钻进深度可达30m以上，适用于标准贯入度小于40的砂类土和黏性土层，当遇到比较坚硬的地层时宜用地质钻机钻孔，一般在二重管和三重管旋喷施工中，采用地质钻机钻孔。

（3）插管。插管是将旋喷注浆管插入地层预定的深度，使用70型或76型钻孔机钻孔时，插管与钻孔两道工序合二而一，钻孔完毕，插管作业即完成。使用地质钻机钻孔完毕，必须拔出岩芯管，并换上旋喷管插入预定深度。在插管过程中，为防止泥沙堵塞喷注，可边射水、边插管，水压力一般不超过1MPa。如压力过高，则易将孔壁射塌。

（4）旋喷作业。当旋喷管插入预定深度后，立即按设计配合比搅拌浆液，指挥人员宣布旋喷开始时，即旋转提升旋喷管。值班技术人员必须时刻注意检查注浆流量、风量、压力、旋转提升速度等参数是否符合设计要求，并且随时做好记录，记录作业过程曲线。

（5）冲洗。当旋喷提升到设计标高后，旋喷即告结束。施工完毕应把注浆管等机具设备冲洗干净，管内机内不得残存水泥浆。通常把浆液换成水，在地面上喷射，以便把泥浆泵、注浆管软管内的浆液全部排出。

（6）移动机具。把钻机等机具设备移到新孔位下。

2.旋喷工艺

土的种类和密实度、地下水、颗粒的化学性电气性等因素，虽对旋喷注浆不再像静压注浆那样有质的影响，但却在一定程度上有量的关系。

为在复杂众多的因素影响下取得较为理想的旋喷效果，应根据施工过程中出现的问题，因地制宜，适时采取必要的措施进行处理。

（1）旋喷深层长桩固结体。从当前施工情况来看，旋喷注浆施工地基，主要是第四纪冲积层。由于天然地基的地层土质情况随深度变化较大，土质种类、密实程度、地下水状态等都有明显差异。在这种情况下，旋喷深层长桩固结体时，若只采用单一的固定旋喷参数，势必形成直径不匀的上部较粗下部较细的固结体，将严重影响旋喷固结体的承载或抗渗作用。因此，对旋喷深层长桩，应按地质剖面图及地下水等资料，在不同深度，针对不同地层土质情况，选用合适的旋喷参数，才能获得均匀密实的长固结体。

一般情况下，对深层硬土，可采用增加压力和流量或适当降低旋转和提升速度等方法。

（2）重复喷射。由旋喷机理可知，在不同的介质环境中有效喷射长度差别很大。对土体进行第一次旋喷时，喷射流冲击对象为破坏原状结构土。若在原位进行第二次喷射（重复喷射），则喷射流冲击破坏对象业已改变，成为浆土混合液体。冲击破坏所遇到的阻力减小，因此一般情况下，重复喷射有增加固结体直径的效果，增大的数值主要随土质密度而变。松散土层的复喷效果往往不及比较密实的土层明显。其主要原因是土质松软第一次旋喷时已接近最大破坏范围，重复喷射时，介质环境改变不多，因此增径率较低。

一般来说，重复喷射有增径效果，由于增径率难以控制和影响施工速度，因此在实际中不把它作为增径的主要措施。通常在发现浆液喷射不足影响固结质量时或工程要求较大的直径时才进行重复喷射。

（3）冒浆的处理。在旋喷过程中，往往有一定数量的土粒随着一部分浆液沿着注浆管管壁冒出地面。通过对冒浆的观察，可以及时了解土层状况、旋喷的大致效果和旋喷参数的合理性等。根据经验，冒浆（内有土粒、水及浆液）量小于注浆量20%者为正常现象，超过20%或完全不冒浆时，应查明原因并采取相应的措施。

①若系地层中有较大空隙引起的不冒浆，则可在浆液中掺加适量的速凝剂，缩短固结时间，使浆液在一定土层范围内凝固。另外，还可在空隙地段增大注浆量，填满空隙后再继续正常旋喷。

②冒浆量过大的主要原因，一般是有效喷射范围与注浆量不相适应，注浆量大大超过旋喷固结所需的浆量所致。

减少冒浆量的措施有三种。

a.提高喷射压力。

b.适当缩小喷注孔径。

c.加快提升和旋转速度。

对于冒出地面的浆液，经过滤、沉淀除去杂质和调整浓度后，予以回收再利用。当前，回收再利用的浆液中难免没有砂粒，故只有三重管旋喷注浆法可以利用冒浆再注浆。

（4）控制固结形状。固结体的形状，可以调节喷射压力和注浆量，改变喷注移动方向和速度予以控制。根据工程需要，可喷射成如下几种形状的固结体。

①圆盘状——只旋转不提升或少提升。

②圆柱状——边提升边旋转。

③大底状——在底部喷射时，加大压力做重复旋喷或减低喷嘴的旋转提升速度。

④糖葫芦状——在旋喷过程中加大压力，加快喷注的旋转提升速度。

⑤大帽状——旋转到顶端时加大压力或做重复旋喷，或减低喷注旋转提升速度。

此外还可以喷射成墙壁状——只提升不旋转。

（5）消除固结体顶部凹穴。当采用水泥浆液进行旋喷时，在浆液与土搅拌混合后的凝固过程中，由于浆液析水作用，一般均有不同程度的收缩，造成在固结体顶部出现一个凹穴。凹穴的深度随土质、浆液的析出性、固结体的直径和全长等因素而不同，一般深度在0.3~1.0m。单管旋喷的凹穴深度最小，为0.3~0.5m；二重管旋喷次之；三重管旋喷最大，为0.6～1.0m。

这种凹穴现象，对于地基加固或防渗堵水极为不利，必须采取措施予以消除。目前通常采用以下几种措施。

①对于新建工程的地基：当旋喷完毕后，开挖出固结体顶部，对凹穴灌注混凝土或直接从旋喷孔中再次注入浆液填满凹穴为止。

②对于既有构筑物地基：目前采用两次注浆的办法较为有效，即旋喷注浆完成后，固结体的顶部与构筑物基础的底部之间有空隙，在原旋喷孔位上进行第二次注浆，浆液的配方应采用不收缩或具有膨胀性的材料。国外有一种掺加铝粉的配方：1000L水泥浆液中，水泥为983kg，铝粉29kg，水为688kg。

3.旋喷操作要点

旋喷注浆的特点之一，就是操作简便，如果有完善的施工计划，就能使复杂的工作单一化。只要认真进行旋喷操作，现场施工人员几乎不会因个人水平的差异而影响旋喷质量。

旋喷操作的要点如下。

（1）旋喷前要检查高压设备和管路系统，其压力和流量必须满足设计要求。注浆管及喷注内不得有任何杂物。注浆管接头的密封圈必须良好。

（2）垂直施工时，钻孔的倾斜度一般不得大于1.5°。

（3）在插管和旋喷过程中，要注意防止喷注被堵，在拆卸或安装注浆管时动作要快。水、气、浆的压力和流量必须符合设计值，否则要拔管清洗再重新进行插管和旋喷。使用双喷注时，若一个喷注被堵，则可采取复喷方法继续施工。

（4）旋喷时，要做好压力、流量和冒浆量的量测工作，并按要求逐项记录。钻杆的旋转和提升必须连续不中断。拆卸钻杆继续旋喷时，要注意保持钻杆有0.1m的搭接长度，不得使旋喷固结体脱节。

（5）深层旋喷时，应先喷浆，后旋转和提升，以防注浆管扭断。

（6）搅拌水泥时，水灰比要按设计规定，不得随意更改。在旋喷过程中应防止水泥浆沉淀，使浓度降低。禁止使用受潮或过期的水泥。

（7）施工完毕，立即拔出注浆管，并彻底清洗注浆管和注浆泵，管内不得有残存水泥浆。

（三）旋喷注浆材料的特性

1.旋喷浆液应具备的特性

根据旋喷工艺的要求，浆液应具备以下特性。

（1）有良好的可喷性。旋喷浆液通过细孔径的喷注喷出，所以浆液应有较好的可喷性。若浆液的稠度过大，则可喷性差，往往导致喷注及管道堵塞，同时易磨损高压泵，使旋喷难以进行。

在我国，目前基本上采用以水泥浆为主剂，掺入少量外加剂的旋喷方法。施工中水灰比一般采用1：1～2：1就能保证较好的喷射效果。试验证明：水灰比越大，可喷性越好，但过大的水灰比会影响浆液的稳定性。

浆液的可喷性可用流动度或黏度来评定。

（2）掺入少量外加剂能明显提高浆液的稳定性。常用的外加剂有：膨润土、纯碱、三乙醇胺等。

（3）气泡少。若旋喷浆液带有大量气泡，则固结体硬化后就会有许多气孔，从而降低旋喷固结体的密实度，导致固结体弯曲度及抗渗性能降低。

为了尽量减少浆液的气泡，选择化学外加剂时要特别注意。

如外加剂冰，虽然能改善浆液的可喷性，但带来许多气泡，消泡时间又长，影响固结体质量。因此，旋喷浆液不能使用起泡剂，必须使用非加气型的外加剂。

（4）调剂浆液的胶凝时间。胶凝时间是指从浆液开始配制起到和土体混合后逐渐失去其流动性为止的这段时间。旋喷浆液的胶凝时间由浆液的配方、外加剂的掺量、水灰比和外界温度而定。一般从几分钟到几小时，可根据施工工艺及注浆设备来选择合适的胶凝时间。

（5）有良好的力学性能。旋喷浆液和土体混合后形成的固结体，一般是作为构筑物的承重桩或止水帷幕，要求它具有一定的力学强度。若强度低，则不可能满足工程的需要。

影响抗压强度的因素很多，如材料的品种、浆液的浓度、配比和外加剂等。

（6）无毒、无臭。浆液对环境没有污染及对人体无害，凝胶体为不溶和非易燃易爆之物，浆液对注浆设备、管路无腐蚀性并容易清洗。

（7）结石率高。固化后的固结体有一定的粘接性，能牢固地与岩石、砂粒、黏土等黏结。固结体耐久性好，能长期耐酸、碱、盐及生物细菌等腐蚀，并且不因温度、湿度的变化而变化。

2.各种旋喷浆液的主要性能

随着近代工业的发展，适于旋喷注浆的材料越来越多，总的来说可分为化学浆液和以水泥为主剂的浆液两类。就其性能而言，化学浆液较水泥浆液理想，但其价格比水泥贵，来源亦少，所以限制了化学材料的大规模使用。水泥浆液虽存在一些缺点，但它具有料源广、价格便宜、强度高等优点，因此研究和改善水泥浆液的性能仍具有很大的经济意义和现实意义。

以水泥为主（包括添加适量的外加剂），用水配制成的浆液，称为水泥系浆液。

（1）水泥浆液的比重与水灰比的关系。浆液比重是浆液浓度的一种表示方法，又可用浆液的水灰比来表示。因为浆液比重与水灰比有直接关系，在注浆过程中要检验或了解已制成浆液的水灰比的实际情况，就是通过测定浆液比重来完成的。

（2）水泥浆液搅拌时间与结石强度的关系。在旋喷注浆过程中，为保持水泥浆呈均匀状态，须连续搅拌。实践表明，搅拌超过一定时间后，不仅延长浆液的凝固时间，影响固结体凝结，情况严重的甚至会发生浆液不凝的危险。

水灰比不同所需的搅拌时间亦不同，但有一个共同规律，即搅拌时间超过4h后，结石强度都开始下降。因此，旋喷施工时为保证浆液的质量，凡是搅拌超过4h的浆液，应经专门试验，证明其性能尚可满足使用要求。若浆液稠度增大，力学性能降低，不能满足工程要求时，一般均视为废浆，不能再作注浆材料。

（3）水泥浆液的水灰比与析水率和结石率的关系。析水现象是由于水泥浆中水泥颗粒的沉淀而引起的。水泥浆液凝结后，所析出的水的体积与浆液体积的比称为析水率。由于水泥种类、水泥颗粒级配、浆液浓度以及凝结所需要的水量不同，析水率也有所不同。

结石率又称结石系数或结石体积系数，它是指浆液析水后所成的结石体积占原浆液体积的百分数。

（4）水泥浆水灰比与黏度的关系。水泥浆的水灰比与黏度有密切的联系，一般说水灰比越大，浆液的黏度越小。当水灰比超过1∶1时，黏度变化不大；但水灰比小于1∶1时，随着水灰比的减少，黏度急速增加。

八、高压旋喷桩的现场荷载试验

高压旋喷桩的单桩承载力以及复合地基承载力，是高压旋喷桩的重要工程参数，设计、施工及检测单位对此都极为关注。承载力参数可通过理论计算和现场荷载试验两种方式获得，而现场荷载试验是最为可靠的方法。现场荷载试验方法分为静荷载试验和动荷载试验。本章将对荷载试验方法、单桩及复合地基承载力的确定方法做简要介绍，最后结合工程实例，对高压旋喷桩的承载力做出评价。

（一）单桩静载荷试验方法

（1）试验方法：采用慢速维持荷载法，即逐级加载，每级荷载达到相对稳定后加下一级荷载。

（2）加载分级：每级加载为预估极限荷载的1/15～1/10，第一级按2倍加载分级加荷。

（3）沉降观测：每级加荷后间隔5、10、15min观测一次，以后每隔15min观测一次，累计1h后每隔30min观测一次。

（4）沉降相对稳定标准：每1h的沉降不超过0.1mm，并连续出现两次，认为已达到相对稳定，可加下一级。

（5）终止加载条件：当出现下列情况之一时，即可终止加载。

①某级荷载作用下，桩的沉降为前一级荷载作用下沉降量的5倍。

②某级荷载作用下，桩的沉降大于前一级荷载作用下沉降量的2倍，且24h未达到相对稳定。

（6）单桩竖向极限承载力的确定：

①根据沉降随荷载的变化特征确定极限承载力。

②根据沉降量确定极限承载力。

③根据沉降随时间的变化特征确定极限承载力。

（7）单桩竖向极限承载力标准值的确定。

（二）复合地基静载荷试验方法

（1）试验方法：采用慢速维持荷载法，即逐级加载，每级荷载达到相对稳定后加下一级荷载。

（2）加载分级：每级加载为预估荷载的1/12～1/8，第一级按2倍加载分级加荷。

（3）沉降观测：每级加荷后观测一次，以后每隔30min观测一次。

（4）沉降相对稳定标准：每1h的沉降不超过0.1mm，认为已达到相对稳定，可加下一级。

（5）终止加载条件：当出现下列情况之一时，即可终止加载。

①沉降急剧增大、土被挤出或压板周围出现明显的裂缝。

②累计沉降量已大于压板宽度或直径的10%。

（三）高应变试验方法

高应变动力试桩是用瞬态高应力应变状态来考验桩，揭示桩土体系在接近极限阶段时的实际工作性能，从而对桩的合格性做出正确评价的一种有效方法。其原理如下。

（1）用动态的冲击荷载代替静态的维持荷载进行试验，冲击下的桩身瞬时动应变峰值和静载试验至极限承载力时的静应变大体相当，因此，实际是一种快速的载荷试验。

（2）实测时采集桩顶附近有代表性的桩身轴向应变（或内力）和桩身运动速度（或加速度）的时程曲线，再用一维波动方程进行分析，进行推算桩周及桩的阻力分布（包括静阻力和动阻力）和桩周土的其他力学参数；在充分的冲击作用下，就能获得岩土对桩的极限阻力。

（3）根据岩土极限阻力分布，计算单桩极限承载力。

（4）据岩土阻力分布和其他力学参数，进行分级加载的静载模拟计算，最终确定单桩的极限承载力。

九、高压旋喷桩复合地基的沉降量

（一）基本概念

建筑物的地基变形不应超过地基变形允许值，否则建筑物将会遭到不同程度的损坏。其他类型建筑物的地基变形允许值，可依上部结构对地基变形的适应能力和使用上的要求确定。

根据《建筑地基基础设计规范》（GB 50007—2011）的规定，在考虑地基变形时，应注意以下两点。

（1）由于建筑地基不均匀、荷载差异很大、体型复杂等因素引起的地基变形，对砌体承重结构，应由局部倾斜值控制；对框架结构和单层排架结构，应由相邻柱基的沉降差控制；对多层或高层建筑和高耸结构，应由倾斜值控制。

（2）在必要的情况下，需要分别预估建筑物在施工期和使用期的地基变形值，以便预留建筑物有关部分之间的净空，考虑连接方法和施工顺序。此时，一般建筑物在施工期间完成的沉降量，对砂土可认为其最终沉降量已基本完成，对低压缩黏性土可认为已完成最终沉降量的50%～80%，对中压缩黏性土可认为已完成20%～50%，对高压缩黏性土可认为已完成5%～20%。

旋喷桩加固地基的建筑物同样存在地基变形问题，同时凡是旋喷桩加固的地基，土质都比较松软，承载力低，压缩性较大，故应进行地基变形的控制。通常需要在建筑物周边设置沉降观测点，对建筑物变形进行监控。

在进行旋喷桩加固地基设计时，一般应进行总沉降量计算。因建筑物的类别、型式、地基情况、承载方式等多种多样，所以其允许沉降量值的确定有一定难度。因而进行地基总沉降量计算，不单单是验算是否满足允许沉降量的规定，更主要的是根据计算出的总沉降量认真分析判断对建筑物的影响程度，以便在进行建筑物结构设计时加以考虑，妥善对待。

用旋喷桩加固的地基不同于浅基础，它是把桩群及其未加固的桩间土作为一个实体基础来考虑的，所以建筑物的天然地基不是建筑物基础底面土层，而是桩端下的土层。因此，根据建筑物沉降的基本原理，其总沉降量包括实体基础本身的沉降和实体基础下土层的沉降两部分。所以，总沉降量的计算，就是要计算出这两部分沉降量的总和。

（二）沉降量的计算方法

地基的沉降量是由于地基的压缩变形产生的。地基变形的计算方法很多，对于旋喷桩复合地基来说，笔者认为应该以《建筑地基处理技术规范》中推荐的地基变形的计算方法为准。该规范明确规定，旋喷桩复合地基的变形包括桩群体的压缩变形和桩端下处理土层的压缩变形。

桩及桩间土形成了建筑物的假想实体基础，直接作用在桩端下的土层上。该土层在施工前受土的自重压力，这种压力所产生的变形过程早已完成，故可保持自身稳定。在施工后，除土的自重压力外，由于上部荷载作用而产生新的附加压力，这种附加压力引起土层新的变形，导致基础沉降。由于作用的附加压力随着深度的增加而减小，则土的压缩性随着深度的增加而降低。通常只考虑基础以下一定深度范围内的压缩量对建筑物所产生的危害，在这个深度以下土层的压缩量小到可以忽略不计，这个深度以内的土层称为压缩层。故基底以下土层压缩变形的计算就是该压缩层的压缩量（或称沉降量）的计算。

第六节　桩承加筋土垫层法-刚性桩复合地基

近年来，刚性桩复合地基以其加固深度大、效果显著、施工质量易于保证等优点得到较大的发展，但刚性桩复合地基的结构组成随构筑物基础形式的不同而有所区别。就软弱地基上的路堤而言，国内外工程实践表明，桩承加筋土垫层结构是比较合适的选择。然而，对于桩承加筋土垫层复合地基的计算内容、加筋垫层的设置、影响其承载力的因素以及最终沉降量的计算等，目前国内外均无较成熟的认识。本节从工程实用角度出发，对桩承加筋土垫层复合地基的计算内容和方法做了一些初步探讨。

一、构造与工艺

桩承加筋土垫层法适用于路堤的深厚软弱地基处理，它由刚性桩、桩帽板、加筋土垫层和路堤填土构成。刚性桩，可以预制，也可就地成孔灌注。帽板同样可预制，也可就地挖坑现浇。加筋土垫层由单层或多层土工格栅与粗粒土或石粉渣交替铺设而成。

二、原理与作用

桩承加筋土垫层结构属复合地基体系，即垫层下的桩、土通过垫层共同承担路堤荷载。

（一）刚性桩

既是荷载的承担者，又是地基土改善的促进者。若是打入桩，当桩沉入土中时，桩周的非饱和土得到挤密，桩周挤压力迫使塑性变形区的土粒产生侧向位移，使土的孔隙率减小，密度增大，从而改善土的物理力学性质。若是灌注桩，则桩对含水量很高的黏性土或淤泥质土起置换作用，坚固的桩体取代了与之体积相等的软弱土，桩的强度和抗变形能力大大高于桩间软弱土。因此，由刚性桩构成的复合地基的承载力和抗变形能力显然会高于原来天然地基土的承载力和抗变形能力。

（二）帽板

在刚性桩复合地基中，相对土而言，桩的承载力很高，桩要承担路堤荷载的70%~80%。然而，桩的截面积一般都不大，桩距也比较稀疏，因此调动桩承载力发挥的有效而经济的办法就是在桩顶设帽板。帽板可调整桩的承载能力，使由摩阻力和端阻力确定的承载力与由桩身强度确定的承载力两者比较接近，以取得较好的经济效益。

（三）加筋土垫层

对于柔性基础——填土路堤下的刚性桩复合地基，除在桩顶设帽板外，还应在帽板顶铺设刚度较大的垫层。该垫层不仅可以增加桩土应力比，充分调动桩体的承载潜能，还可减少地基沉降，防止桩体向上刺入土体。因此，土工格栅加筋土垫层应该是最合适的选择。

三、适用范围

桩承加筋土垫层结构属刚性桩复合地基，适用于各类深厚软弱地基的处理。其加固深度可达30m（这是搅拌桩无法相比的），造价大大低于高压旋喷桩，单桩承载力远高于柔性桩，成桩方法选择面广，可预制沉桩、可沉管灌注、可钻孔（或套管跟进）灌注。因此，桩承加筋土垫层复合地基具有较大的发展前途。

四、设计

（1）桩型选择：根据已有的工程实例，可供选择的桩型有预应力管桩、钻孔灌注桩、沉管素混凝土桩、塑料套管混凝土桩、树根桩等，桩径200~400mm。

（2）桩长：穿透软弱土层到达相对较好土层0.5m左右，以充分形成桩、土共同承担荷载的复合地基。

（3）桩距：原则上应根据所要求的复合地基承载力而定，一般为6~8倍的桩径。桩的平面布置采用正方形。

（4）帽板：帽板尺寸可通过计算确定，一般边长为0.6~0.9m，厚度不应小于250mm。采用钢筋混凝土预制或现浇，板顶周边线应倒成圆角，以改善土工格栅受力。此外，帽板与桩应有可靠连接。

（5）桩顶垫层：在路堤填土荷载下，桩承加筋土垫层结构中的垫层不同于刚性基础下复合地基的褥垫层。对路堤荷载而言，它是不可或缺的，而且还有较大的刚度，不仅能抵抗桩的刺入，而且有能在桩间形成"拱膜"效应的能力，因此垫层要有足够的厚度，一般不小于400mm。垫层材料采用碎卵石土或水泥稳定石粉渣，其压实度不小于93%。垫层中的加筋材料——土工格栅应不少于2层，加筋层数应随垫层厚度而变，加筋层距为300~500mm。土工格栅的抗拉力不小于80kN/m，单位质量不小于900g/m²。

五、计算

（一）加筋土垫层底面应力计算

"桥跨"于桩间的加筋土垫层在上部路堤荷载的作用下，会产生弯沉。若对垫层中拉筋的伸长率加以控制，则垫层会将部分荷载传给桩，以减少桩间土的受力。根据吉罗德（Giroud）、波勒帕特（Bonaparte）有关加筋土地基的拱-膜理论，"桥跨"于地基裂隙上的土工合成材料，在外荷及覆盖土层自重作用下也会产生弯沉。弯沉的结果是，土中出现拱效应，部分荷载被传到弯沉区以外；同时，合成材料被拉紧，起张拉膜作用，从而能承受法向荷载。当弯沉到一定程度，合成材料刚好与坑底接触时，荷载便由合成材料和坑底土共同承担，由静力平衡条件可得作用于坑底土的法向力。

（二）影响复合地基承载力和垫层底面应力的因素

1.影响复合地基承载力的因素

桩径与复合地基承载力成正比，当桩径为0.3m时，复合地基承载力为124.13kPa，0.8m时为304.26kPa，地基承载力提高1.5倍。而桩距与复合地基承载力成反比，桩距为1.8m时，复合地基承载力为197.35kPa，2.4m时为124.13kPa。也就是说，桩距增大0.6m，地基承载力降低37%。在实际工程中，可根据土层条件，作多种组合比较，以求得桩径、桩距和承载力的最佳效果。帽板的长宽变化，对地基承载力没有影响。

2.影响垫层底面应力的因素

影响加筋土垫层底面应力的主要因素是土工格栅的层数。当只有1层土工格栅时，垫层底部的应力为102.75kPa，如将土工格栅的层数增加到3层时，垫层底部的应力可减少一半，为51.94kPa。

（三）沉降计算

软土地基的总沉降量，一般由主固结沉降、瞬时沉降（侧向变形）和次固结沉降组成。为简便计算，可只计算主固结沉降，然后，乘以经验系数（沉降系数）即可。

六、设计出图

（一）平面图

以道路平面图为基础，绘制地基处理范围（界点坐标）、桩布置大样（桩间距等）、道路里程以及必要的说明（桩类型、规格、预估桩总量）。

（二）纵断面图

以道路纵断面为基础，绘制场地平整高程线（桩顶高程线）、垫层顶面线、桩底高程线、道路设计高程线等。

（三）典型横断面图

以道路横断面图为基础，绘制桩的横向布置、垫层厚度、桩帽板、路基断面等。

（四）大样图

包括桩帽板配筋图、桩与帽板的连接图、垫层内土工格栅的布置（包括搭接部位）以及土工格栅和垫层材料的规格等。

七、质量检验

（1）施工质量检验主要应检查施工记录、桩数、桩位偏差、垫层厚度、土工材料铺设质量和桩帽施工质量等。

（2）复合地基竣工验收时，荷载试验数量宜为总桩数的0.5%～1%，且单体工程的试验数量不应少于3点。除采用复合地基载荷试验外，还应根据所采用的桩体种类确定其他检验项目。

（3）抽取一定比例的桩数，对成桩质量和桩体完整性进行检测，预制桩应提供出厂质量报告。

（4）土工合成材料质量应符合设计要求，外观无破损、无老化、无污染、无褶皱，搭接宽度和回折长度符合设计要求，抽检比例不少于2%。

（5）桩帽施工质量检验项目主要有轴线偏位、平面尺寸、厚度、混凝土强度等，抽检比例不少于2%。

我国的结构设计方法经历了由容许应力法、单一安全系数法到极限状态法的演变过程。岩土工程与结构工程同属土木工程的两个分支，二者密不可分，大部分岩土工程设计问题就是工程结构设计问题，如桩基础、抗滑桩、锚杆挡土墙、深基坑支护、高边坡加固等，无一不是与岩土体有关的结构问题。因此，岩土工程设计也应遵循工程结构设计方法。但岩土工程由于自身的固有特点及复杂性，如材料性能的不确定性、多变性，岩土体的复杂性、计算模式的不确切性、设计信息的有限性等，其设计方法又难以与结构设计方法同步发展，尚无法像工程结构设计那样，普遍采用真正的极限状态设计法。所以，目前岩土工程设计方法仍然是传统的容许应力法、单一安全系数法以及近几年出现的建立在定值法基础上的极限状态法——准极限状态法同时并用。

第七章　地基基础加固与建筑物纠偏

第一节　地基基础加固概述

一、建筑地基基础加固的原因

当已有建筑地基基础遭受损害，影响了建筑的使用功能或寿命，或设计和施工中的缺陷引起了地基基础事故，或者因上部结构的荷载增加，原有地基与基础已满足不了新的要求等情况下，需要对已有地基基础进行加固。例如，已有基础受到酸、碱腐蚀，软土或不均匀地基的不均匀沉降导致墙体与基础开裂，湿陷性黄土引起的不均匀沉降与基础裂缝，地震引起的基础竖向与水平位移，相邻基础或堆载引起基础或墙柱下沉与倾斜，上部结构改建与增层引起基础荷载的增加等。特别是近十来年，由于地价上涨，全国各城市都有大量房屋须加层扩建，以挖掘原有房屋的潜力，加固已有建筑地基基础的工程任务便日益增加。

二、建筑地基基础加固的特点

加固已有建筑地基基础的最大特点是需要对已有建筑的上部结构与地下情况（包括地基基础与地下埋设物）有充分的了解与判断，确定已有地基的承载力，加固中要对已有建筑物的状态严密监控。

第二节　建筑物地基基础的加固技术

一、托换加固

已有建筑地基基础的加固方法托换的原意比较窄，意思是将有问题或因需要而将原有基础托起，换成所需要的基础（基础加深加宽）。但目前"托换"一词的含义已有改变，泛指对已有建筑物地基与基础的加固工程，把对地基的加固也包含在内。加固已有地基基础的方法很多。

二、基础补强注浆法

当已有建筑物的基础由于不均匀沉降或由于施工质量、材料不合格，或因使用中地下水及生产用水的腐蚀等原因出现裂缝、空洞等破损时，可用注浆法加固。

注浆法是在基础的破损部位两侧钻孔，注入水泥浆或环氧树脂等浆液。注浆管管径为25mm，与水平方向的倾角不小于30°，钻孔直径比注浆管直径大2～3mm，孔距0.5～1m，注浆压力0.1～0.3MPa，如不够可加大至0.6MPa。在10～15min内浆液不下沉时可停止注浆。每个注浆孔注浆的有效直径范围为0.6～1.2m。条形基础裂缝多时可纵向分段施工，每段长度可取1.5～2m。

三、加大基础底面法

当地基承载力或基础面积不足时，可以放大已有基础底面，放大的办法就是在原有基础上接出一块或加套，在施工和设计时应注意以下几点。

（1）基础荷载偏心时，可以不对称加宽。

（2）接合面要凿毛清净，涂高强水泥浆或界面剂以增强新老部分混凝土的接合，也可以插入钢筋以加强连接。

（3）加宽部分的主筋应与原基础内主筋焊接。

（4）对条形基础应分段间隔施工，每段长度1.5～2m，因为在全长开挖基础两侧，对基础的安全有一定影响。

（5）加宽部分下的基础垫层材料和厚度应与旧有部分相同。

（6）加宽后基础的抗剪、抗弯及承载力均应经过计算，必要时应进行沉降计算。

（7）此法一般用于地下水位以上，否则要迫降水位以后再施工。

四、已有基础的加深法

加深基础的方法是在原条形基础下分段开挖，挖到较好的土层处，分段浇筑墩式基础或将各个墩连在一起，成为新的条形基础的加固方法。它也可以用在柱基下，但因柱基不像条基可以将开挖部分的荷载卸到两侧未挖的部分，因此，在柱基下开挖首先应对柱子卸载，以保证结构的安全。

加深基础法适用于地下水位以上，且原基底下不太深处有较好土层可以做持力层的情况下。如果有地下水或基础太深，使施工难度与造价增加，则不宜采用。

施工步骤：

（1）在欲加固的基础一侧分批、分段、间隔开挖长约1.2m、宽0.9m的导坑，如土不好则加支护防塌，坑底较基底深1.7m，以便工人立于坑中操作；

（2）由导坑中向基础下开挖与原基础同宽，深度达到预定持力层的基坑；

（3）用混凝土灌注基坑成墩，墩顶距原基底80mm，一天后再用掺入膨胀剂与速凝剂的干水泥砂浆填满空隙并振实；

（4）如果墩子连成一片，则形成条形基础。

五、桩式托换法

桩式托换法是用桩将原基础荷载传到较深处的好土上去，使原基础得到加固的方法。常用的桩类型有锚杆静压桩、坑式静压桩、灌注桩、树根桩等。这类桩没有太大振动与噪声，对周围环境和地基土的破坏与干扰小，因而常被采用。打入的预制桩不能采用，因为振动与挤土作用会对已有基础的地基产生有害作用。

（一）锚杆静压桩加固法

此法适用于淤泥、淤泥质土、黏性土、粉土和人工填土上的基础。对过于坚实的土，压桩有困难。此法一般是在原基础上凿出桩孔和锚杆孔，埋设锚杆，安装反力架，用千斤顶将预制好的桩段逐段通过桩孔压入原基础下的地基中。压桩的力不能超过加固部分的结构荷载，否则压桩的力没有力来平衡。

桩材料宜用钢或钢筋混凝土，截面边长为200~300mm，桩段长度由施工净空和机具确定，一般为1~2.5m。配筋量由计算确定，但不宜少于410（截面边长为200mm时）或412（截面边长为250mm时）或416（截面边长为300mm时）。桩段间用硫黄胶泥连接，但桩身受拉时改用焊接。

单桩承载力可通过单桩静载试验确定，当无试验资料时，也可按有关规定确定。原基础的强度应能抵抗桩的冲剪与桩荷载在基础中产生的弯矩，否则应加固或采用挑梁。

承台边缘至边桩的净距不宜小于200mm，承台厚度不宜小于350mm，桩顶嵌入承台内的长度为50~100mm，当桩身受拉时应在桩顶设锚固筋伸入承台。桩孔截面应比桩截面大50~100m，且为上小下大的形状。桩孔凿开后应将孔壁凿毛、清洗。原基础钢筋须割断，待压桩后再焊接。

整桩须一次压到设计标高，当中途必须停顿时，桩端应停在软弱土中且停留时间不超过24h。压桩施工应对称进行，不应数台压桩机在同一个独立基础上同时加压。桩尖应达到设计深度且压桩力达到单桩承载力的1.5倍，维持时间不应少于5min。在此后即可使千斤顶卸载，拆除桩架，焊接钢筋，清除孔内杂物，涂混凝土界面剂，用C30微膨胀早强混凝土填实桩孔。

（二）坑式静压桩加固法

坑式静压桩加固法是在原基础底面以下进行的，它无须锚杆和压桩架，而是利用基础本身作为千斤顶的支撑，将桩段一一压入土中，逐段接成桩身。它的适用范围与锚杆静压桩类似，适用于淤泥、淤泥质土、黏性土、粉土和人工填土等，但地下水位要低于原基底和基底下的开挖深度，否则施工要排水或降水。

坑式静压桩的施工要点简要介绍如下。

（1）先在基础一侧挖长1.2m、宽0.9m、深于基底1.5m的竖坑，以利于工人操作，坑壁松软时应加支护；再向基础下挖出一条长0.8m、宽0.5m的基坑以便放测力计、千斤顶和压桩。每压入一节后再压下一节。

（2）桩身可用150~300mm的开口钢管或截面边长为150~250mm的混凝土方桩。桩长由基坑深度和千斤顶行程决定。

（3）桩的平面位置应设在坚固的墙、柱下，避开门、窗等墙体与基础的薄弱部位。

（4）钢桩用满焊接头，钢筋混凝土桩用硫黄胶泥接头，桩尖遇到硬物时可用钢板靴保护。

（5）桩尖应达到设计深度且压桩力达到设计单桩承载力的1.5倍并维持5min以上，即可卸去千斤顶，用C30微膨胀早强混凝土将原基础与桩浇成整体。

（三）树根桩加固法

树根桩是一种小直径灌注桩（150~300mm），长度不超过30m，可以是竖直桩，也可以是网状结构或斜桩。可用于淤泥、淤泥质土、黏性土、粉土、砂土、碎石土及人工填土等地基上的已有建筑、古建筑、地下隧道穿越等加固工程。由于其适用性广泛，结构形式灵活，造价相对较低，因而常被采用。

树根桩的单桩承载力可通过单桩静载试验确定或由公式估算。在静载试验中可由荷载沉降曲线取对应于该建筑所能承受的最大沉降荷载值为单桩竖向承载力。

桩身混凝土不应低于C20，钢筋笼直径小于设计桩径40～60mm，主筋不宜少于3根。钢筋长度不宜少于1/2桩长，斜桩以及在桩承受水平荷载时应全长配筋。

树根桩采用钻机成孔，可穿过原基础进入土层。在土中钻进时宜用清水或泥浆护壁或用套管。成孔后放入钢筋笼，填入碎石或细石，用1MPa的起始压力将水泥浆从孔底压入孔中直至从孔口泛出。根据经验，大约有50%的水泥浆压入周围土层，使桩的侧面摩阻力增大。对某些土层如若希望提高该层的摩阻力，可在该层范围内采用二次注浆，可使该层的摩阻力提高30%～50%。二次压浆时须在第一次压浆初凝时进行（45～60min），注浆压力提高至2～4MPa，浆液宜采用水泥浆，在高压下浆液劈裂已注的水泥浆和周围土体形成树根状的固体。

注浆时应采用间隔施工、间歇施工或加速凝剂，以防止相邻桩冒浆或串孔，影响成桩质量。可采用静载试验、动测法、留试块等方法检测桩身质量、强度与承载力。由于树根桩将既有房屋的荷载传至深层，所以减小了兴建地铁引起已有建筑沉降和开裂的风险。

（四）石灰桩加固法

石灰桩是生石灰和粉煤灰（火山灰亦可）组成的柔性桩，有时为提高桩身强度可掺入一些水泥、砂或石屑。它的加固作用是桩与桩间的土组成复合地基，使变形减小，承载力提高。

1.土性改善的原因

（1）成孔时的挤密作用，它提高了土的密实度。

（2）生石灰熟化时的吸水作用，有利于软土排水固结。1kg的纯氧化钙可吸水0.32kg，一般采用的生石灰其CaO含量不低于70%，由此可估出软土含水量的降低值。

（3）膨胀作用。生石灰吸水后体积膨胀20%～30%。

（4）发热脱水。生石灰吸水后发热可使桩身温度达200～300℃，土中水汽化，含水量下降。

（5）生石灰中的钙离子可在石灰桩表面形成硬壳并可进入桩间土中，改善土的性质。

（6）桩身强度比软土高。

由于以上原因使复合地基的承载力较加固前提高0.7～1.5倍。确定复合地基的承载力可通过标贯、静载试验、静探等常规手段获得。

2.石灰桩的设计施工要点

（1）生石灰的CaO含量不得低于70%，含粉量不大于10%，含水量不大于5%，最大灰块不得大于50mm，粉煤灰应为Ⅰ、Ⅱ级灰。

（2）常用的石灰与粉煤灰的配合比为1：1、1：1.5或1：2（体积比）。为提高桩身强度，亦可掺入一定量的水泥、砂、石屑。

（3）桩径为200～300mm（洛阳铲成孔）或325～425mm（沉管成孔）。桩距为2.5～3.5倍桩径。平面布置为三角形或正方形。处理范围应比基础宽出1～2排桩且不小于加固深度的一半。加固深度由地质条件决定。石灰桩顶部宜有200～300mm厚的碎石垫层。

（4）石灰桩的成孔方法。

①振动沉管法。为防止生石灰膨胀堵塞，在采用管内填料成桩法时要加压缩空气，在采用管外填料成桩时要控制每次填料数量及沉管深度。注意振动不宜大，以免影响已有基础。

②锤击成桩法。要注意锤击次数要少，振动要小。

③螺旋钻成桩法。钻至设计深度后提钻，清除钻杆上的泥土，将整根桩的填料堆在钻杆周围，再将钻杆沉底，钻杆反转，将填料边搅拌边压入孔中，钻杆被压密的填料逐渐顶起，至预定标高后停止，用3：7灰土封顶。

④洛阳铲成桩法。用于不产生塌孔的土中，孔成后分层加填料，每次厚度不大于300mm，用杆状锤夯实。

⑤静压成孔法。先成孔后灌料。石灰桩成孔的关键问题是生石灰吸水膨胀时要有一定的约束力，否则吸水后容易变成软物，不硬结。试验表明，当桩填筑的干重度达到11.6kN/m³时，只要胀发时竖向压力大于50kPa，桩体就不会变软，桩体的夯实很重要。

几种加固已有建筑地基的布桩方案，一般尽可能不穿透原基础，以降低施工难度和保持原基础强度。

加固某四层住宅的布桩，该房屋位于软土上，一端有故河道，土层不均匀，造成墙体多处开裂，形成危房。采用粉煤灰石灰桩加固，有长6.5m的直桩与6.5m的斜桩，加固外墙基础下的地基，取得良好效果。

（五）注浆加固法

（1）注浆加固法适用于砂、粉土、填土、裂缝岩石等岩土加固或防渗。注浆是采用液压、气压或电渗方法将浆液注入基础中或地基中凝固成为"结合体"，从而具有防渗、防水和高强度等功能。

（2）用注浆法加固已有建筑基础是常用的方法，价格不高且可以使加固体形成任意所需要的形式。此外，又可防渗，所需材料与设备也不难满足。因此，在有条件进行此种加固方法的场合常被选用。

（3）注浆量和加固直径应通过现场试验确定。一般孔距为1～2m，且加固后能连成整体，对以防渗为目的的工程更要注意其防渗性。

（4）如果是多排、单排布置则应跳点进行。

注浆孔布置，是为加固已有建筑地基，防止在相邻的深基坑开挖时，已有建筑的地基失稳。加固体既承担原基础的重力，又起支挡结构作用，还可防渗。设计时可按重力挡土墙考虑，原有基础压力作为墙上荷载。

灌浆加固深基坑的几种情况：起重力挡土墙作用；主要起承受竖向的原基础荷载的作用，而土压力主要由锚杆承受；修筑地下通道或地下铁道的通道时，为承托原有建筑，防止其产生不均匀沉降而采取的深层注浆法，使地下通道开挖时不致引起坑壁坍塌或过大位移。

直接加固地基持力层的几种情况：直孔加固；斜孔加固；在基础外侧用水平孔加固；直孔与斜孔结合加固。这几种加固都未打穿基础凿孔，显然这只有基础宽度不大时有可能做到。

第三节　建筑物倾斜原因及纠偏原则

一、建筑物倾斜原因

建筑物倾斜是地基丧失稳定性的反映，其倾斜原因主要有如下几点。

（一）土层厚薄不匀、软硬不均

在山坡、河漫滩、回填土等地基上建造的建筑物，地基土一般有厚薄不匀、软硬不均的现象。若地基处理不当，或所选用的基础形式不对，很容易造成建筑物倾斜。

（二）地基稳定性差，受环境影响大

湿陷性黄土、膨胀土在我国分布较广，它们受环境影响大——膨胀土吸水后膨胀，失水后收缩；湿陷性黄土浸水后产生大量的附加沉降，且超过正常压缩变形的几倍甚至十几倍，1～2天就可能产生20～30cm的变形量。另外，这种黄土地基在当土层分布较深，湿陷面积较大，建筑物的刚度较好且重心与基础形心不重合时，还会引起建筑物的倾斜。例如，某水塔高24.5m，容积300m³，钢筋混凝土支筒结构，采用筏式基础，直径为11.4m，

埋深2.5m，场地土为Ⅲ级自重湿陷性黄土，土层厚10~12m。由于溢水管多次溢水，流进地沟后，渗入地基，造成湿陷。

（三）勘察不准，设计有误，基底压力大

软土地基、可塑性黏土、高压缩性淤泥质土等条件，荷载对沉降的影响较大。若在勘察时过高地估计土的承载力或设计时漏算荷载，或基础过小，都会导致基底应力过高，引起地基失稳，使建筑物倾斜甚至倒塌。

（四）建筑物重心与基底的形心偏离过大

建筑物重心与基底形心经常出现很大偏离的情况，从设计上，一般住宅的厨房、楼梯间、卫生间多布置在北侧，造成北侧隔墙多、设备多、恒载的比例大；从使用上看，大面积的堆载、大风引起的弯矩及荷载差异等都会引起建筑物的倾斜。

（五）地基土软弱

软土地基的沉降量较大，一般五六层混合结构的沉降量为40~70cm。例如，墨西哥城的国家剧院，建在厚层火山灰地基上，建成后沉降达3m，门庭变成半地下室。前些年我国沿海及南方各地在软土地基上用不埋或浅埋基础建造了一些住宅、办公楼等混合结构，由于基础埋深小，抵抗不均匀沉降的能力弱，遇到在其附近开挖坑道、一侧堆载等外部因素影响时，较易产生倾斜事故。在软土地基上建造烟囱、水塔、简仓、立窑等高耸构筑物，如果采用天然地基，埋深又较小，产生不均匀沉降的可能性就较大。

（六）其他原因

除了上述原因外，引起建筑物倾斜的还有其他原因，例如，沉降缝处两相邻单元或邻近的两座建筑物，由于地基应力变形的重叠效应，会导致相邻单元（建筑物）的相倾。又如，地震作用引起的地基土液化和地下工程的开挖等都会引起建筑物的倾斜。

二、建筑物纠偏原则

纠偏扶正建筑物是一项施工难度很大的工作，需要综合运用各种技术和知识。当采用本章所介绍的各种纠偏方法时，应遵照以下原则。

（1）在制定纠偏方案前，应对纠偏工程的沉降、倾斜、开裂、结构、地基基础、周围环境等情况做周密的调查。

（2）结合原始资料，配合补勘、补查、补测搞清楚地基基础和上部结构的实际情况及状态，分析倾斜原因。

（3）拟纠偏的建筑物的整体刚度要好。如果刚度不满足纠偏要求，应对其临时加固，加固的重点应放在底层。加固措施有增设拉杆、砌筑横墙、砌实门窗洞口以及增设圈梁、构造柱等。

（4）加强观测是搞好纠偏的重要环节，应在建筑物上多设观测点。在纠偏过程中要做到勤观测、多分析，及时调整纠偏方案，并用垂球、经纬仪、水准仪、倾角仪等进行观察。

（5）如果地基土尚未完全稳定，在施行纠偏施工的另一侧应采用锚杆静压桩以阻止建筑物的进一步倾斜。桩与基础之间可采用铰接连接或固结连接，连接的次序分纠偏前和纠偏后两种，应视具体情况而定。

（6）在纠偏设计时，应充分考虑地基土的剩余变形，以及纠偏致使不同形式的基础对沉降的影响。

三、建筑物的纠偏工作程序及常用纠偏方法

已有建筑产生了倾斜要进行纠偏时，纠偏工作的程序为：

（1）观测倾斜是否仍在发展，记录每日倾斜的发展情况；

（2）根据地质条件、相邻建筑、地下管线、洞穴分布、建筑本身的上部结构现状与荷载分布等资料，分析倾斜原因；

（3）提出纠偏方案并论证其可行性。在选择方案时宜优先选择迫降纠偏，当不可行时再选用顶升纠偏，因为迫降纠偏比较容易实施。

第四节 迫降纠偏与顶升纠偏

一、迫降纠偏

迫降纠偏的设计包括以下内容：确定迫降点位置及各点的迫降量；确定迫降的顺序，制订实施计划；制定迫降的操作规定及安全措施；布设迫降的监控系统。沉降观测点在建筑物纵向每边不应少于三点，横向每边不少于两点，框架结构还要适当增加。规定迫降的沉降速率，一般控制在5～10mm/d范围内，开始和结束阶段取低值，中间可适当加快，接近终了时要预留一定沉降量。沉降观测应每天进行，对已有结构上的裂缝也应进行监控，这一点很重要，并根据监测结果，施工中应合理地调整设计步骤或改变纠偏方法。

（一）掏土纠偏法

掏土纠偏是在沉降较小的一侧地基中掏土，迫使地基产生沉降，达到纠偏的目的。根据掏土部位又可分为在建筑物基础下掏土和在建筑物外侧地基中掏土两种。

1.基础下地基中掏土纠偏法

直接在基础下地基中掏土时建筑物沉降反应敏感，一定要严密监测，利用监测结果及时调整掏土施工顺序及掏土数量。掏土又可分为钻孔取土、人工直接掏挖和水冲法。一般砂性土地基采用水冲法较适宜，黏性土及碎卵石地基采用人工掏挖土与水冲相结合的办法。

水平穿孔掏土纠偏，可用于地下水位以上的场合。土质要较松，宜于人工锤击取土，掏土孔间距1～1.5m。掏挖时先从沉降小的一侧开始，逐渐过渡扩大范围。

建筑物底面积较大，此时可在基础底板上钻孔，埋入套管，用孔内取土的办法掏土。掏土孔应在沉降小的一侧布置得较密，沉降大的一侧可不布置。

在沉降较小的基础旁制作带孔洞的沉井，并在沉井内挖土，把沉井沉入地下，然后通过沉井壁上的孔洞用高压水枪冲水切割土体成孔，促使地基下沉而使建筑纠偏的方法称冲孔排土纠偏法。采用这种方法时，冲孔速度不宜太快，应以建筑物沉降量不超过5mm/d为限。沉井射水取土纠偏，此法适用于黏性土、砂土、粉土、淤泥、淤泥质土、填土等情况。井内径不宜小于0.8m，井壁上设150～200mm的射水孔，射水压力通过现场试验确定。掏土完毕后，应将沉井砌实回填，接近地面处井壁应拆除。

2.基础外侧地基中掏土纠偏法

在建筑物沉降较小的一面外侧地基中设置一排密集的掏土孔，在靠近地面处用套管保护，在适当深度通过掏土孔取土，使地基土发生侧向位移，增大该侧沉降量，达到纠偏目的。如需要，也可加密掏土孔，使之形成深沟。基础外侧地基中掏土纠偏施工过程大致可分为定孔位、钻孔、下套管、掏土、孔内做必要排水和最终拔管回填等阶段。孔位（孔距）根据楼房平面形式、倾斜方向和倾斜率、房屋结构特点以及地基土层情况确定。掏土采用钻孔的方法，钻孔又分为直钻和斜钻两种。所谓直钻，是指垂直地面向下钻孔，直孔的直径应大于或等于400mm；所谓斜钻是指向基础方向以30°～60°的角度钻孔，斜孔直径一般小于300mm。斜钻法掏土直接，效果较好。掏土孔的深度根据掏土部位和土质确定，取土的深度通常应大于6m。掏土纠偏法适用于淤泥、淤泥质土等易于取土的场合。

（二）人工降水纠偏法

人工降水纠偏法是在建筑物下沉小的一侧采用人工降水，使土自重压力增加，土体脱水产生下沉，从而达到纠偏目的。此法适用于土的渗透系数大于10^{-4}cm/s的浅埋基础。该方法的工艺，沉降大的一侧设计了深层水泥搅拌桩加固，目的是保持这一侧的稳定，这种做法可视工程需要而定，有时可以不用，降水的效果及降水深度应该先行计算。每日抽水量及下降情况应进行监测。还要特别注意人工降水对邻近已有建筑的影响，应在被保护区附近设水位观测井和回灌井或隔水墙，以保证相邻建筑安全。此法费用不高，施工较易，但能够调节的倾斜量不能太大。

（三）注水纠偏法

注水纠偏主要用于湿陷性黄土上的已有建筑倾斜，一般上部结构的刚性宜较好。注水纠偏时在沉降小的一侧的基础旁开挖不宽的注水槽，向槽中注水引起湿陷以达到纠偏目的。也可采用注水坑或注水孔，注水前要设置严密的监测系统及可能出现问题的预防手段。开始时浸水量要少，并密切注意结构的下沉情况。当出现下降速率过快时，应立即停止注水并回填生石灰吸水。当沉降速率过低达不到要求时，可以补充采取其他纠偏方法（如掏土法）联合纠偏。纠偏结束时要预留一些倾斜量，观察后再决定是否停止浸水，以防止纠偏过头。注水停止后应将注水孔、槽用不渗水材料封闭夯填，防止以后的降雨或生产、生活用水沿这些地方浸入土中。注水法的缺点是不易估计注水的影响范围，因而也不太好控制，主要依靠沉降观测结果来控制。

（四）堆载纠偏法

堆载纠偏法是在沉降小的一侧堆上土、石、钢锭等重物，使地基中的附加应力增大而产生新的沉降方法。它适用于淤泥、淤泥质土和填土上体积小且倾斜量不大的浅基础建筑的纠偏。在倾斜量较大时亦可考虑与其他方法联合使用。

堆载的荷载值、分布范围和分级加载速率应事先经过设计与计算，严禁加载过快危及地基的稳定。因此，施工中要严密进行沉降观测，绘制荷载沉降时间关系曲线，从曲线上判断荷载值与加载速率是否恰当。如出现沉降不随时间减小的现象，应立即卸荷，观察下一步沉降的发展，再采取相应措施。

（五）锚桩加压纠偏法

锚桩加压纠偏，一般用于单柱基础的纠偏。通常是在基础下沉小的一侧打两根锚桩，锚桩上有横梁，构成反力架；再在基础上设一悬臂梁，伸至锚桩处。在反力架与悬臂梁之间设千斤顶等加荷设备，当千斤顶加荷时，将悬臂梁下压，下沉少的基础一侧受到较大的压力而下沉，从而达到纠偏的目的。悬臂梁的刚度应较大，可视为刚性梁，这样梁只是做转动而挠度不大，可以较好地控制基础下沉。悬臂梁与基础间应有牢固的拉锚，以免与基础脱开。

二、顶升纠偏法

（一）顶升梁法纠偏

顶升纠偏是将建筑物基础和上部结构断开，在断开处设置若干支承点，在支承点上安装顶升设备（一般是千斤顶），使建筑物做某个平面转动，令下沉大的一侧上升，从而倾斜得以纠正。

顶升纠偏的适用条件：建筑的整体沉降与不均匀沉降均大，造成建筑标高降低，妨碍其观瞻及使用功能的场合；倾斜建筑为桩基的场合；不适于采用迫降纠偏的场合；已有建筑或构筑物在原设计中预先设置了可调整标高措施的场合（如软土上的浮顶油罐在设计时常留下安装顶升千斤顶的位置，某些软土上的柱脚旁设置可纠偏的小牛腿以便给千斤顶以支承等）。

顶升建筑在基础以上部位被截断，在上部结构下面设置顶升梁系统（通常不是普通梁，而是按上部结构平面特点设置的一个平面框架结构），在基础被断开处设基础梁。顶升梁与基础梁构成一对受力梁系，中间安设千斤顶。受力梁系需要承受顶升过程中的千斤顶作用力与结构荷载，应经过严格的设计与验算。对砌体结构，千斤顶应沿承重墙布置；对框架结构，千斤顶则在柱子处。顶升梁的浇筑系经托换分段浇灌而成，最后形成封闭的平面梁系，其位置一般在地面以上500mm处。砌体结构顶升梁的设计按倒置的弹性地基梁计算，框架柱的顶升梁按后置牛腿设计。

顶升纠偏施工按以下步骤进行。

（1）钢筋混凝土顶升梁柱的托换施工。砌体建筑顶升梁的分段长度不大于1.5m且不大于开间墙段的1/3，应间隔施工。先对墙体的施工段中每隔0.5m开凿一洞孔，放置钢筋混凝土芯垫（对24墙，芯垫断面为120mm×120mm，高度与顶升梁相同），1.5m长度内设两个芯垫，用高强水泥砂浆塞紧。芯垫是作为开凿墙体时的支点，待填塞的水泥砂浆达到一定强度后才可凿断墙体。顶升梁中的钢筋搭接长度向两边凿槽外伸。铺好顶升梁中的钢筋后，浇混凝土。逐段施工，最后连成一体。

（2）设千斤顶底座及安放千斤顶。垫块须钢制。

（3）设置顶升标尺。位置在各顶升点旁边，以便目测各顶升点的顶升情况。

（4）顶升梁（柱）及顶升机具的试验检验。抽检试验点数不少于20%，以观察梁的承载力与变形及千斤顶工作。

（5）顶升前一天凿除框架结构柱或砌体构造柱的混凝土，顶升时切断钢筋。

（6）在统一指挥下顶升施工。每次顶升量不超过10mm。

（7）当顶升量达到100～150mm时，开始千斤顶倒程，相邻千斤顶不得同时倒程。

（8）顶升达到设计高度后立即在墙体交点或主要受力点用垫块支撑，迅速连接结构，待达到设计强度后方可分批分期拆除千斤顶，连接处的强度应大于原有强度。

（9）整个顶升施工须在水准仪和经纬仪观测下进行，以便综观全局，随时调整顶升施工。

由上述可知，对整栋较大型的结构，其顶升工作十分复杂。但单独柱基或轻的构筑物（如罐、支架等）发生倾斜时，顶升工作较易进行，可在基础下挖坑支起千斤顶，顶升复位后将坑用素混凝土填实即可。

（二）压桩反力顶升纠偏

压桩反力顶升是较为简单的一种顶升方法，在基础外打入一些用作千斤顶支点的桩，在桩顶设千斤顶，在房屋基础下浇一些托梁，横过整个建筑物并支承在千斤顶上，通过千斤顶的抬升将房屋的倾斜纠正过来。

施工的程序为打桩、设梁、顶升。桩顶标高应经过计算，使其与梁底的距离间能安千斤顶。挖坑露出原有基础底面时，在打桩与设梁的位置，要挖得更深一些。

梁（钢梁或钢筋混凝土梁）的数量与位置应由上部结构的抗弯能力决定。

（三）注浆顶升纠偏法

压密注浆是用浓浆液压入土中形成浆泡，对下部的土及同标高的土，浆泡起压密作用；对上部土层，浆泡起抬升的作用，因此对荷载不大的小型结构则可利用注浆的顶升力来纠偏。

第八章 非开挖施工技术

第一节 非开挖施工概述

非开挖技术简述即为非开挖管线工程施工技术，源于西方发达国家，称为"No-Dig"或"Trenchless Technology"，译为非开挖技术。非开挖施工技术是指利用岩土钻凿手段在地表不挖槽的情况下，在各类地层中进行各类用途、各类材质管线的铺设、修复和更换等工作。

一、非开挖施工方法分类

非开挖施工方法有很多，按其用途可分为管线铺设、管线更换和管线修复三类。

（一）管线铺设

管线铺设有下面两种情况。

（1）管径大于900mm的人可进入的管线铺设方法：顶管施工法、隧道施工法。

（2）管径小于约900mm的人不可进入的管线铺设方法：主要有水平钻进法、水平导向钻进法、冲击矛法、夯管法、水平螺旋钻进法、顶推钻进法、微型隧道法、冲击钻进法等。

（二）管线更换

管线更换（replacement of pipelines）有吃管法、爆管法、胀管法、抽管法四种。

（三）管线修复

管线修复（rehabilitation of pipelines）有内衬法和局部修复两种。

内衬法：传统内衬法、改进内衬法、软衬法、缠绕法、铰接管法、管片法、滑衬法

（sliplining）、原位固化法（国内通常称为翻转法）（cured-in-placepipe，CIPP）、折叠内衬法（fold-and-formpipe，FFP）、变形还原内衬法（deformed/reformedpipe，DRP）和贴合衬管法（swage-lining）等。

局部修复（pointrepair）：灌浆法、喷涂法、化学稳定法、机器人进管修补法等。目前，各种非开挖施工技术根据所适用的管径大小、施工长度、地层和地下水的条件以及周围环境的不同而有所不同。

二、非开挖技术与开挖施工技术相比的优点

（1）可以避免开挖施工对居民正常生活的干扰，以及对交通、环境、周边建筑基础的破坏和不良影响。非开挖施工不会阻断交通，不破坏绿地、植被，不影响商店、医院、学校和居民的正常生活及工作秩序。

（2）在开挖施工无法进行或不允许开挖施工的环境（如穿越河流、湖泊、重要交通干线、重要建筑物的地下管线），可用非开挖技术从其下方穿越铺设，并可将管线设计在工程量最小的地点穿越。

（3）现代非开挖技术可以高精度地控制地下管线的铺设方向、埋深，并可使管线绕过地下障碍（如巨石和地下构筑物）。

（4）有较好的经济效益和社会效益。在可比性相同的情况下，非开挖管线铺设、更换、修复的综合技术经济效益和社会效益均高于开挖施工，管径越大、埋深越深时越明显。

三、常用施工设备

（1）管线安装设备类：定向钻机与导向钻机；夯管设备；微型隧道掘进机与顶管设备；螺旋钻、泥水盾构型、硬岩切割型、置换（吃管）型、侧向型、扩孔型、导向监测型；冲击矛分：非转向、自由转向、钻孔安装式可转向三类；辅助设备：泵、泥浆处理机、空气压缩机。

（2）管线更换与修复设备类：拖管与改型拖管设备；侧向更新设备；局部修复设备；原位硬化树脂更新设备；沿管喷浆设备；型模改型设备。

（3）管线替换设备：气管设备；爆管设备；切削设备。

（4）人员可进入管道修复设备。

（5）工作井掘进设备。

（6）监控、定位、测量仪设备类：探地雷达；闭路电视；声波、超声波仪；压力实验机。

（7）测漏设备。

（8）地理信息系统

（9）腐蚀测绘仪。

（10）清洗设备：雨水清洗设备、高压水切刮设备、沉淀物清洗设备、真空罐。

第二节　顶管法

一、概述

顶管施工就是借助主顶油缸及管道间中继站（中继间）等的推力，把工具管或掘进机从工作坑内穿过土层一直推到接收坑内吊起，与此同时，也就把紧随工具管或掘进机后的管道埋设在两坑之间，这是一种非开挖的铺设地下管道的施工方法。

二、顶管施工的优劣

顶管施工的缺点有施工人员需要大量的培训和知识储备、高成本、任何对管线和钻进角的调整耗资都非常昂贵。但顶管施工也有它独特的优点，但也有其局限性。下面比较顶管施工和开槽埋管以及盾构施工的优缺点。

（一）与开槽埋管相比较的优点

（1）开挖部分仅仅只有工作坑和接收坑，土方开挖量少，而且安全，对交通影响小。

（2）在管道顶进过程中，只挖去管道断面的土，比开槽施工挖土量少许多。

（3）施工作业人员比开槽埋管少。

（4）建设公害少，文明施工程度比开槽施工高。

（5）工期比开槽埋管短。

（6）在覆土深度大的情况下比开槽埋管经济。

（二）与开槽埋管相比较的不足

（1）曲率半径小而且多种曲线组合在一起时，施工非常困难。

（2）在软土层中易发生偏差，而且纠正这种偏差比较困难，管道容易产生不均匀下沉。

（3）在推进过程中如果遇到障碍物时处理这些障碍物非常困难。

（4）在覆土浅的条件下显得不很经济。

（三）与盾构施工相比较的优点

（1）推进完后不需要进行衬砌，节省材料，同时也可缩短工期。

（2）工作坑和接收坑占用面积小，公害少。

（3）挖掘断面小，渣土处理量少。

（4）作业人员少。

（5）造价比盾构施工低。

（6）与盾构相比，地面沉降小。

（四）与盾构施工相比的缺点

（1）超长距离顶进比较困难，曲率半径变化大时施工也比较困难。

（2）大口径，如45000mm以上的顶管几乎不太可能进行施工。

（3）在转折多的复杂条件下施工，工作坑和接收坑都会增加。

顶管法是地下管道铺设常用的方法，是一种不开挖或者少开挖的管道埋设施工技术。

顶管法施工就是在工作坑内借助顶进设备产生的顶力，克服管道与周围土壤的摩擦力，将管道按设计的坡度顶入土中，并将土方运走。一节管完成顶入土层之后，再下第二节管子继续顶进。其原理是借助主顶油缸及管道间、中继间等推力，把工具管或掘进机从工作坑内穿过土层一直推进到接收坑内吊起。管道紧随工具管或掘进机后，埋设在两坑之间。

无论是何种形式的顶管，在施工过程中都要保证地面无沉降和隆起。关键是要保证顶进面土压力与掘进机头保持动平衡。它有两方面的基本内容：第一，顶管掘进机在顶进过程中与它所处土层的地下水压力和土压力处于一种平衡状态；第二，它的排土量与掘进机推进所占去的土体积也处于一种平衡状态。只有同时满足以上两个条件，才是真正的土压平衡。

从理论上讲，掘进机在顶进过程中，其顶进面的压力如果小于掘进机所处土层的主动土压力时，地面就会产生沉降。反之，如果在掘进机顶进过程中，其顶进面的压力大于掘进机所处土层的被动土压力时，地面就会产生隆起。并且，上述施工过程的沉降是一个逐渐演变的过程，尤其是在黏性土中，要达到最终的沉降所经历的时间会比较长。然而，隆起却是一个立即会反映出来的迅速变化的过程。隆起的最高点是沿土体的滑裂面上升，最终反映到距掘进机前方一定距离的地面上。裂缝自最高点呈放射状延伸。如果把土压力控制在主动土压力和被动土压力之间，就能达到土压平衡。

从实际操作来看，在覆土比较厚时，从主动土压力到被动土压力这一变化范围比较大，再加上理论计算与实际之间有一定误差，所以必须进一步限定控制土压力的范围。一般常把控制土压力 P 设置在静止土压力正负20kPa范围之内。

目前，在顶管施工中最为流行的平衡理论有三种：气压平衡、泥水平衡和土压平衡理论。

①气压平衡理论。所谓气压平衡又有全气压平衡和局部气压平衡之分。全气压平衡使用最早，它是在所顶进的管道中及挖掘面上都充满一定压力的空气，以空气的压力来平衡地下水的压力。而局部气压平衡则往往只有掘进机的土仓内充一定压力的空气，达到平衡地下水压力和疏干挖掘面土体中地下水的作用。

②泥水平衡理论。所谓泥水平衡理论是以含有一定量黏土且具有一定相对密度的泥浆水充满掘进机的泥水舱，并对它施加一定的压力，以平衡地下水压力和土压力的一种顶管施工理论。按照该理论，泥浆水在挖掘面上能形成泥膜，以防止地下水渗透，然后再加上一定的压力就可平衡地下水压力，同时，也可以平衡土压力。该理论用于顶管施工始于20世纪50年代末期。

③土压平衡理论。所谓土压平衡理论就是以掘进机土舱内泥土的压力来平衡掘进机所处土层的土压力和地下水压力的顶管理论。

三、顶管设备

顶管施工设备由顶进设备（液压站、液压缸）、掘进机（工具管）、中继环、注浆设备、起吊装置（行车、汽车吊）、工程管、平台（导轨、后背、激光经纬仪、顶铁）、排土设备（拉土车、泥水循环系统）等组成。

主要介绍土压式和泥水式两种类型顶管的设备。

（一）土压平衡式顶管

该方法是通过机头前方的刀盘切削土体并搅拌，同时由螺旋输土机输出挖掘的土体的一种顶管方法。在土压机头的前方面板上装有压力感应装置，操作者通过控制螺旋输土机的出土量以及顶速来控制顶进面压力，和前方土体静止土压力保持一致即可防止地面沉降和隆起。

土压平衡式顶管机从刀盘的分类可分为单刀盘和多刀盘两种。

1.单刀盘式

DK式土压平衡顶管掘进机是日本D公司开发成功的一种具有广泛适应性、高度可靠性和技术先进性的顶管掘进机。它又被称为泥土加压式掘进机，国内则称为辐条式刀盘掘进机或加泥式掘进机。

该机型在国内已成系列，最小的有外径440mm，适用于200mm口径混凝土管；最大的有外径3540mm，适用于3000mm口径混凝土管。在该机型的施工条件中，有中砂也有淤泥质黏土，有穿越各种管线，也有穿越河川和建筑物，都取得了相当大的成功，累计施工长度已达数千米。

掘进机有两个显著的特点：第一，该机刀盘呈辐条式，没有面板，其开口率达100%；第二，该机刀盘的后面设有多根搅拌棒。以上两点，就是该掘进机成功的关键所在。

由于它没有面板，开口率在100%，所以，土仓内的土压力就是挖掘面上的土压力，所测压力准确。刀盘切削下来的土被刀盘后面的搅拌棒在土仓中不断搅拌，就会把切削下来的"生"土，搅拌成"熟"土。而这种"熟"土具有较好的塑性和流动性，又具有较好的止水性。如果"生"土中缺少具有塑性和流动性及止水性所必需的黏土成分，如在砂砾石层或卵石层中顶进，这时，就可以通过设置在刀排前面和中心刀上的注浆孔，直接向挖掘面上注入泥浆，然后，把这些泥浆与砂砾或卵石进行充分搅拌，同样可使之具有较好的塑性、流动性和止水性。还有，在砂砾石中施工时，刀盘上的扭矩会比黏性土中增加许多。这时，如果加入一定量的黏土，刀盘扭矩就会有较大的下降。

2.多刀盘式

多刀盘土压平衡顶管掘进机是把通常的全断面切削刀盘改成四个独立的切削搅拌刀盘，所以它只能用于软土层中的顶管，尤其适用于软黏土层的顶管。如果在泥土仓中注入一定量的黏土，它也能用于砂层的顶管。

通常大刀盘土压平衡顶管掘进机的质量约为它所排开土体积质量的0.5～0.7倍，而多刀盘土压平衡掘进机的质量只有它所排开土体积质量的0.35～0.40倍。正因为这样，所以多刀盘土压平衡顶管掘进机即使在极容易液化的土中施工，也不会因掘进机过重而使方向失控，产生走低现象。另外，由于该机采用了四把切削搅拌刀盘对称布置，只要把它们的左右两把刀盘按相反方向旋转，就可以使刀盘间的扭矩得以平衡，从而不会如同大刀盘在初始顶进中那样产生顺时针或逆时针方向的偏转。

此外，还有输土车、螺旋输送机、皮带输送机等辅助设备。

（二）泥水平衡顶管机

在顶管施工的分类中，我们把用水力切削泥土以及虽然采用机械切削泥土而采用水力输送弃土，同时有的利用泥水压力来平衡地下水压力和土压力的这类顶管形式都被称为泥水式顶管施工。

从有无平衡的角度出发，又可以把它们细分为具有泥水平衡功能和不具有泥水平衡功能的两类。如常用的网格式水力切割土体的，是属于没有泥水平衡功能的一类。即使它采用了局部气压——向泥土仓内加上一定压力的空气，也只能属于气压平衡而非泥水平衡。

在泥水式顶管施工中，要使挖掘面上保持稳定，就必须在泥水仓中充满一定压力的泥水，泥水在挖掘面上可以形成一层不透水的泥膜，它可以阻止泥水向挖掘面里面渗透。同时，该泥水本身又有一定的压力，因此，它就可以用来平衡地下水压力和土压力，这就是泥水平衡式顶管最基本的原理。

泥水式顶管施工具有以下优点。

（1）适用的土质范围比较广，如在地下水压力很高以及变化范围较大的条件下，它也能适用。

（2）可有效地保持挖掘面的稳定，对所顶管周围的土体扰动比较小。因此，采用泥水式顶管，特别是采用泥水平衡式顶管施工引起的地面沉降也比较小。

（3）与其他类型顶管比较，泥水顶管施工时的总推力比较小，尤其是在黏土层表现得更为突出。所以，它适宜于长距离顶管。

（4）工作坑内的作业环境比较好，作业也比较安全。由于它采用泥水管道输送弃土，不存在吊土、搬运土方等容易发生危险的作业。它可以在大气常压下作业，也不存在采用气压顶管带来的各种问题及危及作业人员健康等问题。

（5）由于泥水输送弃土的作业是连续不断地进行的，所以它作业时的进度比较快。在黏土层中，由于其渗透系数极小，无论采用的是泥水还是清水，在较短的时间内，都不会产生不良状况，这时在顶进中应考虑以土压力作为基础。在较硬的黏土层中，土层相当稳定。这时，即使采用清水而不用泥水，也不会造成挖掘面失稳现象。然而，在较软的黏土层中，泥水压力大于其主动土压力，从理论上讲是可以防止挖掘面失稳的。但实际上，即使在静止土压力的范围内，顶进停止时间过长时，也会使挖掘面失稳，从而导致地面下陷，这时，我们应把泥水压力适当提高。

该类顶管机有刀盘可伸缩式、偏压破碎型、砂砾石破碎型、偏压破碎岩盘机等，下面以刀盘可伸缩式为例来说明。

它分为大小两种口径：小口径机人无法进入，采用远距离控制；大口径机人可以进入，人直接在管内操作。此外，两者的工作原理完全相同。

刀盘是一个直径比掘进机前壳体略小的具有一定刚度的圆盘。圆盘中还嵌有切削刀和刀架。刀盘和切削刀架之间可以同步伸缩，也可以单独伸缩。而且，不论刀盘停在哪个位置上，切削刀架都可以把刀盘的进泥口关闭。刀架上的切土刀呈八字形，无论刀盘是正转还是反转，它都可以切土。刀盘的中心有一个三角形的中心刀。刀盘的边缘有两把对称安装的边缘切削刀，该刀可在土中挖掘成一个直径与掘进机外径相等或者比掘进机外径大一些的隧洞，便于推进。刀盘上还有一些螺旋形布置的先行刀，它的主要功能是进行辅助切削。

刀盘可伸缩式掘进机的工作原理如下：刀盘前土压力过小时，它就往前伸；刀盘前土压力过大时，它就往后退。刀盘前伸时，应加快推进速度；刀盘后退时，应减慢推进速度。这样，就可以使刀盘前的土压力控制在设定的范围内。如果刀盘前压力小于土层的主动土压力A时，地面就下陷；反之，如果刀盘前压力大于土层的被动土压力B时，地面就隆起。

整个刀盘由和刀盘主轴为一体的一台油缸支撑，设定土压力后就可以调定油缸的压力。当刀盘受到大于设定的土压力时就后退，反之则前伸。只要推进速度得当，刀盘就可以保持浮动状态。

由于有以上刀盘可伸缩的浮动特性以及刀架可开闭的进泥口调节特性，这种掘进机就可以实现用机械来平衡土压力的功能。另外，刀盘可伸缩式顶管机的泥水压力也是可调节的，刀架的开闭状态就使其具有用泥水压力来平衡地下水压力的功能。不过，这种顶管掘进机比较适用于软土和土层变化较大的土层，用它施工后的地面沉降很小，一般在5mm以内。

四、顶管施工

（一）施工前的准备

对于非开挖施工之一的顶管施工法来说，施工前的场地勘察具有非常重要的意义，它是工程施工设计、确定施工工艺和选择施工设备的主要依据。顶管法施工前的勘察主要有了解地层地质情况、施工现场地形、地下水情况、地下管线的分布、可能出现的地下障碍物以及考虑在施工过程中对挖掘出的土渣堆放和清运等工作。

（二）水平钻顶管施工法

水平钻顶管施工法适用于地下水位以上的小口径管道顶进作业，主要采用水平螺旋钻具或硬质合金钻具，在油压力下回转钻进，切削土层或挤压土体成孔，然后将管逐节顶入土层中。采用水平螺旋钻具施工工序如下。

（1）安装钻机，先将导向架和导轨按照设计安装于工作井内，严格检查其方向和高度。然后，在导轨上边安放其他部件。

（2）安装首节管，管内装有螺旋钻具。

（3）启动电动机，边回转边顶进。

（4）螺旋钻具输出管外的土由土斗接满后，用吊车吊出工作井运走。

（5）顶完一节管，卸开夹持器，螺旋钻具法兰盘，加接螺旋输土器（钻杆），同时加接外管。整个管道依照上述方法，循环工作，直至结束。

（6）螺旋钻孔顶管施工还有一种方法，就是先用钻具成孔，然后将管一节节顶入。这种方法只适用于土层密实、钻孔时能形成稳定孔壁的土层中顶进施工。

（三）逐步扩孔顶管施工法

采用逐步扩孔顶管施工时，先挖好工作井和接收井，再将水平钻机安装于工作井，使钻机钻进方向和设计顶进方向一致。开动钻机在两井之间钻出一个小径通孔，从孔中穿过一根钢丝绳，钢丝绳的一端系在接收井内的卷扬机上，另一端系于从工作井插入的扩孔器上，扩孔器在卷扬机的往复拖动下，把原小径通孔逐步扩大到所需的直径，再将欲铺设的管子牵引入洞完成管道施工。这种逐步扩孔顶管施工方法只适应于黏性土、塑性指数较高、不会坍塌的地层。在这种方法的施工中，用于扩孔的扩孔器可以是螺旋钻具、筒形钻具、锥形扩孔器、刮刀扩孔器。这种施工方法的优点是管道施工精度高，所需动力较小。

（四）钢筋混凝土管及钢管顶管施工法

钢筋混凝土管的顶进与其他管材的顶进方法相同，且混凝土管及钢管的口径可大可小。只是在顶进过程中混凝土管强度低，易损坏，从而影响顶进距离，顶进时须加以保护。另一个问题是管与管间的连接和密封问题，应严格按照国家有关规范和规定执行。一般的做法是在两管接口处加衬垫，施工完后，再用混凝土加封口。钢管的顶进方法同混凝土管，只是其连接和密封均靠焊接，焊接时要均布焊点防止管节歪斜。

第三节　微型隧道法

一、概述

微型隧道是一种小直径的可遥控、可导向顶管施工方法，广泛用于地下管线的铺设。微型隧道施工主要由机械掘进系统、顶管系统、导向系统、出渣系统、控制系统等组成。微型隧道所适用的管道内直径一般小于900mm，这一管道直径通常被认为无法保障人在里面安全工作，但是日本的相关人员认为，800mm管道内径就已经足够人在里面工作，而欧洲人则把这一上限提高到1000mm，特别是在长距离顶管施工中。无论其精确的管道直径是多大，微型隧道的施工精度比较高，采用地表遥控的方法来施工可以事先确定方位和水平的管道，施工中工作面的掘进、泥砂的排运和掘进机的导向等全部采用远程控制。

因此，顶管技术和微型隧道的主要区别是管道直径的大小，而不是是否采用了远程控制系统，因为同一个设备制造商的同一规格的远程控制掘进机的直径系列可能从500mm到1500mm甚至更大，而远程控制设备也趋于用来铺设直径为2000mm的较大管道。

微型隧道铺管方法诞生于日本。日本Komatsu公司推出了世界第一台微型隧道设备。日本政府开始资助的一系列排污管铺设新技术项目对该技术在日本的发展起了重要的推动作用。德国开始执行一项大规模的研究和开发计划，由联邦研究和技术部投资，研究和开发用于排污管施工的微型隧道技术。在引进日本技术的基础上，根据德国国情，进行了更深入的开发。如今微型隧道铺管方法已经成为欧洲和美国、日本应用最广泛的铺管方法。我国从日本和德国引进国外微型隧道铺管技术和设备，在引进的同时，也在研究开发自己的产品，在直径1.2～3m的微型隧道顶管机方面，已经先后研制了先进的反铲顶管机、土压平衡顶管机和泥水加压顶管机，国内已完全有能力制造国产机械，替代进口设备。

微型隧道施工法分为以下几类：先导式微型隧道工法、螺旋排土式微型隧道工法、水力排土式微型隧道工法、气力排土式微型隧道工法、其他机械排土式微型隧道工法、土层挤密式微型隧道工法、管道在线更换微型隧道工法和连接住户的微型隧道工法等。

二、微型隧道施工法设备系统

（一）机械掘进系统

机械掘进系统是将由安装于钻进机内的电力或者液压发动机驱动的切割头安装在微型隧道掘进机表面组成的。切割头适用于各种土层条件，并且已经成功应用于岩石中。一些工程实例声明它们可以使用非限制抗压强度达到200MPa来钻进岩石。并且，掘进机配置有节点可控单元，带有可控顶管和激光控制靶。微型隧道可以独立计算平衡地层压力和静水压力。可以通过计算平衡泥浆压力或者压缩空气控制地下水保持在原始地层高度。

（二）动力或顶管系统

如前所述，微型隧道施工是顶管的过程。微型隧道和钻铤的动力系统由顶管框架和驱动轴组成。为微型隧道特殊设计的顶管单元能够提供压缩设计和高推进能力。根据工程长度和驱动轴直径以及需要克服的土体阻力的不同，推进力可以达到1000～10000kN。动力系统为操作人员提供两组数据：

（1）动力系统施加于推进系统上的总压力或者水力压力；

（2）管道穿透地层的穿透速率。

（三）钻渣移除系统

微型隧道钻渣移除系统可以分为泥浆排渣运输系统和螺旋除渣系统。

在泥浆系统的帮助下，操作系统可以提高地层控制精度，减少由于钻机面对的不同钻进角度而带来的误差，这两种系统在美国应用十分广泛。在泥浆系统中，废渣与钻井液混合流入位于钻进机的切割刀头之后的腔室中。废渣通过位于主管道内部的钻进液排出管水力排出，这些废渣最终通过隔离系统排出。因为钻井液腔室压力与地下水压力此消彼长。所以钻井液流速和腔室压力的检测和控制至关重要。

螺旋除渣系统利用安装于主管道中的独立封闭套管进行排渣。废渣首先被螺旋钻进到驱动轴中，收集在料车中，然后卷扬到靠近驱动轴的表面存储装置。一般会在废渣中加水来加速废渣移动。但是，螺旋除渣系统的一大优点是移动废渣不需要达到其抽稠度。

当钻进复杂地层时，仔细的地质勘查、钻进机器的选择、参数设置以及操作是最核心的内容。设计相应的补救措施和快速的弥补方法也至关重要，如应对钻井液漏失、地层坍塌或者钻进卡钻等事故的发生。

（四）导向系统

多数导向系统的核心是激光导向。激光可以提供校准评估信息，帮助钻进机器（盾构机）不偏离管道线路。位于钻进机器头部的激光束从驱动轴到靶标之间必须是无障碍通道。激光导向必须有顶管坑支持，这样才能避免任何由驱动系统所产生的力导致的运动对激光导向产生的影响。用于接收激光信号的靶标可以是主动或者被动系统。被动系统包括安装于可控钻头上用于接受激光光束的目标网格。靶标由安装在钻头中的可视闭路电视显示。然后，这些信息被传输回在钻进设备中的显示屏上。控制员可以根据这些信息对钻进路线做必要的可控调整。主动系统在靶标上含有感光元件，这些元件可以将激光信息转化为数码数据。这些数据传送回显示屏，为控制员提供数码可读信息，帮助激光光束击中靶标。被动和主动系统都是应用广泛和可靠的导向系统。

（五）控制系统

所有的微型隧道都依靠远程控制系统，允许操作员坐在靠近驱动轴的舒适安全的操作室中。操作员可以直接观察检测驱动轴的运行情况。如果由于空间限制不能设置靠近驱动轴的操作室，操作员可以通过闭路电视显示器观察驱动轴的活动。控制室一般尺寸是 $2.5m \times 6.7m$。但是，控制室可以根据实际空间来调节大小。操作员的水平对于控制系统至关重要，他们需要观察工人的操作情况与现场的其他情况。其他需要观察的信息有掘进机器的角度和线路、切割钻头的扭矩、顶管的推进力、操作导向压力、泥浆流动速度、泥浆系统压力和顶管前进速度等。

控制系统现有人工操作控制系统和自动操作控制系统两种方式。人工操作控制系统需要操作员监视一切信息。自动操作控制系统由电脑监控，根据设置的时间间隔来提供各种参数，自动操作控制系统还会进行自动纠正。人工操作控制系统和自动操作控制系统相结合的方式也是可行的。

（六）管道润滑系统

管道润滑系统由混合池和必要的泵压设备组成，用于从靠近驱动轴的混合池向润滑剂连接点传送润滑剂。管道润滑不是强制要求的，但是一般对于长管道铺设都推荐使用。润滑剂是由膨润土或者聚合物材料构成。对于直径小于1m的非进入的管道，大多数的润滑剂连接点是在掘进机的盾牌上。对于直径大于1m的要求人员进入的管道，润滑剂连接点可以选择在管道内部。这些润滑剂连接点是可以插入和随着副线的完成而减少的。润滑剂的使用可以减少顶管的推进力。

三、微型隧道在施工中的主要应用领域

微型隧道的主要应用领域在于铺设重力排水管道，其他形式的管道也可以采用此法，但应用比例还不大；在某些施工条件下，微型隧道可能是在交叉路口铺设排污管道的有效方法。

在研究用于新管道铺设远程控制微型隧道掘进机的同时，人们还开发了用于旧的污水管道在线更换的微型隧道掘进机，使旧管道的破碎、挖掘和更换铺设在同一施工过程中一次完成。

第四节　气动夯管锤施工技术

一、概述

（一）气动夯管锤工作过程

气动夯管锤是一种不需要阻力支座，利用动态的冲击就能将空心的钢管推入地层的机械。它实质上是一个低频、大冲击功的气动冲击器，由压缩空气驱动，将所铺设的钢管沿

设计路线夯入地层，实现非开挖铺设管线。施工时，夯管锤的冲击力直接作用在钢管的后端，通过钢管传递到前端的切削管靴上切削土体，并克服土层与管体之间的摩擦力，使钢管不断进入土层。随着钢管的前进被切削的土心进入钢管内，在第一节钢管夯入地层后，后一节钢管与其焊接在一起，如此重复，直到夯入最后一节钢管，待钢管全部夯到目标后，取下切削管靴，用压缩空气、高压水、螺旋钻、人工掏土等方式将管内土排出，钢管留在孔内，完成铺管作业。

（二）气动夯管锤铺管的特点

气动夯管锤铺管时由于夯管锤对钢管是动态夯进，产生强力的冲击和振动，绝大部分泥土随着钢管进入土层而不断进入管道，这样就大大减小了夯管的管端阻力，且减小对穿越处地面的隆起破坏。同时，振动作用也有利于使钢管周围的土层产生一定程度的液化，并与地层之间产生一定的空隙，减少了钢管与地层间的摩擦阻力。由于动态夯进可以击碎障碍物，所以在含卵砾石地层或回填地层中铺管时，比管径大的砾石或石块可将其击碎后一部分进入管内并穿过障碍物，而不是试图将整个障碍物排开或推进。基于此，气动夯管锤具有以下特点。

（1）地层适用范围广。夯管锤铺管几乎适应除岩层以外的所有地层。

（2）铺管精度较高。气动夯管锤铺管属不可控向铺管，但由于其以冲击方式将管道夯入地层，在管端无土楔形成，且在遇障碍物时，可将其击碎穿越，所以具有较好的目标准确性。

（3）对地表的影响较小。夯管锤由于是将钢管开口夯入地层，除了钢管管壁部分需排挤土体之外，切削下来的土心全部进入管内，因此即使钢管铺设深度很浅，地表也不会产生隆起或沉降现象。

（4）夯管锤铺管适合较短长度的管道铺设，为保证铺管精度，在实际施工中，可铺管长度按钢管直径（mm）除以10就可以得到夯进长度（以m为单位）。

（5）对铺管材料的要求。夯管锤铺管要求管道材料必须是钢管，若要铺设其他材料的管道，可铺设钢套管，再将工作管道穿入套管内。

（6）投资和施工成本低。施工条件要求简单，施工进度快，材料消耗少，施工成本较低。

（7）工作坑要求低，通常只需很小施工深度，无须进行复杂的深基坑支护作业。

（8）穿越河流时，无须在施工中清理管内土体，无渗水现象，确保施工人员安全。

（三）气动夯管锤铺管技术在我国的发展现状

气动夯管锤铺管技术在我国的开发和研制工作起步较晚。虽然初期产品无论从铺管能力、使用寿命、工作可靠性和机具配套方面都比进口产品相差甚远，但随着不断改进与实验，我国的气动夯管锤性能也逐步达到了较高水平。

二、气动夯管锤的结构及工作原理

（一）气动夯管锤的结构

气动夯管锤实质上是一种以压缩空气作为动力的低频大功率冲击器，其结构简单，由配气装置、活塞、汽缸、外套及一些附属件组成。

1.配气装置

配气装置的作用是将压缩空气分别交替地送至汽缸的前后室，使活塞做往复运动而冲击夯管锤外套，由外套将冲击力传递至钢管上。因此，要求配气装置气路简单、拐弯少、断面大、密封性好、压力损失小、阀体轻、动作灵敏、结构简单、制造容易、具有抗冲击耐磨性、寿命高等。

2.活塞

活塞在夯管锤中是主要的运动件，在汽缸中做往复运动，前进行程终了到冲击锤体外壳上端部，将能量传递至钢管上，而使钢管切割土体前进。为此，活塞应能在汽缸内灵活运动，且密封性好，以免压气漏失，与锤体有适当的碰撞质量比，有合理的形状及尺寸，以达到高的冲击频率。

3.汽缸与外套

夯管锤的汽缸被活塞分割成前后气室，活塞在其中做往复运动。汽缸与锤体外壳为一体，锤外套端部受活塞冲击震动，为此，锤外套应具有较强的抗冲击性。

（二）气动夯管锤的工作原理

气动夯管锤按其配气装置的形式来说属于无阀式冲击器，它利用布置在活塞和汽缸壁上的配气系统控制活塞往复运动，即活塞运动时自动配气。压缩空气由气管进入夯管锤后，进入夯管锤的内腔沿内缸与外壳之间的环状空隙，经活塞的环腔进入下气室，推动活塞上行。

当活塞上行至控制器管并封闭活塞进气口后，压缩空气即停止向下气室进气，这时活塞靠下气室内的压缩空气膨胀，继续推动活塞上行。

当活塞上行到进气口越过控制器管上方时，压缩空气即停止向下气室进气，活塞的中间环腔与进气控制器管连通，压缩空气进入活塞的内腔，此时，活塞也接近上死点，靠惯性再向上移动一段很短的距离，此时，活塞内腔聚集了很大的能量。

当活塞内腔的压缩空气能量足够大时，以很大的推力驱动活塞加速下行，将最大的冲击能量施加于夯管锤外壳，由外壳传递到钢管上。此时，压缩空气又进入活塞下部，重复以上动作。

三、施工设备及配套机具

气动夯管锤非开挖铺设地下管线施工主要设备除气动夯管锤外，还需配置一些其他设备、机具。

（一）主机

主机指的是气动夯管锤铺管系统中的锤体部分，是由它产生强大冲击力将钢管夯入地层中。目前，国内使用的气动夯管锤主要是德国TT公司的Ground-Ram夯管锤以及廊坊勘探技术研究所研制的H形夯管锤。

（二）动力系统

气动夯管锤以压缩空气为主，同时压缩空气又是排除土心的动力。气源主要是通过空气压缩机和驱动气动夯管锤的空压机获得，压力为0.5～0.7MPa，排气量根据不同型号夯管锤的耗气量而定。

（三）注油与管路系统

注油器用于向压缩空气中注油，润滑夯管锤中的运动零件，注油器设计成注油量可调，其调节范围一般为0.005～0.052L/min。夯管锤通过管路系统与气源连接，而注油器位于管路的中间，利用压缩空气将润滑油连续不断地带入夯管锤中。

（四）连接固定系统

连接固定系统由夯管头、出土器、调节锥套和张紧器组成。夯管头用于防止钢管端部因承受巨大的冲击力扩张而损害。出土器用于排出在夯管过程中进入钢管内又从钢管的另一端挤出的土体。调节锥套用于调节钢管直径、出土器直径和夯管锤直径间的相配关系。夯管锤通过调节锥套、出土器和夯管头与钢管连接，并用张紧器将它们紧固在一起。因为调节锥套、出土器和夯管头传递着巨大的冲击力，设计中应对它们的强度连接可靠性进行综合考虑。

（五）注浆系统

注浆系统主要由储浆罐、注浆头、注浆管、传压管和控制阀等组成，其特点在于用压缩空气作为动力，可持续向地层的钢管内外两侧注浆，用来减少夯入地层的阻力。

（六）清土系统

清土系统包括封盖和清土球，封盖用于防止钢管内的压缩空气从管端泄漏，清土球在钢管内相当于一个活塞，在空气或水压力作用下在钢管内不断前进，从而将管内的土体从钢管另一端推出。

（七）辅助土具

辅助土具是指专门设计的在夯管过程中用于支撑夯管锤和保证夯管目标准确度的钢支架等。

四、气动夯管锤铺管工艺

（一）地层可夯性

1.夯管铺管破土机理

摩擦阻力和黏聚力砂土层中，主要表现为摩擦阻力，当砂层含一定量的水时，在夯管锤振动载荷作用下易液化，从而大大降低摩擦阻力。黏聚力的大小与黏土颗粒间的黏结力有关。含水量相同的土，黏结力越大，则与钢管间的黏聚力也越大。因砂土的黏结力很小，所以它与钢管间的黏聚力也较小。黏性土层中，对于干性土，主要表现为摩擦阻力，这是因为干性土颗粒间的结构一旦受到破坏，就很难在短时间内形成，尽管它的黏结力较大，但与管间的黏聚力却较小。相反，对于潮湿土，主要表现为黏聚力。

管端阻力。管端阻力按管锤对土层的作用形式可分为切削阻力和挤压阻力。在正常情况下，这个力主要是切削阻力，但当管内土心与管内壁的摩擦力足够大到土心不能在管内滑动时，这个力就主要表现为挤压阻力。

2.土的性质对地层可夯性的影响

土的基本性质主要包括土的种类、相对密度、容重、含水量、密实度、饱和度等，其中土的种类、含水量和孔隙比对土的可夯性影响最大。

土的种类随着土颗粒的增大，管鞋切削地层的阻力也就加大，地层可夯性就越差；相反，土颗粒越细，地层可夯性就越好。一般来说，碎石土除松散的卵石、圆砾外，大部分为不可夯地层，其他土构成的地层均为可夯性地层，随着土颗粒由粗变细，可夯性变好。

土的含水量反映了土的干湿程度。含水量越大，说明土越湿，含水量越小，说明土越干。在实际施工中所遇到土的含水量的变化幅度非常大，砂土可在10%～40%变化，黏土可在20%～100%，有时甚至可在高达百分之几百之间变化。土的含水量越大，即土越潮湿，在振动载荷作用下液化程度越好，故可夯性越好。

土的密实度由孔隙比来描述。对于一般土来说，孔隙比不表示孔隙的大小，只表示孔隙总体积的变化。孔隙比与孔隙体积变化成正比，所以孔隙比可反映土的密实程度。一般黏性土的孔隙比在0.4~1.2，砂性土的孔隙比在0.5~1.0，而淤泥的孔隙比可高达1.5以上。土越密实，土颗粒就越接近，土粒间的吸引力（土的黏结力）就越大，因而切削阻力就越大；同时，土越密实，土的可压缩性就越差。两方面原因都使夯管时的管端阻力增大，所以土的密实度越大，可夯性越差。

3.地层可夯性分级

从夯管锤铺管破土机理的分析中，我们知道地层可夯性主要和地层土的种类和性质有关。为了定量地说明地层可夯性，根据地层土的种类和性质，并参考标贯实验数据，对地层进行初步的可夯性分级。

（二）气动夯管锤铺管施工过程

1.现场勘察

现场勘察资料是进行工程设计的重要依据，也是决定工程难易程度，计算工程造价的重要因素，因此必须高度重视现场勘察工作，勘察资料必须精确、可靠。现场勘察包括地表勘察和地下勘察两部分。地表勘察的主要目的是确定穿越铺管路线。地下勘察包括原有地下管线的勘察和地层的勘察。

2.施工设计

根据工程要求和工程勘察结果进行施工设计。施工设计包括施工组织设计、工程预算和施工图设计等。各个管线工程部门对施工设计都有不同的要求和规定。但进行夯管锤铺管工程施工设计时必须考虑如下几点。

确定夯管锤铺管可行性根据工程勘察情况、工程质量要求、地层情况和以往施工经验，决定该项工程是否可用夯管锤铺管技术进行施工。

确定铺管路线和深度一般步骤是先根据地表勘察情况确定穿越铺管的路线，然后根据地下勘察情况确定铺管深度。但有时在确定路线下的一定深度范围内没有铺管空间，需重新进行工程勘察以确定最佳的铺管路线和铺管深度。

预测铺管精度因为夯管锤铺管属非控向铺管，管道到达目标坑时的偏差受管道长度、直径、地层情况、施工经验等多方面因素的影响，预测并控制好铺管精度是工程成败的关键。

确定是否注浆一般地层较干、铺管长度较长、直径较大时，应考虑注浆润滑。确定注浆后必须预置注浆管。

3.测量放样

根据施工设计和工程勘察结果，在施工现场地表规划出管道中心线、下管坑位置、目标坑位置和地表设备的停放位置。放样以后需经过复核，在工程有关各方没有异议后即可进行下一步施工。

4.钢管准备及机型选择

（1）对钢管特性的要求。所用钢管可以是纵向或螺旋式焊管、无缝钢管，也可以是平滑或带聚乙烯护层的钢管。按照管径和夯进长度正确选择钢管壁厚，以使传来的冲击力克服尖端阻力和管壁摩擦力，同时不损伤钢管。

（2）钢管壁厚与管径及夯进长度的关系。夯管锤铺管所用的钢管在壁厚上有一定的要求，当所采用的钢管壁厚度小于要求的最小壁厚时，需加强钢管端部和接缝处，以防止钢管端部和接缝处被打裂。

（3）钢管前端切削护环的作用。钢管在夯入地层之前在管头必须焊制一切削护环，其基本作用如下：①增加钢管横截面的强度，以利于击碎较大的障碍物；②套在钢管前的切削护环通过内外凸出于管壁的结构部分，减小管壁与土壤的摩擦；③保护有表面涂层钢管的涂层。切削护环的构成在极大程度上影响了夯进目标的准确性。

切削护环是在工厂预制的，施工时只需将它焊制在钢管前端，以防夯进中脱落。这个切削护环可以在每次施工时被重复使用。在现场，也可用扁钢焊接加工一个切削护环。但需注意，扁钢应完全围住钢管并进行全焊接，护环边缘应打磨成向内倾斜的切形，以避免更高的尖端阻力。

（4）机型选择。夯管工程中正确选用夯管锤非常重要。选择夯管锤时应综合考虑所穿地层、铺管长度和铺管直径三个因素。当地层可夯性级别低时，可选用较小直径的夯管锤铺设较大直径或较长距离的管道；地层可夯性级别高时，必须选用较大直径的夯管锤铺设较小直径或较短距离的管道。实际工程中以平均铺管速度2～5m/h的标准选用夯管锤，能比较理想地降低铺管成本。

5.工作坑的构筑

工作坑包括下管坑和目标坑，正式施工前应按照施工设计要求开挖工作坑。一般下管坑底长度为：管段长度+夯管锤长度+1m；坑底宽为：管径+1m。目标坑可挖成正方形，边长为：管径+1m。

6.夯管锤和钢管的安装与调整定位

以上各项工作准备好以后即可进行机械安装，先在下管坑内安装导轨（短距离穿越铺管可以不用导轨），调整好导轨的位置，然后将钢管置于导轨上。

第一节被夯进的钢管方向决定了整个工程的目标准确性，所以应极为小心谨慎地进行调节定位，并给这项工作充裕的时间。工字形和槽形钢架作为导轨的效果很理想。为给钢管焊接留出适当的空间，导轨应离开钢管开始进土的位置约1m。为保证导轨的稳定，应将其固定在用低标号混凝土铺设的基础上，固定前一定要调准方向及期望的倾斜度。在某些情况下或某些特定的土质条件下，也可以将钢架设置在卵石或砾石中。特别是对长距离夯进多节钢管时更应如此。

7.夯管

启动空压机，开启送风阀，夯管锤即开始工作，徐徐将管道夯入地层。在第一根管段进入地层以前，夯管锤工作时钢管容易在导轨上来回窜动，应利用送风阀控制工作风量，使钢管平稳地进入地层。第一段钢管对后续钢管起导向作用，其偏差对铺管精度影响极大。

一般在第一段钢管进入地层3倍管径长度时，要对钢管的偏差进行监测，如发现偏差过大时应及时进行调整，并在继续夯入一段后重复测量和调整一次，直至符合要求为止。钢管进入地层3～4m后逐渐加大风量至正常工作风量。第一段钢管夯管结束后，从钢管上卸下夯管锤和出土器等，待接上下一段钢管后装上夯管锤继续夯管工作，直至将全部管道夯入地层为止。

8.下管、焊接

当前一段管不能到达目标坑时，还需下入下一管段。将夯管锤和出土器等从钢管端部卸下并沿着导轨移到下管坑的后部，将下一管段置于导轨上，并调到与前一管段成一直线。管段间一般采用手工电弧焊接，焊缝要求焊牢焊透，管壁太薄时焊缝处应用筋板加强，提供足够的强度来承受夯管时的冲击力。要求防腐的管道，焊缝还须进行防腐处理。采用注浆措施的，还须加接注浆用管。

9.清土与恢复场地

夯管到达目的工作坑后，须将钢管内的存土清除。清土的方法有多种，通常用以下几种不同的方法进行排土。

（1）利用水压将土石整体一次排出。

（2）利用气压将土石整体一次排出。

（3）利用螺旋钻机、吸泥机、水压喷枪和冲洗车或人力（管道端面可行人时）排土。

上述的第（1）和第（2）种方法是极为经济的排土方法。在现场最常用的方法是压气排土。其具体做法是：将管的一端掏空0.5～1.0m深，置清土球（密封塞）于管内，用封盖封住管段，向管内注入适量的水，然后连接送风管道，送入压缩空气，管内土心即在空气压力作用下排出管外。用此法必须注意，清土球和封盖应具有良好的密封性，注水有助于提高清土球的封气性能。排土过程一般都应由专业人员来完成。禁止非操作人员在工作坑附近逗留，以防因土心的迅速排出对靠近的物品和人员可能造成损害。

螺旋钻排土和人工清土用于较大直径管道。

五、气动夯管锤的铺管精度问题

从夯管锤铺管的技术特点来看，尽管它的铺管精度比不出土水平顶管和水平螺旋钻铺管精度高，但它仍属非控向铺管技术，如何预测其铺管精度并事先采取措施预防其偏斜是夯管锤铺管工程中的技术难点。

夯管锤铺管精度与所穿越地层、铺管长度、直径、焊缝数量和施工经验有关。一般来说，地层太软或软硬不均、一次性穿越距离过长、管径太小，焊缝数量多或施工经验不足都会造成铺管偏差过大。

垂直向下偏差可通过导轨上扬一定角度来补偿，当穿越距离长或地层软时上扬角度大些，穿越距离短或地层硬时上扬角度小些，通过补偿可大大提高铺管精度。

综合影响系数与地层软硬程度、焊缝数量和施工经验（如导轨安装质量）等多种因素有关，如要提高铺管精度，除不断积累施工经验外，尽量增加每段管的长度也非常重要，尤其要注意的是第一段管的精度。

此外，导向钻进可与夯管相结合，即利用导向孔钻机先打一导向孔并扩孔，然后再沿着这个孔夯管，可作为提高夯管锤铺管精度最彻底的方法。

六、气动夯管锤铺管的注浆润滑

在多数地层中，通过注浆润滑可以大大减少地层与钢管间的摩擦系数，减小钢管进入地层中的阻力，因而注浆润滑是提高夯管成功率的一个极其重要的环节。

注浆的目的就是要使润滑浆液在钢管的内外周形成一个比较完整的浆套，使土体与钢管之间的干摩擦转为湿润摩擦，并使湿润摩擦在夯管过程中一直保持。地层情况多种多样，如何保证润滑浆液不渗透到地层中是技术关键。这个问题主要采用不同的浆液材料和处理剂来解决。目前常用的铺管注浆材料有两类：一类是以膨润土为主，适用于砂土层中注浆润滑，另一类则是人工合成的高分子造浆材料，主要适合黏性土层中注浆润滑。

第五节 导向钻进法

一、概述

大多数导向钻进采用冲洗液辅助破碎，钻头通常带有一个斜面，因此当钻杆不停地回转时则钻出一个直孔，而当钻头朝着某个方向行进而不回转时，钻孔发生偏斜。导向钻头内带有一个探头或发射器，探头也可以固定在钻头后面。当钻孔向前推进时，发射器发射出来的信号被地表接收器接收和追踪，因此可以监视方向、深度和其他参数。

成孔方式有两种：干式和湿式。干式钻具由挤压钻头、探头室和冲击锤组成，靠冲击挤压成孔，不排土。湿式钻具由射流钻头和探头室组成，以高压水射流切割土层，有时以顶驱式冲击动力头来破碎大块卵石和硬地层。两种成孔方式均以斜面钻头来控制钻孔方向。若同时给进和回转钻杆，斜面失去方向性，实现保直钻进；若只给进而不回转，作用于斜面的反力会使钻头改变方向，实现造斜。钻头轨迹的监视，一般由手持式地表探测器和孔底探头来实现，地表探测器接收显示位于钻头后面探头发出的信号（深度、顶角、工具面向角等参数），供操作人员掌握孔内情况，以便随时进行调整。

二、钻机锚固

钻机在安装期间发生事故的情况非常多，甚至和钻进期间发生事故的概率相当，尤其是对地下管线的损坏。在钻机锚固时，要防止将锚杆打在地下管线上，同时，合理的钻机锚固是顺利完成钻孔的前提，钻机的锚固能力反映了钻机在给进和回拉施工时利用其本身功率的能力。

三、钻头的选择依据

（1）在淤泥质黏土中施工，一般采用较大的钻头，以适应变向的要求。

（2）在干燥软黏土中施工，采用中等尺寸钻头—一般效果最佳（土层干燥，可较快地实现方向控制）。

（3）在硬黏土中，较小的钻头效果比较理想，但在施工中要保证钻头至少比探头外筒尺寸大12mm以上。

（4）在钙质土层中，钻头向前推进十分困难，所以，较小直径的钻头效果最佳。

（5）在粗粒砂层，中等尺寸的钻头使用效果最佳。在这类地层中，一般采用耐磨性能好的硬质合金钻头来克服钻头的严重磨损。另外，钻机的锚固和冲洗液质量是施工成败的关键。

（6）对于砂质淤泥，中等到大尺寸钻头效果较好。在较软土层中，采用10°狗腿度钻头以加强其控制能力。

（7）对于致密砂层，小尺寸锥形钻头效果最好，但要确保钻头尺寸大于探头筒的尺寸。在这种土层中，向前推进较难，可较快地实现控向。另外，钻机锚固是钻孔成功的关键。

（8）在砾石层中施工，镶焊小尺寸硬质合金的钻头使用效果较佳。

（9）对于固结的岩层，使用孔内动力钻具钻进效果最佳。

四、导向孔施工

导向孔施工步骤主要为：探头装入探头盒内；导向钻头连接到钻杆上；转动钻杆，测试探头发射是否正常；回转钻进2m左右；开始按设计轨迹施工；导向孔完成。

导向钻头前端为15°造斜面。该造斜面的作用是在钻具不回转钻进时，造斜面对钻头有一个偏斜力，使钻头向着斜面的反方向偏斜；钻具在回转顶进时，由于斜面在旋转中斜面的方向不断改变，斜面周向各方向受力均等，使钻头沿其轴向的原有趋势直线前进。

导向孔施工多采用手提式地表导航仪来确定钻头所在的空间位置。导向仪器由探头、地表接收器和同步显示器组成。探头放置在钻头附近的钻具内。接收器接收并显示探测数据，同步显示器置于钻机旁，同步显示接收器探测的数据，供操作人员掌握孔内情况，以便随时调整。

钻进时应特别注意纠偏过度，即偏向原来方向的反方向，这种情况一旦发生将给施工带来不必要的麻烦，会大大影响施工的进度并加大施工的工作量。为了避免这种情况的发生，钻进少量进尺后便进行测量，检验调整钻头方向。

五、扩孔施工

扩孔是将导向孔孔径扩大至所铺设的管径以上，以减小铺管时的阻力。当先导孔钻至靶区时就需用一个扩孔器来扩大钻孔。一般的经验是将钻孔扩大到成品管尺寸的1.2～1.5倍，扩孔器的拉力或推力一般要求为每毫米孔径175.1N。根据成品管和钻机的规格，可采用多级扩孔。

扩孔时将扩孔钻头连接在钻杆后端，然后由钻机旋转回拉扩孔。随着扩孔的进行，在扩孔钻头后面的单动器上不断加接钻杆，直到扩至与钻机同一侧的工作场地，即完成了这级孔眼的扩孔。如此反复，通过采用不同直径的扩孔钻头扩孔，直至达到设计的扩孔孔径为止。对于回拉力较大的钻机，扩孔时可以采用阶梯形扩孔钻头，一次完成扩孔施工，甚至有时可以同时完成扩孔和铺管施工。

第六节　振动法铺设管道技术

一、概述

挤土（挤密）法在许多岩土工程实践中使用，起了很大的作用。同样，在仅仅只有30多年的地下管线非开挖技术的发展历史中，挤土（挤密）法也得到了较广泛的应用。在国内外现有的10余种非开挖铺管方法中，可按铺管（成孔）时对周围岩土的影响分为挤土法、部分挤土法和非挤土法。

挤土（挤密）法的最大优势是成孔时不使用冲洗液，不排土干作业成孔，施工速度快，所以挤土法、部分挤土法是用途很广的非开挖施工方法。

无论是挤土或部分挤土（顶管法）中施加静力载荷，还是从顶入的管中取土，都要采用较为复杂的设备、工具和工艺，增加成本。如果在金属管的非开挖铺设中采用振动技术，则将会大幅度提高工作效率和经济效益。

国外的试验资料证实，垂直振动构件与土的相互作用的原理完全可以用到水平振动上来。在分析振动沉管与土相互作用的计算模型时，国内外专家采用过不同的土体阻力模型，如弹塑性体、塑性体和黏弹性体等。

目前使用最广泛的是弹塑性模型，在确定桩土分离的可能性、最小振幅、沉管压力等方面，这种模型具有重要的实际意义。这种模型的特点是假定在沉管与无质量的单元土体之间作用在理想状态下的弹簧，如果作用在单元土体上的力高于其移动阻力，则单元土体可以移动。沉管时土的动阻力变化为非线性函数，表现为黏弹塑性的特点。黏度这个分项阻力在沉管滑动时表现出来，它与振动速度之间是非线性关系。在试验中通过对摩擦力的测量证实了采用弹塑性模型是合理的。

第二种使用较普遍的土按塑性体考虑，桩表面与土之间作用着干摩擦。在塑性模型中土作为无质量的单元体，作用在桩表面产生动阻力，若作用在单元体上的力高于其干摩擦阻力，单元体则可以移动。所以，在塑性模型中为实现沉管，作用在沉管上的力应该大于土作用于桩身和桩尖部分的阻力。

在轴向回转振动沉管时，土的阻力取决于轴向和回转振动分速度，由于沉管的振幅超过土振幅2～3个数量级，所以管周围的土可以认为不动，在施工开口管时，管前端形成土塞，这时就需要采用弹塑性体研究土的阻力。使用振动冲击沉管时，因为有冲击和静载，所以考虑土为塑性体。

为便于工程计算，在利用各个模型时还应掌握土阻力的变化幅度。如随着振动速度的增加，土的阻力不断减少并趋向一个定值，这个定值小于静载下土的阻力，这个试验结果说明土的阻力不仅具有干摩擦力，而且有黏滞力的特点，这些阻力有一个极限值，并可以用与干摩擦力等价的能量来评价。根据沉管时能量的消耗来评价土的阻力应该是非常可靠的，这个观点是计算侧摩擦力的基础。

在实际考虑该方法时，还要对振动和挤土的影响做出准确评价和估计，以尽可能发挥该法的优越性。

二、非开挖铺管施工中使用的振动设备和工具

（一）振动铺管设备

振动冲击铺管装置，将振动锤设于被铺设的钢管上部与管刚性连接，形成一个振动体系，当启动振动锤时，锤内两组对称的偏心块通过齿轮控制做相反方向但同步的回转运动，转动时产生的惯性离心力的垂直分力相互抵消，水平分力大小相等、方向相同，相互叠加，从而产生忽前忽后周期性的激振力，使沉管沿管轴线方向产生振动，当管的振动频率与周围土的自振频率一致时，土体发生共振，土中的结合水释放出来成为自由水，颗粒间黏结力急剧下降，呈现液化状态，土体对管表面的摩阻力、端阻力均大为降低（一般减少到1/8～1/10）；同时由锤头和砧子相撞产生冲击力，由于冲击力使沉管有很高的振动速度，在管上产生很大的冲击力（约为激振力的几倍）并作用于锥形的端部，钢管较容易被挤入土中预定深度。

一般要求滑轮组能提供一定的静载。钢管之间采用焊接连接，接管长度可达8m。调节弹簧的弹力取决于钢管贯入的阻力、冲击频率等，施工时可以利用滑轮组来调整弹力。

振动冲击机构由激振器和附加冲击机构组成，在滑轮组作用下沿导向滑道移动，贯入土中时土的反作用力由滑道前部的锚桩承担，第一节管的前部装锥形帽，电机由专门的控制台来调节。铺管按下面的工序进行：

（1）将锥形帽装于第一节管的头部；

（2）连接第一节管与振动冲击机构；

（3）振动冲击机构工作；

（4）打开升降机并沉管；

（5）振动冲击机构退回到起始位置；

（6）安装并焊接下一节管。

如果贯入阻力较大，贯入速度降到0.06m/min时，应该换管径小一号的钢管，"伸缩"铺管，这种方法可以保证铺管长度达70m时仍有很高的贯入速度。铺管时要严格保证第一节管的挤入方向正确。通过铺管实践，证明该设备在铺设钢管时具有很高的效率。该设备还可根据钢管贯入土中的阻力自动调整振动冲击机构中的压紧弹簧，使贯入时的静载与冲击规程能更有效地配合。

振动冲击设备YBR-51也是专门的非开挖铺管设备。当用振动冲击挤土时，应该在管的底部焊锥形帽，并将带锥形帽的第一节管通过冲击和静压联合作用打入土中；当用振动冲击顶管时，第一节管不设锥形帽，而是在管的内部设振动冲击式抽筒，当钢管的开口端贯入土中一定深度后，用振动锤将抽筒贯入钢管内的土中，然后用钢绳将抽筒取出到卸土管中，利用振动器将土从抽筒中振动取出。

（二）用于管内取土的振动冲击抓斗

振动冲击抓斗是一个微型工具，它能从直径1020mm和1420mm的顶管中取土。该抓斗可以沿着顶管的内壁自行移动到孔底，贯入挤入顶管内的土中。抓斗的移动和贯入靠振动冲击机构产生的冲击力，该冲击力通过振动器的外壳传到与其刚性连接的集土管上。

yBB-1型振动冲击机构可相对其外管移动，外管上有砧子和凸起，而振动冲击机构（所谓的"冲击器"）则在贯入方向上传递冲击脉冲力。为了降低卸土时对吊钩的动力作用，可以采用弹簧减振器。使用yBB-1型抓斗可以在顶管中循环取土，而顶管油缸可正常工作。打水平孔时的工作程序如下：

（1）yBB-1型抓斗在冲击力和弹簧反力的共同作用下，沿着顶管自动移动到孔底；

（2）在振动冲击作用下集土管被贯入土中并装满土；

（3）利用钢绳或作用在相反方向上的振动将抓斗拉出；

（4）将抓斗提到垂直状态，在振动冲击状态下卸土。

为了降低yBB-1型抓斗提出时的拉力，应该在抓斗被拉紧时，振动器向后冲击，yBB-1型抓斗可以在许多类型的土质条件下使用。清除1m长管的土约需10min，其中在孔底工作2~3min。该抓斗工作时完全没有手工劳动，提高了生产率，安全也有了保证，而且整个过程也容易机械化。

振动法铺管时不使用冲洗液，可以不排土干作业成孔，容易实现非开挖施工过程中的机械化。无论是完全挤土，还是部分挤土（顶管），虽然其使用的直径较小，但在施工速度上占有优势，所以这是一种值得推广的非开挖施工方法。

第七节　其他非开挖施工技术

一、非开挖铺设管线的其他施工技术

（一）水平定向钻进法

用可导向的小直径回转钻头从地表以10°～15°的角度钻入，形成直径90mm的先导孔。在钻进过程中，因钻杆与孔壁的摩阻力很大，给施工带来很大困难，可采用套洗钻进。即将直径为125mm的套洗钻杆（其前有套洗钻头）套在导向钻杆柱上进行套洗钻进。导向孔钻进和套洗钻进交替进行，至另一侧目标点。随后，拆下导向钻杆和套洗钻头，并换上一个大口径的回转扩孔钻头进行回拉扩孔。扩孔时，泥浆用于排屑并维护孔壁的稳定。

根据所铺管道的直径大小，可进行一次扩孔或多次扩孔。最后一次扩孔时，新管连接在扩孔钻头后的旋转接头上，一边扩孔一边将管道拉入孔内。钻孔轨迹的监测和调控是水平定向钻进最重要的技术环节，目前一般采用随钻测量的方法确定钻孔的顶角、方位角和工具面向角，采用弯接头来控制钻进方向。

（1）优点：施工速度快、可控制方向，施工精度高。

（2）缺点：在非黏性土和卵砾石层中施工较困难、对场地必须勘查清楚。

水平定向钻进原则上适用于各种地层，可广泛用于跨越公路、铁路、机场跑道、大河等障碍物铺设压力管道。适用管径300～1500mm，施工长度100～1500m，适用管材为钢管、塑料管。

（二）油压夯管锤法

油压夯管锤是以油压动力设备替代空气压缩机，体积小、重量轻、动力消耗小，施工中大幅度降低燃油消耗，且油压动力设备造价低于空压机价格，设备投资小。油压动力站工作噪声低，并因压力油为闭式循环，对外无任何污染。油压夯管锤冲击能量转化效率高，其能量恢复系数可达60%～70%，远远大于风动潜孔锤，锤内所有零件浸于油液中，润滑性好，磨损轻，工作运行可靠，使用寿命长。

应用范围：除含有大直径卵砾石土层外，几乎所有土层中均可使用，无论是含小粒径卵砾石的土层，还是含有地下水的土层如软泥、黄土、黏土、砂土等地层均可使用。吉林大学建设工程学院研制的UH-3000油压夯管锤，夯管速度一般在5~20m/h，夯管直径200~800mm，夯管长度10~50m。

（三）冲击矛法

施工时，冲击矛（气动或液动）从工作坑出发，通过冲击排土形成管道孔，新管一般随冲击矛拉入管道孔内。也可先成孔后随着矛的后退将管线拉入，或边扩孔边将管线拉入。冲击矛法要求覆土厚度大于矛体外径的10倍。

本方法的缺点：

（1）土质不均或遇障碍易偏离方向；

（2）不可控制方向，精度有限；

（3）不适用于硬土层或含大的卵砾石层及含水地层。

冲击矛法主要用于各类管线的分支管线的施工，适用于不含水的均质土，如黏土、粉质黏土等。适用管径30~250mm，施工长度为20~100m，适用管材为钢管、塑料管。

（四）滚压挤土法

滚压挤土法由俄罗斯专家发明，在1991年日内瓦新技术发明博览会上以及1995年的世界工业创新成果展览会上均获得了金奖。该方法是一种自旋转滚压挤土成孔技术，它在成孔时采用滚压器，滚压器在钻进时不排土，而是将土沿径向挤密。滚压法的优势在于它不仅可以铺设管线，而且可以对管道更新。除了施工管道孔外，该方法还可以加固已有建（构）筑物地基、施工桩基孔等。

驱动装置（马达或液压马达）与工作部分的输出轴刚性连接，而该轴相对滚轮是偏心设置，则回转的轴线与滚轮的中心线在回转过程中形成了角度，工作时滚轮沿螺旋线转动，旋入土中，形成钻孔并挤密孔壁。角度决定了转动滚轮步长，即偏心轴回转一周的进尺。

二、非开挖原位换管技术

该技术是指以预修复的旧管道为导向，将其切碎或压碎，将新管道同步拉入或推入的换管技术。

胀管法专门采用气动锤或液压胀管器，在卷扬机牵引下将旧管切碎并压入周围土层，同时将新管拉入。该方法可使管道的过流能力不变或增大，施工效率高，成本低，但要注意旧管破碎下来的碎片可能会对新管造成破坏。

吃管法以旧管为导向，用专门的隧道掘进机将旧管破碎形成更大的孔，同时顶入直径更大的管道。该技术能增大管道的过流能力，主要应用于深污水管道的更换。

三、非开挖管道原位修复技术

管道修复技术因为原位固化法（国内通常称为翻转法）、折叠内衬法、变形还原内衬法而产生了巨大的变革。CIPP是一种把液体热硬化饱和树脂材料插入现存的管线中，然后通过水力翻转、空气翻转或者机械绞车和缆线拉拽内衬材料的方法进行管道修复。折叠内衬法和变形还原内衬法是将折叠或者变形的缩小了横截面积的热塑管道，拖到需要进行管道修复的位置，再利用热能或者气压对折叠或者变形的热塑管道进行复原。CIPP、FFP和DRP技术在美国已经得到广泛使用，得到越来越多使用者的好评。随着市场需求量的增加，管道原位修复技术的价格竞争和技术竞争日趋激烈。同时社会对于管道无破坏原位修复技术人才的需求也与日俱增。

CIPP、FFP和DRP产品是实际工程系统和现有产品的集合。对于FFP/DRP产品，有标准尺寸比例（内衬直径和厚度的比例）要求，但是安装的方法和材料的选择都会随着生产商的不同而改变。CIPP系统可以适应不同的管道建设需求，包括不同的需要修复内衬的尺寸、不同的安装方法和修复方法等。为了能够提供高质量的CIPP产品，生产商必须根据实际工程设计特定的CIPP产品。本书作为对非开挖修复管道工程的指导，将介绍给工程师需要考虑的数据、检验设计公式并提供了帮助设计和具体化修复系统的相关资料。

CIPP和FFP/DRP系统管道修复能力经过多年的研究、发展以及现场评估已经取得了长足的进步。CIPP产品现有直径尺寸为100～26000mm，长度为340～1000m。FFP/DRP产品现有直径为75～1000mm，最大安装长度为500m。对于不同形状的管道接头，包括肘状、弯曲状和平状接头都可以成功地连接，但是需要特殊的设计考虑。如在下水道管道修复中，必须考虑到内衬修复支路的可行性。

聚酯纤维材料是CIPP系统常用于下水道管道修复的材料，乙烯基酯和环氧树脂构成的修复系统可以适用于高腐蚀、强溶解和高温环境。聚氯乙烯和高密度聚乙烯薄膜这两种修复材料适用于FFP/DRP系统，经过多年在下水管道系统中的应用实践证明其对于防腐和防磨效果显著。

美国测试和材料协会制定了一些关于CIPP和FFP/DRP的标准测试方法和针对实际工程材料的个性化设计方法。在设计和修复管道系统时，一个完整的下水道评估方法包括渗透和流动的评估，设计时也必须考虑结构的分析和水力学条件。某种特定的修复技术对于另外一种特定的管道力学失效效果显著。因此，管道修复技术要根据不同破坏机理、尺寸和形状的管道量身设计，这样才能获得需要的、正确的管道修复效果。对于评估下水道系统的工作条件，常规方法有查看过往记录、实地勘察、实地测试、预清理，临时性检测以及流量、腐蚀和结构条件分析、预防荷载失效分析以及加强下水道的水力承载能力分析等。无论如何，工程师必须对现有的下水道系统有充分的了解，这样才能设计出有效的管道修复方法。

对于抗腐蚀能力的评估，树脂内衬供应商生产时已经对他们的树脂材料进行了标准化学测试。测试内容包括测试特殊条件下暴露于下水管道系统中不常见的化学物质和进行特殊的测试。化学腐蚀可能会因为压力导致的内衬变形而加速，这些情况会出现在内衬硬化，特别是会出现在玻璃纤维管道中。还有一些标准化学腐蚀测试，工程师必须根据实际工程做出判断是否需要进行额外的测试以及失败评定的非标准测试。在内衬设计过程中，必须考虑现存管道的恶化情况对于内衬承载的影响。部分损坏和完全损坏是两种典型的结构损害方式。在部分损坏条件时，可以认为管道是结构完好的，修复完成后管道能够保证原有的使用寿命，原有的管道能够继续支持土体荷载和地面荷载。修复内衬必须能够支撑来自原有管道破裂处裂隙水的水压力。

传统的计算内衬静水压力的屈曲方程是建立在经典的铁摩辛柯梁公式上的，适用于不受限制的圆形管道。通过参数的优化，这一公式适用于主管道和支路管道椭圆度的计算，这一方程可以保守预测最大值为10%的CIPP和FFP/DRP的主管道椭圆度屈曲率。当主管道的屈曲率超过10%时，需要进行特别的计算和处理。在完全破坏条件下，我们认为，现存管道没有承载土体和载荷的能力，或者期待在管道修复之后可以达到这一状态。在用铁摩辛柯梁式计算时，我们考虑内衬可以承载周围土体载荷。标准灵活的管道设计方法考虑屈曲阻力、椭圆度变化产生的弯曲压力以及管道的刚度和形变。管道设计中，必须考虑和设计用于支撑土体压力足够量的支路管线。所以，对于与管道相互作用的土体，在管道设计之前必须进行地质勘查。在设计过程中，通常是假设所有的下水管道为全部结构损害，但是这样可能会导致过度保守的设计，从而削弱CIPP和FFP/DRP这些新技术相对传统技术的竞争力。

大多数的管道供应商提供的下水道设计寿命是50年。美国管道协会对CIPP和FFP/DRP的长期强度进行了实验测试，测试结果显示，当塑料管道由于载荷和使用年限的原因，材料会产生蠕变，表现为管道的屈曲强度减小。

目前的实际工程对于内衬分析显示，内衬实际受到的长期屈曲压力小于实验室的预期值。所以，考虑到假定的弹性模量值、蠕变因素和制约因素等，目前的实验室得到的数值是保守估计的结果。但是，这些数值不能单独考虑，必须建立在可靠的实验结果和整体系统的表现上。基本上，短期强度实验数据，不能单独正确反映CIPP和FFP/DRP的长期强度。

现场实际工程一般都不是在理想状态下，所以工程设计需要考虑到现场不确定因素的安全系数。目前来说，安全系数根据现场实际情况一般在1.5～2.5。随着对材料性能的了解，这一参数可能会减小，这样可以减少过于保守的估计，从而减少设计费用。安全系数也是建立在实际管道安装的质量上的，这和现场的具体情况和施工工艺密切相关。要从系统工程整体上考虑CIPP和FFP/DRP内衬对于管道静水压力能力的影响。管道修复可以通过增加或者减少管道流量影响静水压力。管道尺寸的改变一般会减少管道流量的横截面积以及水力半径的计算参数。尽管这些因素减少了管道的横截面积，但是实际的流量会因为渗透量的减少和主管道粗糙度的减少而得到保持。一味强调管道局部的修复，会导致其他部位附加的破坏从而产生新的问题。

如果不能提供关于管道支路和窨井的充足信息，内衬系统的设计就会产生问题。内衬供应商必须在内衬系统安装前、后定位所有的管道支路和窨井。远程控制切割技术和闭路电视技术可以用于打开和勘查需要修复的管道支路，机器人技术可以用于修复主管道的表面。如果设计要求减少渗流量，内衬必须保证在支路部位的绝对密封，从而确保管路没有渗流。

CIPP的相应材料组成必须仔细选定。管材必须和指定的树脂系统相容，这样才能保证分解、叠层以及其他的退化失效形式不会因为材料的不相容性而发生。同样要在径向和轴向留好配合公差，调整好合适的树脂饱和度以填补树脂的所有空隙。对于准确合适的修复技术，需要严密控制加热源、加热速率、温度分布以及加热时间。应该注意一些不合适的树脂修复的情况，包括管道的断裂、设备故障和对于温度观察设备的检测疏忽等。

现场树脂内衬样品的收集对于评估内衬的性质至关重要。现场安装和修复条件会使内衬的性质和实验室里测试的性质有较大差别。现场试样要进行安装厚度等其他性质的评估。施工相关事宜对于选择一个独特的修复技术也很重要。主要的施工相关事宜包括安全评估、准备工作、施工方法和现场勘查。最重要的是工程施工人员和施工方要熟悉施工工艺，施工人员要经过系统训练或者有丰富的工作经验。

修复管道对于公众的告知也至关重要。对于受到管道修复施工气味、噪声以及交通等影响的单位，必须予以提前通知。

以下是两种原位修复技术的简单介绍。

原位固化法：在现存旧管内壁衬一层热固性物质，通过加热使其固化形成致密的隔水层。施工时检查欲修复管道的状况并将其清洗干净，将充填有树脂的编织管从入口通过绞车拉入或靠压力推入管中，靠气压或水压的作用使编织管紧贴旧管内壁。衬管就位后通入热气或水蒸气使树脂受热硬化，在旧管内形成平滑无缝的内衬。

滑动内衬法：在欲修复的旧管中插入一条直径较小的管道，然后注浆固结。该法可用在旧管中无障碍、管道无明显变形的场合，优点是简单易行、施工成本低；缺点是过流断面损失较大。

第九章 桩基础施工

第一节 桩基础施工概述

一、桩基础的概念及作用

桩基础是深基础。桩基础通常由桩和承台组成，在承台上面是上部结构。桩本身像置于土中的柱子一样，承台则类似钢筋混凝土扩展式浅基础一样。但桩和承台的设计及计算不同于柱及钢筋混凝土扩展式浅基础。

（1）承台的作用：承受上部结构荷载，并将荷载传递给各桩。承台箍住桩顶使各个桩共同承受荷载。考虑承台效应时，承台还具有提供竖向承载力的作用。

（2）桩的作用：桩承受承台传递过来的荷载，通过桩侧对土的摩擦力及桩端对土的压力将荷载传递到土中。

（3）桩基础的作用：将上部结构传来的荷载，通过承必台传递给桩，再由桩传递到土中。

二、桩基础的特点

对比浅基础，桩基础承载力高，稳定性好，沉降量小且均匀，能承受一定的水平荷载，又有一定的抗震能力和抗拔承载力，适用性强。

桩基础造价一般较高，施工较复杂。桩基础施工时有振动及噪声，影响环境。桩基础工作机理比较复杂，其设计计算方法相对不完善。

三、桩基础的适用性

在天然地基浅基础方案不能满足要求的前提下，常常选用桩基础方案，下列几种情况适于选用桩基础。

（1）当地基上部土质软弱或地基土质不均匀，或上部结构荷载分布不均匀，而在桩端可达深度处，埋藏有坚实土层时。

（2）高层建筑；高耸建筑物；重型厂房；重要的、有纪念性的大型建筑；对基础沉降与不均匀沉降有较严格的限制时。

（3）地基上部存在不良土层，如湿陷性土、膨胀性土、季节性冻土等，而不良土层下部有较好的土层时，可采用桩基础穿过不良土层，将荷载传递到好土层中。

（4）建筑物除了承受垂直荷载外，还有较大的偏心荷载、水平荷载或动力及周期性荷载作用时。

（5）地下水位高，采用其他基础形式施工困难，或位于水中的构筑物基础适宜选用桩基础。

（6）地震区域建筑物，浅基础不能满足结构稳定要求时。

四、桩基础和桩的分类

桩和桩基础可以按不同的方法分类，工程中合理地选择桩和桩基础的类型是桩基设计中极为重要的环节。分类的目的是掌握其不同的特点，以便设计桩基时根据现场的具体条件选择适当的桩型。

（一）桩基础的分类

桩基础可以采用单根桩的形式承受和传递上部结构的荷载，这种基础称为单桩基础。但绝大多数桩基础是由两根或两根以上的多根桩组成群桩，由承台将桩群在上部联结成一个整体，建筑物的荷载通过承台分配给各根桩，桩群再把荷载传递给地基，这种由两根或两根以上桩组成的桩基础称为群桩基础，群桩基础中的单桩称基桩。

桩基础由设置于土中的桩和承接上部结构荷载的承台两部分组成。根据承台与地面的相对位置，桩基础一般可分为低承台桩基和高承台桩基。低承台桩基的承台底面位于地面以下，其受力性能好，具有较强的抵抗水平荷载的能力，建筑工程中几乎都使用低承台桩基；高承台桩基的承台底面位于地面以上，且常处于水下，水平受力性能差，但可避免水下施工及节省基础材料，多用于桥梁及港口工程。

（二）桩的分类

桩基础中的桩可竖直或倾斜，建筑工程行业大多以承受竖向荷载为主，因而多用竖直桩。按桩的承载性状、施工方法、使用功能、桩身材料及设置效应等，桩又可被划分为各种类型。

1.按承载性状分类

根据竖向荷载下桩土相互作用特点，达到承载力极限状态时，桩侧与桩端阻力的发挥程度和分担荷载比例，将桩分为摩擦型桩和端承型桩两大类。

（1）摩擦型桩。竖向极限荷载作用下，桩顶荷载全部或主要由桩侧阻力承受的桩称为摩擦型桩。根据桩侧阻力分担荷载的比例，摩擦型桩又被分为摩擦桩和端承摩擦桩两类。

摩擦桩：桩顶极限荷载绝大部分由桩侧阻力承担，桩端阻力可忽略不计。

端承摩擦桩：桩顶极限荷载由桩侧阻力和桩端阻力共同承担，但桩侧阻力分担荷载较大。当桩的长径比不是很大，桩端持力层为较坚实的黏性土、粉土和砂类土时，除桩侧阻力外，还有一定的桩端阻力，这类桩所占比例很大。

（2）端承型桩。竖向极限荷载作用下，桩顶荷载全部或主要由桩端阻力承受，桩侧阻力相对桩端阻力可忽略不计的桩被称为端承型桩。根据桩端阻力分扭荷载的比例，其又可被分为端承桩和摩擦端承桩两类。

2.按施工方法分类

根据桩的施工方法不同，桩主要可被分为预制桩和灌注桩两大类。

（1）预制桩。预制桩桩体可以在施工现场或工厂预制，然后运至桩位处，再经锤击、振动、静压或旋入等方式设置就位。预制桩可以是木桩、钢桩或钢筋混凝土桩等。

（2）灌注桩。灌注桩是直接在所设计桩位处成孔，然后在孔内下放钢筋笼（也有直接插筋或省去钢筋的）再浇灌混凝土而成。其横截面呈圆形，可以做成大直径和扩底桩。保证灌注桩承载力的关键在于桩身的成型及混凝土质量。灌注桩通常可分为沉管灌注桩、钻（冲）孔灌注桩、挖孔灌注桩等，采用套管或沉管护壁、泥浆护壁和干作业等方法成孔。

3.按使用功能分类

按使用功能，桩可被分为抗压桩、抗拔桩、水平受荷桩、复合受荷桩。

抗压桩是主要承受竖向下压荷载（简称竖向荷载）的桩，应进行竖向承载力计算，必要时还需计算桩基沉降，验算软弱下卧层的承载力。

抗拔桩是主要承受竖向上拔荷载的桩，应进行桩身强度和抗裂计算及抗拔承载力验算。

水平受荷桩是主要承受水平荷载的桩，应进行桩身强度和抗裂验算及水平承载力及位移验算。

复合受荷桩是承受竖向、水平荷载均较大的桩，应按竖向抗压（或抗拔）桩及水平受荷桩的要求进行验算。例如，水中的风电场基础，既承受竖向荷载，又承受水平方向的波浪及风荷载。

4.按桩的设置效应分类

桩的设置方法（打入或钻孔成桩等）不同，桩周土所受的排挤作用也就不同。排挤作用将使土的天然结构、应力状态和性质发生很大变化，从而影响桩的承载力和变形性质。这些影响统称桩的设置效应，桩按设置效应可被分为3类。

五、桩基础设计原则

建筑桩基础应按下列两类极限状态设计。

（一）承载能力极限状态

桩基础达到最大承载能力、整体失稳或发生不适于继续承载的变形。

（二）正常使用极限状态

桩基达到建筑物正常使用所规定的变形限值或达到耐久性要求的某项限值。根据建筑规模，功能特征，对差异变形的适用性、场地地基和建筑物体形的复杂性及由于桩基问题可能造成建筑物破坏或影响正常使用的程度，将桩基设计分为3个安全等级，并要求进行如下计算和验算。

（1）所有桩基均应根据具体条件分别进行承载能力计算和稳定性验算，内容包括：

①根据桩基使用功能和受力特征分别进行竖向和水平向承载力计算。

②计算桩身和承台结构的承载力；当桩侧土不排水抗剪强度小于10kPa且桩长径比大于50时，应进行桩身压屈验算；对混凝土预制桩应按吊装，运输和锤击作用进行桩身承载力验算；对钢管桩应进行局部压屈验算。

③桩端平面以下存在软弱下卧层时应进行软弱下卧层承载力验算。

④坡地、岸边桩基应进行整体稳定性验算。

⑤抗浮、抗拔桩基应进行基桩和群桩的抗拔承载力计算。

⑥抗震设防区的桩基应进行抗震承载力验算。

（2）以下桩基尚应进行变形验算：①设计等级为甲级的非嵌岩桩和非深厚坚硬持力层的建筑桩基，设计等级为乙级的体形复杂、荷载分布显著不均匀或桩端平面以下存在软弱土层的建筑桩基，以及软土地基上多层建筑减沉复合疏桩基础应进行沉降计算；②承受较大水平荷载或对水平变位有严格限制的建筑桩基应计算其水平位移。

（3）对不允许出现裂缝或需限制裂缝宽度的混凝土桩身和承台还应进行抗裂或裂缝宽度验算。桩基设计时所采用的作用效应组合与相应的抗力应符合下列规定。

①确定桩数和布桩时，应采用传至承载底面的荷载效应标准组合，相应的抗力采用基桩或复合基桩承载力特征值。

②计算风荷载作用下的桩基沉降和水平位移时，应采用荷载效应永久组合；计算水平地震作用、风荷载作用下的桩基水平位移时，应采用水平地震作用，风荷载效应标准组合。

③验算坡地、岸边建筑桩基的整体稳定性时，应采用荷载效应标准组合；抗震设防区应采用地震作用效应和荷载效应的标准组合。

④计算桩基结构承载力，确定尺寸和配筋时，应采用传至承台顶面的荷载效应基本组合；当进行承台和桩身裂缝控制验算时，应分别采用荷载效应的标准组合和准永久组合。

桩基结构安全等级、设计使用年限和结构重要性系数应按现行有关建筑结构规范的规定采用；对桩基结构进行抗震验算时，其承载力调整系数应按现行《建筑抗震设计规范》（GB 50011-2010）的规定采用。

对软土、湿陷性黄土、季节性冻土和膨胀土、岩溶地区及坡地岸边上的桩基，抗震设防区桩基和可能出现负摩阻力的桩基，均应根据各自不同的特殊条件，遵循相应的设计原则。

第二节　施工准备

根据工程的特点和要求，施工准备工作必须快速完成，在签订合同后，以项目经理为首的工程项目管理人员要在合同规定的时间内开始现场办公、组织施工队伍立即开始施工准备、临时工程及施工协调工作。

施工准备分为技术准备、施工现场准备和原材料、机械设备准备。具体工作内容包括编写施工组织设计，场地平整，桩位测量放线，布置设备行走轨道和运输道路，设置供电、供水系统，安设冲洗液循环、储备、净化和排水设施，混凝土搅拌站，护筒埋设以及设备、机具、材料的安装和准备等。以上各项工作都应按施工设计要求进行，并在开工前准备就绪。

一、技术准备及施工组织设计的编写

（一）技术准备

（1）组织参加工程的有关管理人员认真学习、核对设计图纸，领会设计意图，明确技术要求，并逐级落实到生产一线；并积极协助建设、监理单位组织各项设计交底工作。

（2）编制完善补充施工组织设计与施工方案，及时报送监理审批。

（3）按照监理工作程序的要求，及时报送有关文件、资料，为开工做好准备。

（4）分级、分层、分阶段向管理人员、施工队伍进行施工组织设计交底与技术交底。

（5）对施工人员进行安全技术总交底，并针对各专业人员进行各专业安全技术交底。

（6）做好用于施工的各种原材料的采样测试工作。

（二）施工组织设计的意义及作用

桩基础是工程量大、质量要求高的地下隐蔽工程。这项工程是由许多工序组成的，随着地形、地质、水文、气象、交通、工期等条件的不同，而构成错综复杂的施工顺序、施工方法、运输方法、设备机具配套等不同的施工方案。除了基本作业活动外，还要组织安排准备作业、辅助作业、材料运输以及生活福利设施等，增加了施工活动的复杂性。要正确处理人与物、空间与时间、天时与地利、工艺与设备、使用与维修、专业与协作、供应与消耗等各种矛盾。必须严密地组织、计划，必须根据各项具体的技术、经济条件，从全局出发，从许多可能的方案中选出比较合理的方案，对施工各项活动做出全面部署，这就需要施工组织设计来解决。

施工组织设计必须具备下列性质。

①合理性：确定的原则和事项必须符合施工队伍的技术水平和装备能力，又具有一定的先进水平，通过努力可以达到。

②严肃性：即具有法定效力，必须严格执行，不得任意违背，如遇特殊情况必须变更时，须提出理由报请原批准单位审批后方得修改。

③实践性：编写的原则和依据不是一成不变的，应从实际出发，认真调查研究。施工组织设计应随工人的熟练程度及生产水平的提高，施工方法的改进，新机具、新设备的出现而不断改进。

（三）施工组织设计的编写

1.一般规定

（1）施工设计是施工过程中各项工作的指南，不论工程项目大小，均应认真编审，严格做到没有设计不准施工；按照设计组织施工，设计未经批准同意，任何人不得随意变更。

（2）施工设计由工程施工技术负责人组织有关人员编制，由上一级业务主管部门的总工程师主持审批。

（3）施工设计编制要切合实际，提高预见性和可靠性。首先要全面了解工程的技术要求，详细进行现场调查，收集和了解该工程的地质资料，然后组织编写，施工单位必须组织全体施工人员学习施工设计，对本岗位的工艺方法、质量要求和技术要点有透彻的了解。

（4）凡属重要建筑设施或工程、水文地质条件复杂的地区，以及缺乏施工工艺技术资料的情况下，施工前应酌情进行工艺性试成孔、成桩，以便核对地质资料，检验设计所选的设备、施工方法以及技术要求是否适宜，如出现不能满足工程设计要求的问题时，应修改补充施工设计，否则不准全面施工。

（5）根据桩孔类型和工程、水文地质条件合理选定施工工艺方案，是确保优质、高效的重要前提。

2.设计的编写

（1）编写施工设计应具备的技术资料编写施工设计应具备的技术资料如下：

①建筑场地岩土工程勘察报告；

②桩基工程施工图及图纸会审纪要；

③建筑场地和邻近区域内的地下管线、地下构筑物、危房、精密仪器车间等的调查资料；

④主要施工机械及其配套设备的技术性能资料；

⑤水泥、砂、石、钢筋等原材料及其制品的质检报告；

⑥有关荷载、施工工艺的试验参考资料。

（2）施工设计应包括的主要内容有以下几个方面。

①工程概况和设计要求，工程类型、地理位置、交通运输条件、桩的规格、数量（含成孔工作量和灌注量）、工程水文地质情况、持力层状况、工程质量要求、设计荷载、工期要求等。

②施工工艺方案和设备选型配套。绘制工艺流程图，计算成孔与灌注速度，确定工程进度、顺序和总工期，绘制工程进度表。根据施工要求确定设备配套表，包括动力机、成孔设备、灌注设备、吊装设备、运输设备等。绘制现场设施平面布置图，合理摆放各类设备、循环系统、搅拌站及各种材料堆放场地。

③施工力量部署。在工艺方法和设备类型确定后，提出工地人员组成与岗位分工，并列表说明各岗人数、职责范围。

④编制主要消耗材料和备用机件数量、规格表，并按工期进度提出材料分期分批进场要求。

⑤工艺技术设计。包括：a.成孔工艺。包括设备安装、钻头选型、护筒埋设、冲洗液类型、循环方式和净化、钻渣处理、清孔要求、成孔质量检查和成孔的主要技术措施。b.钢筋笼制作。包括制作图和技术要求。c.混凝土配制。按设计强度要求，选择砂、石

料、水泥及外掺剂，并提出配方试验资料。d.混凝土灌注。现场搅拌要求、灌注导管和灌注机具配套方案及灌注时间计算；提高灌注质量的技术要点；混凝土现场取样、养护、送检要求。

⑥桩基施工时，对安全、劳动保护、防火、防雨、防台风、爆破作业、文物和环境保护等方面应按有关规定执行。

⑦技术安全和质量保证措施。

⑧施工组织管理措施。

（3）施工平面图设计。施工总平面图是施工组织设计的基本内容之一。它主要综合反映施工平面的总体部署和相互配合关系。通常在设计中要解决点、线、面、体四个方面的问题。

①点：如钢筋笼加工场地、混凝土搅拌站、变电室、空气压缩机站、水泵房、宿舍等各项生产临时设施和工地生活设施。这些点要为全工地服务，并与施工对象和施工区域发生联系。

②线：如交通道路、供排水管线、泥浆循环管线、施工用电线路、通信线路、压气、蒸气、氧气等管线。这些线路往往将上述的点与施工对象合理地联系起来，为开展施工活动创造必要的条件。

③面：如各种材料、机具、构件、设备的堆放场地，起重机械的运行场地，结构装配和设备组装等平面位置的规划及其周转使用期限的安排。

④体：如土方挖填平衡，高空和地下障碍物拆迁，各项生产、生活设施的允许高度和安全间隔的确定等。

（4）编制施工进度计划。编制施工进度计划是在既定施工方案的基础上，按流水作业程序编制。在进度计划中要具体规定工程的开工、竣工日期，各工序的开工和完工日期以及各工序的施工顺序等，它是指导现场施工的主要技术文件之一。

二、施工现场准备

（一）施工场地准备要求

（1）施工前应根据施工地点水文、工程地质勘探资料及机具、设备、动力、材料、运输等供应情况进行施工场地布置。

场地为旱地时，应平整场地、清除杂物、换除软土、夯打密实。钻机底座不宜直接置于不坚实的填土上，以防产生不均匀沉陷。场地为陡坡时，可用木排架或枕木搭设工作平台。场地为浅水时，宜采用筑岛法，岛顶面通常高出水面0.5～1m。场地为深水时，根据水深、流速及水底地层等情况，采用固定式平台或浮动式钻船。

（2）对设计单位交付的测量资料进行检查，复核测量基线和基点，标定钻孔桩位和高程。

（3）在施工平面图上应标明桩位、编号、施工顺序、水电线路和临时设施；采用泥浆钻进时，应标明泥浆制备设施及其循环系统。

（4）设备进场前要做到"三通一平"，即路通、水通、电（料）通、施工场地平整。

（5）场地布置要力求合理，特别要注意运输畅通，有利于平行交叉作业，废水、废浆、废渣的排放符合环保法规，做到文明施工。

（二）埋置护筒

1.护筒的作用

（1）固定桩位，并作钻孔导向。

（2）保护孔口，防止孔口土层坍塌。

（3）隔离地表水，并保持钻孔内水位高出施工水位以稳定孔壁。

2.对护筒的一般要求

（1）护筒内径应比设计的桩径稍大，用冲抓或冲击方法大0.2～0.3m，回转方法大0.1～0.2m。

（2）护筒顶端高度。在旱地施工时，应高出地面0.3m，在水上施工时，应高出施工水位1.0～1.5m；若为易塌孔时，宜高出施工水位1.5～2.0m，以保持一定泥浆水头；当孔内有承压水时，应高出稳定水位1.5～2.0m。

（3）护筒制作要求坚固、耐用、不易变形、不漏水，安装和起拔方便并能重复使用。

3.护筒的埋置

（1）护筒顶标高应高出地下水位和施工最高水位1.5～2.0m；无水地层钻孔因护壁顶部设有溢浆口，护筒顶也应高出地面0.2～0.3m。

（2）护筒底应低于施工最低水位（一般低0.1～0.3m即可）。深水下沉埋设的护筒应沿导向架借自重、射水、振动或锤击等方法将护筒下沉至稳定深度。入土深度：黏性土不宜小于1.0m，砂性土不宜小于1.5m。

（3）护筒挖坑不宜过大（一般比护筒直径大0.60～1.0m），护筒四周应夯填密实的黏土，护筒底应埋置在稳固的黏土层中，否则也应换填黏土夯实，其厚度一般为0.5m。

4.护筒的种类

（1）木护筒。木护筒一般用3cm厚木板制作，为加强它的整体性，可在外围加两三道5cm的弧形肋木。为便于拆卸，可将肋木做成两个半圆形，用螺栓加木板连接。护筒板缝应刨平合严，防止漏水。当用于透水性较强的地层时，可做成双层木板护筒，两层中间用黏土填实。还有一种双层薄板护筒，中间夹油毡，内外层板缝错开，也可防止漏水。

木护筒重量轻，加工方便，搬运和埋设都较容易。它的缺点是重复使用次数少，易坏，耗用木材多。

（2）钢护筒。钢护筒坚固耐用，重复使用次数多，用料较省，在无水河床或岸滩和深水中都可使用。钢护筒一般用3～5mm厚的钢板制作。为增加刚度防止变形，可在护筒上下端和中部的两侧各焊一道加强肋，它可做成整体的或两个半圆的。两个半圆钢护筒在竖向和水平向均有用角钢制成的法兰。竖向法兰用螺栓互相连接成为整圆；水平向法兰用螺栓互相连接后，可以逐节接长护筒。用钢丝绳或弹簧作为连接件的双开护筒，使用比较方便，只要护筒长度略大于水深与护筒入土深度之和，在拆卸护筒时就可避免水下作业。

（3）钢筋混凝土护筒。钢筋混凝土护筒适用于深水钻孔，每节长度为2～3cm，壁厚8～10cm，配筋应根据吊装、下沉、加压方法经计算决定。这种护筒一般与桩身混凝土浇筑在一起，不再拔出。

（三）泥浆的制备和处理

（1）除能自行造浆的黏性土层外，均应制备泥浆。泥浆制备应选用高塑性黏土或膨润土。泥浆应根据施工机械、工艺及穿越土层情况进行配合比设计。

（2）泥浆护壁应符合下列规定：①在施工期间，护筒内的泥浆面应高出地下水位1.0m以上，在受水位涨落影响时，泥浆面应高出最高水位1.5m以上；②在清孔过程中，应不断置换泥浆，直至浇筑水下混凝土；③浇筑混凝土前，孔底500mm以内的泥浆相对密度应小于1.25，含砂率不得大于8%，黏度不得大于28s；④在容易产生泥浆渗漏的土层中应采取维持孔壁稳定的措施。

（3）废弃的浆、渣应进行处理，不得污染环境。

（四）设备安装

（1）在钻孔过程中，成孔中心必须对准桩位中心，钻机（架）必须保持平稳。

（2）钻台行走钢轨铺设必须平直、稳固，其对称线与桩孔中心线的偏差不得大于20mm，轨道面上任意两点的高差不得大于10mm。钻台运行时钢轨不应有明显沉陷。

（3）设备安装就位之后，应精心调平，并支撑牢固。作业之前，设备应先试运转检查。

（五）试成孔

施工前必须试成孔，数量不得少于两个，以便核对地质资料，检验所选的设备、施工工艺以及技术要求是否适宜。

第三节 灌注桩的施工

灌注桩，是直接在桩位上就地成孔，然后在孔内安放钢筋笼灌注混凝土而成。灌注桩能适应各种地层，无须接桩，施工时无振动、无挤土、噪声小，宜在建筑物密集地区使用。但其操作要求严格，施工后需较长的养护期方可承受荷载，成孔时有大量土渣或泥浆排出。根据成孔工艺不同，分为干作业成孔灌注桩、泥浆护壁成孔灌注桩、套管成孔灌注桩和爆扩成孔灌注桩等。灌注桩施工工艺近年来发展很快，还出现夯扩沉管灌注桩、钻孔压浆成桩等一些新工艺。

一、灌注桩成孔方法

灌注桩按成孔方法分为泥浆护壁成孔灌注桩、干作业成孔灌注桩、套管成孔灌注桩和爆扩成孔灌注桩四种，其适用范围见表9-1。

表9-1 适用范围

序号			适用土类
1	泥浆护壁成孔	冲抓 冲击 回转钻	碎石土、砂土、黏性土及风化岩
		潜水钻	黏性土、淤泥、淤泥质土及砂土
2	干作业成孔	螺旋钻	地下水位以上的黏性土、砂土及人工填土
		钻孔扩底	地下水位以上的坚硬、硬塑的黏性土及中等以上砂土
		机动洛阳铲	地下水位以上的黏性土、黄土及人工填土
3	套管成孔	锤击、振动	可塑、软塑、流塑的黏性土，稍密及松散的砂土
4	爆扩成孔		地下水位以上的黏性土、黄土、碎石土及风化岩

成孔的控制深度按不同桩型采用不同标准控制。

（1）摩擦型桩。摩擦桩应以设计桩长控制成孔深度；端承摩擦桩必须保证设计桩长及桩端进入持力层深度。当采用锤击沉管法成孔时，桩管入土深度控制应以标高为主，以贯入度控制为辅。

（2）端承型桩。当采用钻（冲）、挖掘成孔时，必须保证桩端进入持力层的设计深度；当采用锤击沉管法成孔时，桩管入土深度控制以贯入度为主，以控制标高为辅。

二、钢筋笼制作

（一）施工程序

主要施工程序：原材料报检→可焊性试验→焊接参数试验→设备检查→施工准备→台具模具制作→钢筋笼分节加工→声测管安制→钢筋笼底节吊放→第二节吊放→校正、焊接→最后节定位。

（二）钢筋加工允许偏差

钢筋加工允许偏差和检验方法应符合表9-2的规定。

表9-2　钢筋加工允许偏差和检验方法

序号	名称	允许偏差/mm		检验方法
		L≤5000	L＞5000	
1	受力钢筋全长	±10	±20	尺量
2	弯起钢筋的弯折位置	20		
3	箍筋内净尺寸	±3		
注：L为钢筋长度（mm）				

三、泥浆护壁成孔灌注桩

泥浆护壁成孔灌注桩是利用泥浆护壁，钻孔时通过循环泥浆将钻头切削下的土渣排出孔外而成孔，而后吊放钢筋笼，水下灌注混凝土而成桩，宜用于地下水位以下的黏性土、粉土。

泥浆护壁成孔灌注桩的施工工艺流程如下：

测放桩点→埋设护筒→钻机就位→钻孔→注泥浆→排渣→清孔→吊放钢筋笼→插入混凝土导管→灌注混凝土→拔出导管。成孔机械有潜水钻机、冲击钻机、冲抓锥等。

（一）测放桩点

平整清理好施工场地后，设置桩基轴线定位点和水准点，根据桩平面布置施工图，定出每根桩的位置，并做好标志。施工前，桩位要检查复核，以防被外界因素影响而造成偏移。

（二）埋设护筒

护筒的作用：固定桩孔位置，防止地面水流入，保护孔口，增高桩孔内水压力、防止塌孔，成孔时引导钻头方向。

护筒用4～8mm厚钢板制成，内径比钻头直径大100～200mm，顶面高出地面0.4～0.6m，上部开1个或2个溢浆孔。埋设护筒时，先挖去桩孔处的表土，将护筒埋入土中，其埋设深度在黏土中不宜小于1m，在砂土中不宜小于1.5m。其高度要满足孔内泥浆液面高度的要求，孔内泥浆面应保持高出地下水位1m以上。采用挖坑埋设时，坑的直径应比护筒外径大0.8～1.0m。护筒中心与桩位中心线偏差不应大于50mm，对位后应在护筒外侧填入黏土并分层夯实。

（三）泥浆制备

泥浆的作用是护壁、携砂排土、切土润滑、冷却钻头，其中以护壁为主。

泥浆制备方法应根据土质条件确定：在黏土和粉质黏土中成孔时，可注入清水，以原土造浆，排渣泥浆的密度应控制在1.1～1.3g/cm³；在其他土层中成孔，泥浆可选用高塑性的黏土或膨润土制备；在砂土和较厚夹砂层中成孔时，泥浆密度应控制在1.1～1.3g/cm³；在穿过砂夹卵石层或容易塌孔的土层中成孔时，泥浆密度应控制在1.3～1.5g/cm³。施工中应经常测定泥浆密度，并定期测定黏度、含砂率和胶体率。泥浆的控制指标为黏度18～22Pa·s、含砂率不大于8%、胶体率不小于90%，为了提高泥浆质量可加入外掺料，如增重剂、增黏剂、分散剂等。施工中废弃的泥浆、泥渣应按环保的有关规定处理。

（四）成孔方法

回转钻成孔是国内灌注桩施工中最常用的方法之一。按排渣方式不同可被分为正循环回转钻成孔和反循环回转钻成孔两种。

1.正循环回转钻机成孔

由钻机回转装置带动钻杆和钻头回转切削破碎岩土，由泥浆泵往钻杆输进泥浆，泥浆沿孔壁上升，从孔口溢浆孔溢出流入泥浆池，经沉淀处理返回循环池。正循环成孔泥浆的上返速度低，携带土粒直径小，排渣能力差，岩土重复破碎现象严重，适用于填土、淤泥、黏土、粉土、砂土等地层，对于卵砾石含量不大于15%、粒径小于10mm的部分砂卵砾石层和软质基岩及较硬基岩也可使用。桩孔直径不宜大于1000mm，钻孔深度不宜超过40m。一般砂土层用硬质合金钻头钻进时，转速取40～80r/min，较硬或非均质地层中转速可适当调慢，对于钢粒钻头钻进时，转速取50～120r/min，大桩取小值，小桩取大值；对于牙轮钻头钻进时，转速一般取60～180r/min，在松散地层中，应以冲洗液畅通和钻渣清除及时为前提，灵活确定钻压；在基岩中钻进时，可以通过配置加重铤或重块来提高钻压；对于硬质合金钻钻进成孔，钻压应根据地质条件、钻杆与桩孔的直径差、钻头形式、切削具数目、设备能力和钻具强度等因素综合确定。

2.反循环回转钻机成孔

由钻机回转装置带动钻杆和钻头回转切削破碎岩土，利用泵吸、气举、喷射等措施抽吸循环护壁泥浆，挟带钻渣从钻杆内腔抽吸出孔外的成孔方法。根据抽吸原理不同，可被分为泵吸反循环、气举反循环和喷射（射流）反循环三种施工工艺，泵吸反循环是直接利用砂石泵的抽吸作用使钻杆的水流上升而形成反循环；喷射反循环是利用射流泵射出的高速水流产生负压使钻杆内的水流上升而形成反循环；气举反循环是利用送入压缩空气使水循环，钻杆内水流上升速度与钻杆内外液柱重度差有关，随孔深增大，效率增加。当孔深小于50m时，宜选用泵吸或射流反循环；当孔深大于50m时，宜采用气举反循环。

（五）清孔

当钻孔达到设计要求深度并经检查合格后，应立即进行清孔，目的是清除孔底沉渣以减少桩基的沉降量，提高承载能力，确保桩基质量。清孔方法有真空吸泥渣法、射水抽渣法、换浆法和掏渣法。

清孔应达到如下标准才算合格：一是对孔内排出或抽出的泥浆，用手摸捻应无粗粒感觉，孔底500mm以内的泥浆密度小于1.25g/cm（原土造浆的孔则应小于1.1g/cm³）；二是在浇筑混凝土前，孔底沉渣允许厚度符合标准规定，即端承型桩≤50mm，摩擦型桩≤100mm，抗拔抗水平桩≤200mm。

（六）吊放钢筋笼

清孔后应立即安放钢筋笼。钢筋笼一般都在工地制作，制作时要求主筋环向均匀布置，箍筋直径及间距、主筋保护层、加劲箍的间距等均应符合设计要求。分段制作的钢筋笼，其接头采用焊接且应符合施工及验收规范的规定。钢筋笼主筋净距必须大于3倍的集料粒径，加劲箍宜设在主筋外侧，钢筋保护层厚度不应小于35mm（水下混凝土不得小于50mm）。可在主筋外侧安设钢筋定位器，以确保保护层厚度。为了防止钢筋笼变形，可在钢筋笼上每隔2m设置一道加强箍，并在钢筋笼内每隔3~4m装一个可拆卸的十字形临时加劲架，在吊放入孔后拆除。吊放钢筋笼时应保持垂直、缓缓放入，防止碰撞孔壁。

若造成塌孔或安放钢筋笼时间太长，应进行二次清孔后再浇筑混凝土。

（七）浇筑混凝土

钢筋笼内插入混凝土导管（管内有射水装置），通过软管与高压泵连接，开动泵水即射出，射水后孔底的沉渣即悬浮于泥浆之中。停止射水后，应立即浇筑混凝土，随着混凝土不断增高，孔内沉渣将浮在混凝土上面，并同泥浆一同排回泥浆池内。水下浇筑混凝土应连续施工，开始灌注混凝土时，导管底部至孔底的距离宜为300～500mm；应有足够的混凝土储备量，导管一次埋入混凝土灌注面以下不应少于0.8m；导管埋入混凝土深度宜为2～6m，严禁将导管拔出混凝土灌注面，并应控制提拔导管速度，应由专人测量导管埋深及管内外混凝土灌注面的高差，填写水下混凝土灌注记录。应控制最后一次灌注量，超灌高度宜为0.8～1.0m，凿除泛浆后必须保证暴露的桩顶混凝土强度达到设计等级。

四、干作业成孔灌注桩

干作业成孔灌注桩即不用泥浆或套管护壁措施而直接排出土成孔的灌注桩，这是在没有地下水的情况下进行施工的方法。目前干作业成孔的灌注桩常用的有螺旋钻孔灌注桩、螺旋钻孔扩孔灌注桩、机动洛阳铲挖孔灌注桩及人工挖孔灌注桩四种。这里介绍应用较为广泛的两种。

（一）螺旋钻孔扩孔灌注桩

螺旋钻孔扩孔灌注桩是适用于工业及民用建筑中地下水以上的一般黏土、砂土及人工填土地基螺旋成孔的灌注桩。

施工工艺流程：场地清理→测量放线、定桩位→钻孔机就位→钻孔取土成孔→成孔质量检查验收→清除孔底沉渣→吊放钢筋笼→浇筑孔内混凝土。

1.测量放线、定桩位

根据图纸放出轴线及桩位点，抄上水平标高木橛，并经过预检签证。

2.钻孔机就位

钻孔机就位时，必须保持平稳，不发生倾斜、位移，为准确控制钻孔深度，应在机架上或机管上做出控制的标尺，以便在施工中进行观测、记录。

3.钻孔

调直机架挺杆，对好桩位（用对位圈），开动机器钻进、出土，达到控制深度后停钻、提钻。

4.检查成孔质量

（1）钻深测定。用测深绳（锤）或手提灯测量孔深及虚土厚度。虚土厚度等于钻孔深的差值，虚土厚度一般不应超过10cm。

（2）孔径控制。钻进遇有含石块较多的土层，或含水量较大的软塑黏土层时，必须防止钻杆晃动引起孔径扩大，致使孔壁附着扰动土和孔底增加回落土。

5.孔底土清理

钻到预定的深度后，必须在孔底处进行空转清土，然后停止转动；提钻杆，不得曲转钻杆。孔底的虚土厚度超过质量标准时，要分析原因，采取措施进行处理。进钻过程中散落在地面上的土，必须随时清除运走。

经过成孔检查后，应填好桩孔施工记录。然后盖好孔口盖板，并要防止在盖板上行车或走人。最后再移走钻机到下一桩位。

6.吊放钢筋笼

钢筋笼放入前应先绑好砂浆垫块（或塑料卡）；吊放钢筋笼时，要对准孔位，吊直扶稳，缓慢下沉，避免碰撞孔壁。钢筋笼放到设计位置时，应立即固定。遇有两段钢筋笼连接时，应采取焊接的方式，以确保钢筋的位置正确，保护层厚度符合要求。

7.浇筑混凝土

（1）移走钻孔盖板，再次复查孔深、孔径、孔壁、垂直度及孔底虚土厚度。有不符合质量标准要求时，应处理合格后，再进行下一道工序。

（2）放溜筒浇筑混凝土。在放溜筒前应再次检查和测量钻孔内虚土厚度。浇筑混凝土时应连续进行，分层振捣密实，分层高度以捣固的工具而定，一般不得大于1.5m。

（3）混凝土浇筑到桩顶时，应适当超过桩顶设计标高，以保证在凿除浮浆后，桩顶标高符合设计要求。

（4）撤溜筒和桩顶插钢筋。混凝土浇筑到距桩顶1.5m时，可拔出溜筒，直接浇灌混凝土。桩顶上的钢筋插铁一定要保持垂直插入，有足够的保护层和锚固长度，防止插偏和插斜。

（5）混凝土的坍落度一般宜为8～10cm；为保证其和易性及坍落度，应注意调整砂率和掺入减水剂、粉煤灰等。

（6）同一配合比的试块，每班不得少于一组。在施工过程中，应注意以下事项。

①应保持钻杆垂直、位置正确，防止因钻杆晃动引起孔径扩大及增多孔底虚土。

②发现钻杆摇晃、移动、偏斜或难以钻进时，应提钻检查，排除障碍物，避免桩孔偏斜和钻具损坏。

③应随时清理孔口黏土，遇到地下水、塌孔、缩孔等异常情况，应停止钻孔，同有关单位研究处理。

④钻头进入硬土层时，易造成钻孔偏斜，可提起钻头上下反复钻几次，以便削去硬土。

⑤成孔达到设计深度后，应保护好孔口，按规定验收，并做好施工记录。

⑥孔底虚土尽可能清除干净，然后快吊放钢筋笼，并浇筑混凝土。

（二）人工挖孔灌注桩

人工挖孔灌注桩是指采用人工挖掘方法进行成孔，在孔内安放钢筋笼，浇筑混凝土而成的桩。

1.特点

单桩承载力大、受力性能好、质量可靠、沉降量小、无须大型机械设备，无振动、无噪声、无环境污染；施工速度快，可按施工进度要求决定同时开挖桩孔的数量，必要时各桩孔可同时施工，土层情况明确，可直接观察到地质变化，桩底沉渣能清除干净，施工质量可靠。其缺点是人工耗最大、开挖效率低、安全操作条件差等。

2.适用范围

人工挖孔灌注桩适用于桩直径800mm以上，且不宜大于2500mm，孔深不宜大于30m，无地下水或地下水较少的黏土、粉质黏土，含少量砂、砂卵石、砾石的黏土。

3.施工工艺

人工挖孔灌注桩的施工工序：场地平整→测量放线→桩位布点→人工成孔（包括孔桩护圈、护壁、挖土、控制垂直度、深度、直径、扩大头等）→浇灌护壁混凝土→检查成孔质量，会同各相关单位检验桩孔→绑扎、吊放钢筋笼→清除虚土、排除孔底积水→放入串筒，浇筑混凝土至设计顶标高并按规范要求超灌500mm→养护→整桩测试。

（1）场地的平整，放线、定桩位及高程。基础施工前，应平整场地，对影响施工的障碍要清理干净。设备进场后，临时设施、施工用水、用电均应按要求施工到位。根据业主提供的水准点、控制点进行桩位测量放线。施工机具应正常保养，使之保持良好的工作状态。依据建筑物测量控制网资料和桩位平面布置图，测定桩位方格控制网和高程基准点，用十字交叉法定出孔桩中心。桩位应定位放样准确，在桩位外设置定位龙门桩，并派专人负责。以桩位中心为圆心，以桩身半径加护壁厚度为半径画出上部圆周，撒石灰线作为桩孔开挖尺寸线，桩位线定好后，经监理复查合格后方可开挖。

（2）挖第一节桩孔土方。根据设计桩径及护壁厚度在地面上放出开挖线，采取由上至下分段开挖的方法，向下挖深一节护壁的深度。挖土时先挖中央柱体，周边少挖2~3cm，每挖一段待自地面垂测桩位后，再自顶端向下削土，使之符合设计要求。

当桩净距小于2.5m时，应采用间隔开挖。相邻排桩跳挖的最小施工净距不得小于4.5m。

（3）支模、浇灌第一节混凝土护壁。护壁制作包括支设护壁模板和浇筑护壁混凝土两个步骤，模板高度取决于开挖土方施工段的高度，一般为1m。护壁混凝土起护壁和防水的双重作用。混凝土护壁的厚度不应小于100mm，混凝土强度不应低于桩身混凝土强度等级，并应振捣密实；护壁应配置直径不小于8mm的构造钢筋，竖向筋应上下搭接或拉接。

第一节井圈护壁的中心线与设计轴线的偏差不得大于20mm；井圈顶面应高出场地100~150mm，且应加厚100~150mm。井圈高出地面还有利于防止地表水在施工过程中进入井内。

修筑钢筋混凝土井圈应保证护壁的配筋和混凝土浇筑强度。上下节护壁的搭接长度不得小于50mm，每节护壁模板应在施工完养护24h后拆除；发现护壁有蜂窝、漏水现象时，应及时补强以防造成事故。护壁应采用早强的细石混凝土，施工时严禁用插入振动器振捣，以免影响模外的土体稳定。上下护壁间预埋纵向钢筋应加以连接，使之成为整体，确保各段连接处不漏水。

（4）重复（2）、（3）步骤直至设计桩深。护壁混凝土达到一定强度后便可拆模，再挖下一段土方，然后继续支模、浇灌混凝土护壁，如此循环，直至挖至桩孔设计深度。在开挖过程中应该密切注意地质状况的变化。

正常情况下，每节护壁的高度在600~1000mm之间，如遇到软弱土层等特殊情况，可将高度减小到300~500mm。挖到持力层时，按扩底尺寸从上至下修成扩底形，并用中心线检查测量找圆，测孔深度，保证桩的垂直和断面尺寸合格。

（5）制作、吊装钢筋笼。钢筋笼按设计加工，主筋位置用钢筋定位支架控制等分距离。主筋间距允许偏差±10mm；箍筋或螺旋筋螺距允许偏差±20mm；钢筋笼直径允许偏差±10mm；钢筋笼长度允许偏差±50mm。钢筋笼的运输、吊装，应防止扭转变形，根据规定加焊内固定筋。钢筋笼放入前，应绑好砂浆垫块，吊放钢筋笼时，要对准孔位，直吊扶稳，缓慢下沉，避免碰撞孔壁。钢筋笼放到设计位置时，应立即固定，避免钢筋笼下沉或受混凝土浮力的影响而上浮。钢筋保护层用水泥砂浆块制作，当无混凝土护壁时严禁用黏土砖或短钢筋头代替（因砖吸水、短钢筋头锈蚀后会引起钢筋笼锈蚀的连锁反应）。垫块每1.5~2m一组，每组3个，圆周上相距120°，每组之间呈梅花形布置。保护层的允许偏差为±10mm。

（6）浇捣混凝土。浇灌混凝土前须清除孔底沉渣、积水，并应进行隐蔽工程验收。验收合格后，应立即封底和灌注桩身混凝土。

灌注桩身混凝土时，混凝土必须通过溜槽；当落距超过3m时，应采用串筒，串筒末端距孔底高度不宜大于2m；也可采用导管泵送；混凝土宜采用插入式振捣器振实。

4.安全措施

（1）孔内必须设置应急软爬梯供人员上下；使用的电葫芦、吊笼等应安全可靠，并配有自动卡紧保险装置，不得使用麻绳和尼龙绳吊挂或脚踏井壁凸缘上下。电葫芦宜采用按钮式开关，使用前必须检验其安全起吊能力。

（2）每日开工前必须检测井下的有毒、有害气体，并应有足够的安全防范措施。当桩孔开挖深度超过10m时,应有专门向井下送风的设备,风量不宜少于25L/s。

(3)孔口四周必须设置护栏,护栏高度宜为0.8m。

(4)挖出的土石方应及时运离孔口,不得堆放在孔口周边1m范围内,机动车辆的通行不得对井壁的安全造成一定影响。

五、套管成孔灌注桩

套管成孔灌注桩是利用锤击打桩法或振动沉桩法,将带有活瓣式桩靴或带有预制混凝土桩靴的钢套管沉入土中,然后边拔套管边灌注混凝土而成。若配有钢筋时,则在浇筑混凝土前先吊放钢筋骨架。

利用锤击沉桩设备沉管、拔管,称为锤击沉管灌注桩;利用激振器的振动沉管、拔管,称为振动沉管灌注桩。

(一)锤击沉管灌注桩

锤击沉管灌注桩的机械设备由桩管、桩锤、桩架、卷扬机滑轮组、行走机构组成。锤击沉管灌注桩适用于一般黏性土、淤泥质土、砂土和人工填土地基,但不能在密实的砂砾石、漂石层中使用。其施工程序一般为:定位埋设混凝土预制桩尖→桩机就位→锤击沉管→灌注混凝土→边拔管、边锤击、边继续灌注混凝土(中间插入吊放钢筋笼)→成桩。

施工时,用桩架吊起钢桩管,对准埋好的预制钢筋混凝土桩尖。桩管与桩尖连接处要垫以麻袋、草绳,以防地下水渗入管内。缓缓放下桩管,套入桩尖压进土中,桩管上端扣上桩帽,检查桩管与桩锤是否在同一垂直线上,桩管垂直度偏差≤0.5%时即可锤击沉管。先用低锤轻击,观察无偏移后再正常施打,直至符合设计要求的沉桩标高,并检查管内有无泥浆或进水,即可浇筑混凝土。管内混凝土应尽量灌满,然后开始拔管。凡灌注配有不到孔底的钢筋笼的桩身混凝土时,第一次混凝土应先灌至笼底标高,然后放置钢筋笼,再灌混凝土至桩顶标高。第一次拔管高度应控制在能容纳第二次所需灌入的混凝土量为限,不宜拔得过高。在拔管过程中应用专用测锤或浮标检查混凝土面的下降情况。

锤击沉管桩混凝土强度等级不得低于C20,每立方米混凝土的水泥用量不宜少于300kg。混凝土坍落度在配钢筋时宜为80~100mm,无筋时宜为60~80mm。碎石粒径在配有钢筋时不大于25mm,无筋时不大于40mm。预制钢筋混凝土桩尖的强度等级不得低于C30。混凝土充盈系数(实际灌注混凝土体积与按设计桩身直径计算体积之比)不得小于1.0,成桩后的桩身混凝土顶面标高应至少高出设计标高500mm。

(二)振动沉管灌注桩

振动沉管灌注桩是利用振动桩锤(又称激振器)、振动冲击锤将桩管沉入土中,然后灌注混凝土而成。这两种灌注桩与锤击沉管灌注桩相比，更适合稍密及中密的砂土地基施工。振动沉管灌注桩和振动冲击沉管桩的施工工艺完全相同，只是前者用振动锤沉桩，后者用振动带冲击的桩锤沉桩。

振动灌注桩可采用单打法、反插法或复打法施工。

单打法是一般正常的沉管方法，它是将桩管沉入设计要求的深度后，边灌混凝土边拔管，最后成桩，适用于含水量较小的土层，且宜采用预制桩尖。桩内灌满混凝土后，应先振动5～10s，再开始拔管，边振边拔，每拔0.5～1.0m停拔振动5～10s，如此反复进行，直至桩管全部拔出。拔管速度在一般土层内宜为1.2～1.5m/min，用活瓣桩尖时宜慢，预制桩尖可适当加快，在软弱土层中拔管速度宜为0.6～0.8m/min。

反插法是在拔管过程中边振边拔，每次拔管0.5～1.0m，再向下反插0.3～0.5m，如此反复并保持振动，直至桩管全部拔出。在桩尖处1.5m范围内，宜多次反插以扩大桩的局部断面。穿过淤泥夹层时，应放慢拔管速度，并减少拔管高度和反插深度。在流动性淤泥中不宜使用反插法。

复打法是在单打法施工完拔出桩管后，立即在原桩位再放置第二个桩尖，再第二次下沉桩管，将原桩位未凝结的混凝土向四周土中挤压，扩大桩径，然后再第二次灌混凝土和拔管。采用全长复打的目的是提高桩的承载力。局部复打主要是为了处理沉桩过程中所出现的质量缺陷，如发现或怀疑出现缩颈、断桩等缺陷，局部复打深度应超过断桩或缩颈区1m以上。复打必须在第一次灌注的混凝土初凝之前完成。

六、爆扩成孔灌注桩

爆扩成孔灌注桩（简称爆扩桩），是用钻孔或爆扩法成孔，孔底放入炸药，再灌入适量的混凝土，然后引爆，使孔底形成扩大头。此时，孔内混凝土落入孔底空腔内，再放置钢筋骨架，浇筑桩身混凝土而制成的灌注桩。

（一）特点

桩性能好，可承受中心、偏心、抗压、抗拔、抗推等荷载，能有效地提高桩承载力（35%～65%）；能作独立基础使用；成桩工艺简单，与一般独立基础相比，可减少石方量50%～90%，节省劳力50%～60%，可加快施工速度（工期缩短40%～50%），降低工程造价30%左右。

（二）适用范围

适用于工业与民用建筑地下水位以上、土质为一般黏性土、粉质黏土、中密或密实的砂土、碎石土以及杂填土地基。

（三）爆扩灌注桩施工工艺流程

（1）采用钻机成孔，钻机就位应垂直平稳，钻头应对准桩位中心，然后钻孔、清孔。

（2）采用爆扩成孔，先在桩位用手钻、钢钎或洛阳铲打导孔，然后放入条形硝铵炸药管（药包）爆扩成孔。

（3）成孔后应检查桩孔直径及垂直度是否符合要求。桩孔深度应达到设计要求标高和土层，并在孔口加盖，防止松土回落孔中。

（4）扩大头药包用药量应根据爆扩试验确定，称量误差不得超过1%。

（5）扩大头药包宜用塑料薄膜包装，做成近似球形，使之能防潮防水。每个药包内放两个电雷管，用并联方法与引爆线连接，药包用绳子吊放于孔底中心，药包表面覆盖150～200mm厚的沙子固定，以稳住药包位置，避免受混凝土的冲击砸破。

（6）药包在孔底安放后，经检验引爆线路完好，即可浇筑混凝土。第一次浇灌混凝土的坍落度，在一般胶黏性土中宜为10～12cm；在湿陷性黄土中宜为16～18cm；在人工填土中宜为12～14cm。浇灌量不宜超过扩大头体积的50%，或2～3m桩孔深。开始时应缓慢灌入，以免砸坏药包，并应防止导线被混凝土砸断。

（7）当桩距大于或等于1.5倍扩大头直径时，药包引爆可逐个进行；当桩距小于扩大头直径的1.5倍时，应同时引爆；相邻爆扩桩的扩大头不在同一标高时，引爆的顺序应先浅后深。

（8）从浇灌混凝土开始至引爆时的间隙时间，不宜超过30min，以免出现"拒落"事故。

（9）引爆后混凝土自由坍落至因爆破作用形成的球形孔穴中，并用软轴线接长的插入式振动器将扩大头底部混凝土振捣密实。接着，放置钢筋骨架，放置时应对准桩孔，徐徐放下，防止孔壁泥土掉入混凝土中。待就位后，应采取可靠的措施将钢筋笼固定，方可继续浇灌混凝土。

（10）第二次浇灌混凝土的坍落度为8～12cm，浇灌时应分层浇灌和分层振捣，每次厚度不宜超过1m，并应一次浇筑完毕，不得留施工缝。

（11）爆扩时如药包"拒爆"，应由专职人员进行检查，并设法诱爆，或采取措施破坏药包。引爆后如混凝土"拒落"，应使用振动棒强力振捣，使混凝土下落，或用钻孔机将混凝土钻出。如因某种原因混凝土已超过初凝时间，可在拒落桩旁补打一根新桩孔，放上等量药包，通过引爆形成新的爆扩桩。

第四节　混凝土预制桩与钢桩

一、混凝土预制桩与钢桩制作

（一）混凝土预制桩的制作

（1）混凝土预制桩可在施工现场预制，预制场地必须平整、坚实。

（2）制桩模板宜采用钢模板，模板应具有足够的刚度，并应平整，尺寸应准确。

（3）钢筋骨架的主筋连接宜采用对焊和电弧焊，当钢筋直径不小于20mm时，宜采用机械接头连接。主筋接头配置在同一截面内的数量，应符合下列规定：

①当采用对焊或电弧焊时，对于受拉钢筋，不得超过50%；

②相邻两根主筋接头截面的距离应大于35dg（dg为钢筋直径），并不应小于500mm。

（4）确定桩的单节长度时应符合下列规定：

①满足桩架的有效高度、制作场地条件、运输与装卸能力；

②避免在桩尖接近或处于硬持力层位置处接桩。

（5）灌注混凝土预制桩时，宜从桩顶开始，并应防止另一端的砂浆积聚过多。

（6）锤击预制桩的骨料粒径宜为5～40mm。

（7）锤击预制桩，应在强度与龄期均达到要求后，方可锤击。

（8）重叠法制作预制桩时，应符合下列规定：

①桩与邻桩及底模之间的接触面不得黏连；

②上层桩或邻桩的浇筑，必须在下层桩或邻桩的混凝土达到设计强度的30%以上时，方可进行；

③桩的重叠层数不应超过4层。

（9）混凝土预制桩的表面应平整、密实，制作允许偏差应符合《建筑桩基技术规范》（JGJ 94-2008）的规定。

（二）钢桩的制作

（1）制作钢桩的材料应符合设计要求，并应有出厂合格证和试验报告。

（2）现场制作钢桩应有平整的场地及挡风防雨措施。

二、混凝土预制桩与钢桩的起吊、运输和堆放

（一）实心桩吊运符合的规定

混凝土实心桩的吊运应符合下列规定：

（1）混凝土设计强度达到70%及以上方可起吊，达到100%方可运输；

（2）桩起吊时应采取相应措施，保证安全平稳，保护桩身质量；

（3）水平运输时，应做到桩身平稳放置，严禁在场地上直接拖拉桩体。

（二）空心桩吊运应符合的规定

预应力混凝土空心桩的吊运应符合下列规定：

（1）出厂前应进行出厂检查，其规格、批号、制作日期应符合所属的验收批号内容；

（2）在吊运过程中应轻吊轻放，避免发生剧烈碰撞；

（3）单节桩可采用专用吊钩勾住桩两端内壁直接进行水平起吊；

（4）运至施工现场时应进行检查验收，严禁使用质量不合格及在吊运过程中产生裂缝的桩。

（三）空心桩堆放应符合的规定

预应力混凝土空心桩的堆放应符合下列规定：

（1）堆放场地应平整坚实，最下层与地面接触的垫木应有足够的宽度和高度，堆放时桩应稳固，不得滚动。

（2）应按不同规格、长度及施工流水顺序分别堆放。

（3）当场地条件许可时，宜单层堆放；当叠层堆放时，外径为500~600mm的桩不宜超过4层，外径为300~400mm的桩不宜超过5层。

（4）叠层堆放桩时，应在垂直于桩长度方向的地面上设置2道垫木，垫木应分别位于距桩端0.2倍桩长处；底层最外缘的桩应在垫木处用木楔塞紧。

（5）垫木宜选用耐压的长木枋或枕木，不得使用有棱角的金属构件。

（四）取桩应符合规定

（1）当桩叠层堆放超过2层时，应采用吊机取桩，严禁拖拉取桩。

（2）三点支撑自行式打桩机不应拖拉取桩。

（五）钢桩的运输与堆放

钢桩的运输与堆放应符合下列规定：

（1）堆放场地应平整、坚实、排水通畅。

（2）桩的两端应有适当的保护措施，钢管桩应设保护圈。

（3）搬运时应防止桩体撞击而造成桩端、桩体损坏或弯曲。

（4）钢桩应按规格、材质分别堆放，堆放层数：900mm的钢桩，不宜大于3层；600mm的钢桩，不宜大于4层；400mm的钢桩，不宜大于5层，H形钢桩不宜大于6层。支点设置应合理，钢桩的两侧应用木楔塞住。

三、混凝土预制桩与钢桩的接桩

桩的连接可采用焊接、法兰连接或机械快速连接（螺纹式、啮合式）。

（一）对接桩材料的要求

焊接接桩：钢板宜采用低碳钢，焊条宜采用E43，并应符合规定要求。接头宜采用探伤检测，同一工程检测量不得少于3个接头。

法兰接桩：钢板和螺栓宜采用低碳钢。

（二）采用焊接接桩的要求

采用焊接接桩除应符合现行行业标准《建筑钢结构焊接技术规程》的有关规定外，尚应符合下列规定。

（1）下节桩段的桩头宜高出地面0.5m。

（2）下节桩的桩头处宜设导向箍。接桩时上下节桩段应保持顺直，错位偏差不宜大于2mm。接桩就位纠偏时，不得采用大锤横向敲打。

（3）桩对接前，上下端板表面应采用铁刷子清刷干净，坡口处应刷至露出金属光泽。

（4）焊接宜在桩四周对称进行，待上下桩节固定后拆除导向箍再分层施焊；焊接层数不得少于2层，第一层焊完后必须把焊渣清理干净，方可进行第二层焊接，焊缝应连续、饱满。

（5）焊好后的桩接头应自然冷却后方可继续锤击，自然冷却时间不宜少于8min；严禁采用水冷却或焊好即施打。

（6）雨天焊接时，应采取可靠的防雨措施。

（7）焊接接头的质量检查，对于同一工程探伤抽样检验不得少于3个接头。

（三）采用机械快速螺纹接桩的操作与质量规定

采用机械快速螺纹接桩的操作与质量规定如下：

（1）安装前应检查桩两端制作的尺寸偏差及连接件，无受损后方可起吊施工，其下节桩端宜高出地面0.8m；

（2）接桩时，卸下上下节桩两端的保护装置后，应清理接头残物，涂上润滑脂；

（3）应采用专用接头锥度对中，对准上下节桩进行旋紧连接；

（4）可采用专用链条式扳手进行旋紧（臂长1m卡紧后人工旋紧，再用铁锤敲击板臂），锁紧后两端板尚有1~2mm的间隙。

（四）采用机械啮合接头接桩的操作与质量的规定

采用机械啮合接头接桩操作与质量的规定如下。

（1）将上下接头板清理干净，用扳手将已涂抹沥青涂料的连接销逐根旋入上节桩Ⅰ型端头板的螺栓孔内，并用钢模板调整好连接销的方位。

（2）剔除下节桩Ⅱ型端头板连接槽内泡沫塑料保护块，在连接槽内注入沥青涂料，并在端头板面周边抹上宽度20mm、厚度3mm的沥青涂料；当地基土、地下水含中等以上腐蚀介质时，桩端板板面应满涂沥青涂料。

（3）将上节桩吊起，使连接销与Ⅱ型端头板上各连接口对准，随即将连接销插入连接槽内。

（4）加压使上下节桩的桩头板接触，接桩完成。

（五）钢桩的焊接

钢桩的焊接规定如下。

（1）必须清除桩端部的浮锈、油污等脏物，保持干燥；下节桩顶经锤击后变形的部分应割除。

（2）上下节桩焊接时应校正垂直度，对口的间隙宜为2~3mm。

（3）焊丝（自动焊）或焊条应烘干。

（4）焊接应对称进行。

（5）应采用多层焊，钢管桩各层焊缝的接头应错开，焊渣应清除。

（6）当气温低于0℃或雨雪天无可靠措施确保焊接质量时，不得焊接。

（7）每个接头焊接完毕，应冷却1min后方可锤击。

四、混凝土预制桩与钢桩的施工

（一）锤击沉桩

锤击沉桩也称打入桩，是靠打桩机的桩锤下落到桩顶产生的冲击能而将桩沉入土中的一种沉桩方法，该法施工速度快，机械化程度高，适用范围广，是预制钢筋混凝土桩最常用的沉桩方法。但施工时有噪声和振动，对施工场所、施工时间有所限制。

1.打桩机具

打桩用的机具主要包括桩锤、桩架及动力装置三部分。

（1）桩锤。

桩锤是打桩的主要机具，其作用是对桩施加冲击力，将桩打入土中，主要有落锤、单动汽锤和双动汽锤、柴油锤、液压锤。

落锤一般由生铁铸成，质量为0.5～1.5t，构造简单，使用方便，提升高度可随意调整，一般用卷扬机拉升施打。但打桩速度慢（6～20次/min），效率低，适于在黏土和含砾石较多的土中打桩。

汽锤是利用蒸汽或压缩空气的压力将桩锤上举，然后下落冲击桩顶沉桩，根据其工作情况又可分为单动式汽锤与双动式汽锤。单动式汽锤的冲击体在上升时耗用动力，下降靠自重，打桩速度较落锤快（60～80次/min），锤质量为1.5～15t，适于各类桩在各类土层中施工。

双动式汽锤的冲击体升降均耗用动力，冲击力更大、频率更快（100～120次/min），锤质量为0.6～6t，还可用于打钢板桩、水下桩、斜桩和拔桩。

柴油锤本身附有桩架、动力设备，易搬运转移，不需要外部能源，应用较为广泛。但施工中有噪声、污染和振动等影响，在城市中施工受到一定的限制。

液压锤是一种新型打桩设备，它的冲击缸体通过液压油提升与降落，每一击能获得更大的贯入度。液压锤不排出任何废气，无噪声，冲击频率高，并适合水下打桩，是理想的冲击式打桩设备，但构造复杂，造价高。

（2）桩架。

桩架是吊桩就位，悬吊桩锤，要求其具有较好的稳定性、机动性和灵活性，保证锤击落点准确，并可调整垂直度。

常用桩架基本有两种形式，一种是沿轨道行走移动的多功能桩架，另一种是装在履带式底盘上自由行走的桩架。

（3）动力装置。

打桩机构的动力装置及辅助设备主要根据选定的桩锤种类而定。落锤以电源为动力，需配置电动卷扬机等设备；蒸汽锤以高压饱和蒸汽为驱动力，配置蒸汽锅炉等设备；汽锤以压缩空气为动力源，需配置空气压缩机等设备；柴油锤以柴油为能源，桩锤本身有燃烧室，不需外部动力设备。

2.打桩施工工艺

打桩前应做好下列准备工作：处理架空高压线和地下障碍物，场地应平整，排水应畅通，并满足打桩所需的地面承载力；设置供电、供水系统；安装打桩机等。施工前还应做好定位放线。桩基轴线的定位点及水准点，应设置在不受打桩影响的区域，水准点设置不少于两个，在施工过程中可据此检查桩位的偏差以及桩的入土深度。

（1）打桩顺序。

由于锤击沉桩是挤土法成孔，桩入土后对周围土体产生挤压作用：一方面先打入的桩会受到后打入桩的推挤而发生水平位移或上拔；另一方面由于土被挤紧实后打入的桩不易达到设计深度或造成土体隆起。特别是在群桩打入施工时，这些现象更为突出。为了保证打桩工程质量，防止周围建筑物受土体挤压的影响，打桩前应根据场地的土质、桩的密集程度、桩的规格、长短和桩架的移动方便等因素正确选择打桩顺序。

当桩较密集（桩中心距小于或等于4倍桩边长或桩径）时，应由中间向两侧对称施打或由中间向四周施打。这样，打桩时土体由中间向两侧或四周均匀挤压，易于保证施工质量。当桩数较多时，也可采用分区段施打。

当桩较稀疏（桩中心距大于4倍桩边长或桩径）时，可采用上述两种打桩顺序，也可采用由一侧向另一侧单一方向施打的方式（逐排施打），或由两侧同时向中间施打。

当桩规格、埋深、长度不同时，宜按"先大后小，先深后浅，先长后短"的原则进行施打，以免打桩时因土的挤压而使邻桩移位或上拔。在实际施工过程中，不仅要考虑打桩顺序，还要考虑桩架的移动是否方便。在打完桩后，当桩顶高于桩架底面高度时，桩架不能向前移动到下一个桩位继续打桩，只能后退打桩；当桩顶标高低于桩架底面高度时，则桩架可以向前移动来打桩。

（2）打桩程序。

打桩程序包括吊桩、插桩、打桩、接桩、送桩、截桩头。

吊桩：按既定的打桩顺序，先将桩架移动至设计所定的桩位处并用缆风绳等稳定，然后将桩运至桩架下，一般利用桩架附设的起重钩借桩机上的卷扬机吊桩就位，或配一台履带式起重机送桩就位，并用桩架上夹具或落下桩锤借桩帽固定位置。桩提升为直立状态后，对准桩位中心，缓缓放下插入土中，桩插入时垂直度偏差不得超过0.5%。

插桩：桩就位后，在桩顶安上桩帽，然后放下桩锤轻轻压住桩帽。桩锤、桩帽和桩身中心线应在同一垂直线上。在桩的自重和锤重的压力下，桩便会沉入一定深度，等桩下沉达到稳定状态后，再一次复查其平面位置和垂直度，若有偏差应及时纠正，必要时要拔出重打，校核桩的垂直度可采用垂直角，即用两个方向（互成90°）的经纬仪使导架保持垂直。校正符合要求后，即可进行打桩。为了防止击碎桩顶，应在混凝土桩的桩顶和桩帽之间、桩锤与桩帽之间放上硬木、麻袋等弹性衬垫作为缓冲层。

打桩：桩锤连续施打，使桩均匀下沉，宜用"重锤低击"。重锤低击获得的动量大，桩锤对桩顶的冲击小，其回弹也小，桩头不易损坏，大部分能量用来克服桩周边土壤的摩阻力而使桩下沉。正因为桩锤落距小，频率高，对于较密实的土层，如砂土或黏土也容易穿过，一般在工程中采用重锤低击。而轻锤高击所获得的动量小，冲击力大，其回弹也大，桩头易损坏，大部分能量被桩身吸收，桩不易打入，且轻锤高击所产生的应力，还会促使距桩顶1/3桩长范围内的薄弱处产生水平裂缝，甚至使桩身断裂。在实际工程中一般不采用轻锤高击。

接桩：当设计的桩较长时，由于打桩机高度有限或预制、运输等因素，只能采用分段预制、分段打入的方法，需在桩打入过程中将桩接长。接长预制钢筋混凝土桩的方法有焊接法和浆锚法，目前以焊接法应用最多。接桩时，一般在距离地面1m左右进行，上、下节桩的中心线偏差不得大于10mm，节点弯曲矢高不得大于0.1%的两节桩长。在焊接后应使焊缝在自然条件下冷却10min后方可继续沉桩。

送桩：如桩顶标高低于自然土面，则需用送桩管将桩送入土中。桩与送桩管的纵轴线应在同一直线上，拔出送桩管后，桩孔应及时回填或加盖。

截桩头：如桩底到达了设计深度，而配桩长度大于桩顶设计标高时需要截去桩头。截桩头宜用锯桩器截割，或用手锤人工凿除混凝土，钢筋用气割割齐。严禁用大锤横向敲击或强行扳拉截桩。

3.打桩控制

（1）对桩打入时的要求。

①桩帽或送桩帽与桩周围的间隙应为5～10mm；

②锤与桩帽、桩帽与桩之间应加设硬木、麻袋、草垫等弹性衬垫；

③桩锤、桩帽或送桩帽应和桩身在同一中心线上；

④桩插入时的垂直度偏差不得超过0.5%；

⑤对于密集桩群，自中间向两个方向或四周对称施打；

⑥当一侧毗邻建筑物时，由毗邻建筑物处向另一方向施打；

⑦根据基础的设计标高，宜先深后浅；

⑧根据桩的规格，宜先大后小，先长后短。

（2）桩终止锤击的控制要求。

①当桩端位于一般土层时，应以控制桩端设计标高为主，贯入度为辅；

②桩端达到坚硬、硬塑的黏性土、中密以上粉土、砂土、碎石类土及风化岩时，应以

贯入度控制为主，桩端标高为辅；

③贯入度已达到设计要求而桩端标高未达到时，应继续锤击3阵，并按每阵10击的贯入度不应大于设计规定的数值确认，必要时，施工控制贯入度应通过试验确定；

④当遇到贯入度剧变，桩身突然发生倾斜、位移或有严重回弹，桩顶或桩身出现严重裂缝、破碎等情况时，应暂停打桩，并分析原因，采取相应措施；

⑤预应力混凝土管桩的总锤击数及最后1.0m沉桩锤击数应根据当地工程经验确定。

（3）采用射水法沉桩时的要求。

①射水法沉桩宜用于砂土和碎石土；

②沉桩至最后1~2m时，应停止射水，并采用锤击至规定标高。

（4）施打大面积密集桩群时采取的辅助措施。

①对预钻孔沉桩，预钻孔孔径可比桩径（或方桩对角线）小50~100mm，深度可根据桩距和土的密实度、渗透性确定，宜为桩长的1/3~1/2；施工时应随钻随打；桩架宜具备钻孔锤击双重性能。

②应设置袋装砂井或塑料排水板。袋装砂井直径宜为70~80mm，间距宜为1.0~1.5m，深度宜为10~12m；塑料排水板的深度、间距与袋装砂井相同。

③应设置隔离板桩或地下连续墙。

④可开挖地面防震沟，并可与其他措施结合使用。防震沟沟宽可取0.5~0.8m，深度按土质情况决定。

⑤应限制打桩速率。

⑥沉桩结束后，应普遍实施一次复打。

⑦沉桩过程中应加强邻近建筑物、地下管线等的观测、监护。

⑧施工现场应配备桩身垂直度观测仪器（长条水准尺或经纬仪）和观测人员，随时量测桩身的垂直度。

（5）锤击沉桩送桩要求。

①送桩深度不宜大于2.0m。

②当桩顶打至接近地面需要送桩时，应测出桩的垂直度并检查桩顶质量，合格后应及时送桩。

③送桩的最后贯入度应参考相同条件下不送桩时的最后贯入度并修正。

④送桩后遗留的桩孔应立即回填或覆盖。

⑤当送桩深度超过2.0m且不大于6.0m时，打桩机应为三点支撑履带自行式或步履式柴油打桩机；桩帽和桩锤之间应用竖纹硬木或盘圆层叠的钢丝绳作为"锤垫"，其厚度宜取150~200mm。

（6）送桩器及衬垫设置要求。

①送桩器宜做成圆筒形，并应有足够的强度、刚度和耐打性。送桩器长度应满足送桩深度的要求，弯曲度不得大于1/1000。

②送桩器上下两端面应平整，且与送桩器中心轴线相垂直。

③送桩器下端面应开孔，使空心桩内腔与外界连通。

④送桩器应与桩匹配。套筒式送桩器下端的套筒深度宜取250～350mm，套管内径应比桩外径大20～30mm，插销式送桩器下端的插销长度宜取200～300mm，杆销外径应比（管）桩内径小20～30mm。对于腔内存有余浆的管桩，不宜采用插销式送桩器。

⑤送桩作业时，送桩器与桩头之间应设置1～2层麻袋或硬纸板等衬垫。内填弹性衬垫压实后的厚度不宜小于60mm。

（二）静压沉桩法

1.概述

静压法施工是通过静力压桩机以压桩机自重及桩架上的配重作反力将预制桩压入土中的一种沉桩工艺。早在20世纪50年代初，我国沿海地区就开始采用静力压桩法。到20世纪80年代，随着压桩机械的发展和环保意识的增强得到了进一步推广。至20世纪90年代，压桩机实现系列化，且最大压桩力为10000kN的压桩机已问世，它既能施压预制方桩，也可施压预应力管桩。适用的建筑物已不仅是多层和中高层，也可以是20层及以上的高层建筑及大型构筑物。目前，我国湖北、广东、上海、江苏、浙江、福建、吉林等省市都有应用，尤以上海、南京、广州及珠江三角洲应用较多。与我国邻近的东南亚沿海国家也逐步认识静压桩工法的优越性，如越南、马来西亚、新加坡不断地在我国引进液压静力压桩机设备进行施工。

静压法沉桩即借助专用桩架自重和配重或结构物自重，通过压梁或压柱将整个桩架自重和配重形成结构物反力，以卷扬机滑轮组或电动油泵液压方式施加在桩顶或桩身上，当施加的静压力与桩的入土阻力达到动态平衡时，桩在自重和静压力作用下逐渐压入地基土中。

静压法沉桩具有无噪声、无振动、无冲击力、施工应力小等特点，可减少打桩振动对地基和邻近建筑物的影响，桩顶不易损坏、不易产生偏心沉桩、沉桩精度较高、节省制桩材料并降低工程成本，且能在沉桩施工中测定沉桩阻力为设计施工提供参数，并预估和验证桩的承载能力。但由于专用桩架设备的高度和压桩能力受到一定限制，较难压入30m以上的长桩。当地基持力层起伏较大或地基中存在中间硬夹层时，桩的入土深度较难调节。对长桩可通过接桩，分节压入。此外，对地基的挤土影响仍然存在，需视不同工程情况采取措施减少公害。

静压法适用条件如下。

地层：通常应用于高压缩性黏土层或砂性较轻的软黏土地基。当桩需贯穿有一定厚度的砂性土中间夹层时，必须根据桩机的压桩力与终压力及土层的性状、厚度、密度、组合变化特点与上下土层的力学指标，桩型、桩的构造、强度、桩截面规格大小与布桩形式，地下水位高低，以及终压前的稳压时间与稳压次数等综合考虑其适用性。

桩径及桩长：桩径为300～600mm，桩长最大为65m。

2.静压桩沉桩机理及特点

压桩开始阶段，桩尖"刺入"土体中，原状土的初始应力状态遭到破坏，造成桩尖下的土体压缩变形，土体对桩尖产生相应阻力，随着桩贯入压力的逐渐增大，桩尖土体所受应力超过其抗剪强度时，土体发生急剧变形而达到极限破坏，土体产生塑性流动（黏性土）或挤密侧移和下拖（砂土），桩沉入土体以后，桩身与桩周土体之间产生摩阻力。随后的贯入首先要克服桩侧摩阻力，桩身受到因挤压而产生的桩周摩阻力和桩尖阻力的抵抗，当桩顶的静压力大于抵抗阻力，桩将继续"刺入"下沉，反之停止下沉。桩的贯入使土体产生了剧烈变形，改变了原有土体的性质，在挤压作用下，桩周一定范围内出现土的重塑区，土的黏聚力被破坏，土中超孔隙水压力增大，土的抗剪强度降低，桩侧摩阻力明显减小，从而可用较小的压力将桩压入较深的土层中去。压桩结束后，超孔隙水压力消散，土体重新固结，土的抗剪强度及侧摩擦力逐步恢复，从而使工程桩获得较大的承载力。

传统预制桩的沉桩方式主要有锤击法和振动法，然而沉桩施工中常会出现一些问题，如对环境的噪声污染及油烟污染、钢筋混凝土桩头破损或断桩等，静压法沉桩克服了这些缺点。静压法的发展是为了解决沉桩在城市建设中引起的一系列问题，它在许多方面具有独特的优势，主要体现在以下几个方面。

（1）公害低。静压施工法无噪声、无振动、无油污飞溅，居民密集居住区和振动敏感区域非常适合应用该工法。如上海、广州等大城市地基施工将普遍推广应用静压法沉桩施工工艺，传统的锤击打桩将全面淡出中心城区。

（2）成桩质量好。首先，静压桩桩身可在工厂预制，周期短，且施工前的准备期也可缩短，桩身质量有保障；其次，静压桩压入施工时不像锤击桩施工那样在桩身产生动应力，桩头和桩身不会受损，减小了对桩的破坏力，从而可以降低对桩身的强度等级要求，节约钢材和水泥；再次，压桩过程中压桩阻力能被自始至终地显示和记录，可定量观测整个沉桩过程，预估单桩承载力；最后，静压桩可以很好地适用于某些特殊地质条件（如岩溶地区、上软下硬或软硬突变地层），而打入式预制桩等一般不适用于这些地区。

（3）桩入土深度便于调整。静压桩送桩深度比打入式桩要深，接桩方便，避免了高空作业，桩长不像沉管灌注桩那样受施工机械的限制，在深厚软土地区使用，有较大的优势。

3.静力压桩设备

静压法沉桩按加压方法可分为压桩机施工法、锚桩反压施工法和利用结构物自重压入施工法等，本书主要介绍压桩机施工法。

（1）压桩机按压桩位置可分为中压式和前压式。中压式压桩机的夹桩机构设在压桩机中心，施压时要求桩位周围约有4m以上的空间。前压式压桩机的夹桩机构设在桩机前端，可施压距邻近建筑物0.6~1.2m处的桩，但因是偏置压桩，压桩力一般只能达到该桩机最大压桩力的60%。

（2）压桩机按压桩方式可分为顶压式和抱压式。顶压式是指通过压梁将整个压桩机自重和配重施加在桩顶上，把桩逐渐压入土中。抱压式是指压桩时，开动液压泵，通过抱箍千斤顶将桩箍紧，并借助压桩千斤顶将整个压桩机的自重和配重施加在桩顶上，把桩逐渐压入土中。

（3）静力压桩机的选择。静力压桩机的选择应综合考虑桩的规格（断面和长度）、穿越土层的特性、桩端土的特性、单桩极限承载力及布桩密度等因素。合理利用静力压桩机的途径有经验法、现场试压桩法及静力计算公式预估法等。抱压式静压桩机结构紧凑、操作简便、工作重心低、移动平稳、转场方便、施工效率高，已逐渐取代顶压式静压桩机，成为建筑工程首选的桩工机械之一。

（4）桩的类型。用于静压桩施工的钢筋混凝土预制桩有普通钢筋混凝土桩，预应力混凝土管桩和预应力高强度混凝土管桩。

4.静压法沉桩施工

（1）沉桩施工准备工作。

①选择沉桩机具设备，进行改装、返修、保养并准备运输。

②现场制桩或订购构件、加工件的验收，并办好托运。

③组织现场作业班组的劳动力，按计划工种、人数、需用工日配备齐全，并准备进场。

④进入施工现场的运输道路的拓宽、加固、平整和验收。

⑤清除现场妨碍施工的高空、地面和地下障碍物。

⑥整平打桩范围内场地，周围布置好排水系统，修建现场临时道路和预制桩堆放场地。

⑦邻近原有建筑物和地下管，认真细致地查清结构和基础情况，并研究采取适当的隔振、减振、防挤、监测和预加固等措施。

⑧布置测量控制网、水准基点的数量应不少于2个，并应设在打桩影响范围之外。

⑨根据施工总平面图，设置施工临时设施，接通供水、电、气管线，并分别通过试运转且运转正常。

（2）桩的沉设程序。

一般采取分段压入、逐段接长的方法，其程序如下。

①桩尖就位、对中、调直，对于YZY型压桩机，通过启动纵向和横向行走油缸，将桩尖对准桩位；开动压桩油缸将桩压入土中1m左右后停止压桩，调正桩在两个方向的垂直度。第一节桩是否垂直，是保证桩身质量的关键。

②压桩。通过夹持油缸将桩夹紧，然后使压桩油缸压桩。在压桩过程中要认真记录桩入土深度和压力表读数的关系，以判断桩的质量及承载力。

③接桩。桩的单节长度应根据设备条件和施工工艺确定。当桩贯穿的土层中夹有薄层砂土时，确定单节桩的长度时应避免桩端停在砂土层中进行接桩。当下一节桩压到露出地面0.8~1.0m时，便可接上一节桩。桩身接头不宜超过2个的规定很难执行，目前已有大量桩身接头为3~4个的成功经验。接头主要采用焊接法接桩或硫黄胶泥锚固接头；当桩很长时，应在地面以下第1个接头采用焊接形式。

④送桩或截桩。如果桩顶接近地面，而压桩力尚未达到规定值，可以送桩。如果桩顶高出地面一段距离，而压桩力已达到规定值时则要截桩，以便压桩机移位。

⑤压桩结束。当压力表读数达到预先规定值时，便可停止压桩。

（3）终止压桩的控制原则。

静压法沉桩时，终止压桩的控制原则与压桩机大小、桩型、桩长、桩周土灵敏性、桩端土特性、布桩密度、复压次数以及单桩竖向设计极限承载力（为单桩竖向承载力设计值的1.6~1.65倍）等因素有关。各地的控制原则各异，广东地区的终压控制条件如下。

①对于摩擦桩，按照设计桩长进行控制。但在正式施工前，应先按设计桩长试压几根桩，待停置24h后，用与桩的设计极限承载力相等的终压力进行复压，如果桩在复压时几乎不动，即可进行全面施工；否则，设计桩长应修正。

②对于端承摩擦桩或摩擦端承桩，按终压力值进行控制。a.对于桩长大于21m的端承摩擦桩，终压力值一般取桩的设计极限承载力。当桩周土为黏性土且灵敏度较高时，终压力可按设计极限承载力的0.8~0.9倍取值；b.当桩长小于21m而大于14m时，终压力按设计极限承载力的1.1~1.4倍取值；c.当桩长小于14m时，终压力按设计极限承载力的1.4~1.6倍取值，或设计极限承载力取终压力值的0.6~0.7倍，其中对于小于8m的超短桩，按0.6倍取值。

③超载施工时，一般不提倡满载连续复压法，但在必要时可以进行复压，复压的次数不宜超过2次，且每次稳压时间不宜超过10s。

（4）压桩施工注意事项。

①压桩施工前应对现场的土层地质情况了解清楚，做到胸中有数；同时应做好设备的检查工作，保证使用可靠，以免中途间断压桩。

②在压桩过程中，应随时注意使桩保持轴心受压，若有偏移，要及时调整。

③接桩时应保证上、下节桩的轴线一致，并尽可能地缩短接桩时间。

④量测压力等仪表应注意保养、及时检修和定期标定，以减少量测误差。

⑤压桩机行驶道路的地基应有足够的承载力，必要时需进行处理。

5.辅助沉桩法

随着桩基工程的发展，为适应多种工程环境和复杂的地基条件，发展了新的辅助沉桩法，如预钻孔辅助沉桩法、冲水辅助沉桩法、振动辅助沉桩法、掘削辅助沉桩法、爆破辅助沉桩法以及多种辅助沉桩法组合而成的混合辅助沉桩法。其中，预钻孔辅助沉桩法、冲水辅助沉桩法、振动辅助沉桩法是最常用的辅助沉桩法。

（1）预钻孔辅助沉桩。

采用本工艺能大幅减少沉桩区及其附近土体变形和超静孔隙水压力，减少对桩区邻近建筑物的危害，还有利于减小沉桩施工中的噪声和振动影响，并可减少地基后期的土体固结沉降量以及相应的负摩阻力。尤其是当地基浅层中存在硬夹层时，能提高桩的穿透能力和沉桩效率，施工费约增大10%～20%。但当在浅层为透水性的砂土层地基中施工时，容易使浅层砂土松弛，则一般不宜采用。预钻孔辅助沉桩法主要用于软土层的地基，可分为全钻孔和局部钻孔沉桩法两类。

预钻孔辅助沉桩法可分为预钻孔锤击沉桩法、预钻孔静压沉桩法、预钻孔振动沉桩法等。

预钻孔锤击沉桩法：常用于黏性土地基，桩长可达50m以上，桩径为450～800mm，桩的承载力较高的长桩基础。本法适应地基土层软硬变化的能力强，能控制打桩应力打入精度高，桩单节长度大可减少接头，施工设备简单，操作简便，功效高。但预钻孔施工设备较复杂。采用预钻孔锤击沉桩法可显著减小地基变形的影响和减小噪声及振动等公害的影响。

预钻孔静压沉桩法：常用于软黏土地基，桩长为30m左右，桩径为400～450mm，桩的承载能力不太大的中长桩基础。当在预钻孔深度范围内，地基中存在浅层硬土层时，应用本法有显著的优越性。不仅可减小地基变位的影响程度，且可提高沉桩设备的静压能力。本法预钻孔施工设备较复杂，对场地要求较高，施工费用较高，适宜在城市建设中应用于摩擦桩基础。

预钻孔振动沉桩法：常用于黏性土地基中，为减少地基浅层变位和振动公害影响，提高桩的贯入能力，常与振动沉桩法同时使用。本法噪声较低、无烟火及溅油等公害问题，但仍存在振动公害。桩的承载能力受设备能力限制，常用于持力层较浅的摩擦支承桩基础。有时为了提高桩的贯入能力可采用预钻孔振动静压沉桩法，可使桩较深进入持力层，以提高桩的承载能力。

（2）冲水辅助沉桩。

冲水辅助沉桩是为减少沉桩阻力，避免下沉困难，提高桩的贯入能力，采用压力喷射水辅助锤击、振动、静压等沉桩法进行的施工。冲水辅助沉桩的基本原理是在桩尖处设置冲射管喷出高压水，冲刷桩尖处的土体以破坏土的结构，并使一部分土沿桩上涌，从而减小桩尖处的土体阻力和桩表面与地基土体间的摩擦阻力，使桩在自重以及锤击、振动、静压等作用下沉入土中。停止射水后，经过一段时间桩周松动的土又会逐渐固结紧密，使桩的承载力逐渐获得恢复。为了加强沉桩效果，也可用压缩空气和压力水同时冲刷土层，由于与压缩空气混合的泥浆容重降低，能以较快的速度冲向地面，并使土体对桩的阻力大为减小，从而加速桩的下沉。

冲水沉桩的施工程序为吊装就位、下沉桩、开动水泵，随着桩的下沉下放射水并不断上下抽动以冲击土体避免喷嘴堵塞。如桩发生偏斜应立即通过开关调正射水量和压力，使桩恢复到正常位置。当桩下沉至设计标高附近时停止冲水，改用锤击、振动或静压下沉。

冲水辅助沉桩也可分为冲水锤击沉桩法、冲水振动沉桩法、冲水静压沉桩法。当采用冲水振动沉桩法时，振动锤的必要振幅可以减小二分之一。射水沉桩还可分为内冲内排、内冲外排、外冲外排、外冲内排、内外冲内排等施工方法。按射水管的数量有单管式、双管式和多管式。

（3）振动辅助沉桩。

振动辅助沉桩法可增大桩下沉贯穿硬土层的能力，提高工效，与锤击、静压、掘削等沉桩工艺组合沉桩能充分发挥沉桩设备的潜力。虽然工费有所增加，但能显著加快施工速度，提高沉桩工效。振动辅助沉桩法常用于软土地基以及存在硬夹层和硬持力层地基的桩基工程，其可分为振动锤击沉桩法、振动静压沉桩法和振动掘削沉桩法。

振动锤击沉桩法用于浅层为较厚的软弱黏性土，深层为硬土层的地基。如采用先振动插桩初沉至硬土层，然后连续锤击下沉至设计标高的施工方法。振动锤可直接安置在锤击沉桩的桩架上，也可另行安置在专业桩架上。前者施工简便，可在场地面积受限制时使用。后者施工操作管理较复杂，要求有较宽阔的施工场地。

振动静压沉桩法用于浅层有硬夹层或硬持力层的地基，为克服静压沉桩设备的沉桩能力不足，可使桩下沉过程中能顺利穿透浅层硬夹层或进入硬持力层足够深度，避免发生滞桩现象。振动施工设备通常安置于静压沉桩的桩架上，振动锤常设置在顶压式压桩架的压梁下端与桩帽之间。当桩静压下沉至浅层硬夹层或硬持力层时，同时启动振动锤辅助将桩静压下沉穿透硬夹层或达到桩的设计标高。此法施工设备简单，能有效地提高静压沉桩设备的能力，常用于软土地基的摩擦支承桩基础中。

振动掘削沉桩法用于较硬的黏性土和松砂土地基，可提高振动沉桩设备的沉桩贯入能力，减少噪声、振动、地基变位等公害，使桩顺利下沉进入持力层达到设计标高。振动锤通常均直接安置在桩顶上，在桩依靠自重下沉的过程中，同时在空心桩中采用长螺旋钻连续排土或冲击铲、磨盘钻、短螺旋钻、铲斗等取土钻提升排土的掘削排土使桩下沉，当桩下沉至硬土层时，启动振动锤使桩继续下沉至设计标高，有时也可采用掘削振动静压沉桩施工法。当持力层起伏变化较大时，对桩的长度易于调节，能显著减小噪声、振动、地基变位等公害影响，并提高工效，但施工工艺较复杂。一般应用于水上、陆上、平台上要求承载能力较高的大直径空心钢筋混凝土桩、钢桩、组合桩的直桩基础。

6.静压沉桩法在应用中存在的问题

静压沉桩法在使用中主要存在以下问题。

（1）该施工法对现场的地耐力要求较高，特别是较笨重的大吨位压桩机，在回填土、淤泥地段及积水浸泡过的场地施工，机器行走困难，场地土过于软弱时容易发生陷机事故，场地土过硬时则压桩机吨位太小时穿透能力差，难以压到设计标高而不满足承载力要求。

（2）全液压静力压桩机占地面积大，要求边桩、角桩中心到已有建筑物的距离较大，尽管目前有些厂家生产出前置式压桩机，但压桩力一般只能到达该桩机最大压桩力的60%，压桩能力有限。

（3）由于压桩力有限，当地层中存在漂石、孤石及其他障碍物时，选择这种施工方法应谨慎，桩可能达不到设计的标高。

（4）静压法沉桩属于挤土桩，在布桩密集的地区施工，会产生土体挤压上涌所带来的危害。同时，后压桩由于先压桩的挤密作用而难以压入，要求合理布置施工流程，缩短压桩的停息时间。对工地周围的民房和管道，施工前应采取一定措施，较好的办法是取土填砂。

（5）过大的压桩力易将桩身桩顶夹破夹碎。主要原因有混凝土强度低、桩不直或配筋不当、偏心受压等，针对不同情况可调整桩位，提高混凝土等级，改进配筋设计。

静压桩的沉桩机理非常复杂，与土质、土层排列、硬土层厚度、桩数、桩距、施工顺序、进度等有关，有待进一步研究。静压桩施工中出现的问题也各种各样，最常用的处理方法是提高终压力进行复压或补桩。复压或补桩有一定困难时，要采取其他一些措施处理不合格桩，如灌浆补强、降低桩承载力标准或扩大承台等。相信随着工程实践的不断丰富，能为静压桩出现的问题提供更多的解决方法。

随着城市高速发展，城市居民密集居住，工程建设与城市环境的矛盾也日益尖锐，绿色岩土工程得到大力提倡，它主要强调岩土工程的绿色性与可持续发展。传统的锤击打桩将全面淡出大城市的中心城区，而无噪声、无振动、无油烟和无泥浆等无环境污染的静压桩基础得到广泛应用。随着静压桩施工技术的发展，液压静力压桩机技术及产品将由粗放型向功能精细化、操作智能化和大吨位方向发展。可以预计，静压桩在今后一段时间内在我国软土地区的桩基础中将独占鳌头，成为我国软土地区应用最多的桩。

第十章　建筑结构抗震设计

第一节　地震基础知识

一、地震的成因及其分类

地震是指由地球内部缓慢积累能量的突然释放引起的地球表层的振动。地震是地球内部构造运动的产物，是一种普遍的自然现象，全世界每年发生约500万次地震，其中具有破坏性的大地震平均每年发生18~20次。

地震按其成因可划分为3类，即构造地震、火山地震和陷落地震。

（一）构造地震

地球的内部被距地表约60 km的莫霍面（M面）和距地表约2900 km的古登堡面（G面）分为三大圈层，即地壳、地幔及地核。其中，地壳位于地表与M面之间，厚度为30~40 km，其上部是花岗岩，下部是玄武岩；地幔位于M面和G面之间，厚度约为2900 km，其主要成分为橄榄岩；地核位于G面以下，主要由镍和铁组成。

地球内部的压力是不均匀的，地幔中的软流层有缓慢的对流，从而引起地壳运动。在运动过程中，有的地区上升，有的地区下降，地球内部积累了大量的应变能，产生了地应力。当地应力达到岩层的强度时，岩层发生断裂或错动（脆性破坏），岩层内部的能量被释放，以波的形式传至地表，引起地面振动，称为构造地震。这类地震发生的次数最多，破坏力也最大，占全世界地震的90%以上。汶川地震就属于此类地震。

（二）火山地震

由火山作用，如岩浆活动、气体爆炸等引起的地震称为火山地震。只有在火山活动区才可能发生火山地震，这类地震只占全世界地震的7%左右。

（三）陷落地震

由地下岩洞或矿井顶部塌陷引起的地震称为陷落地震。这类地震的规模比较小，次数也很少，往往发生在溶洞密布的石灰岩地区或大规模地下开采的矿区。

相对来说，火山地震与陷落地震的震级及规模均较小，而构造地震造成地面建筑物的严重破坏，对人类的危害大，所以本书中所提到的地震主要指的是构造地震。

二、地震术语

（一）震源

地球内部发生地震的地方叫作震源，即指地壳深处发生岩层断裂、错动的部位。从震源到地面的垂直距离称为震源深度。一般来说，对于同样大小的地震，震源深度较小时，波及的范围小而破坏程度相对较大；震源深度较大时，则波及范围大而破坏程度较小。大多数破坏性地震的震源深度为5～20 km，属于浅源地震。

（二）震中

震源在地面上的投影点称为震中，震中及其附近的地方称为震中区。通常情况下，震中区的震害最严重，也称为极震区。从震中到地面上任意一点的距离称为震中距。

（三）地震波

地震波是地震发生时由震源处的岩石破裂而产生的弹性波。地震波在传播过程中，会引起地面加速度。

三、震级和烈度

（一）震级

地震震级是衡量一次地震释放能量大小的等级，即地震本身的强弱程度，用符号M表示。目前，国际上通用的是由美国加州理工学院的地震学家里克特（Charles Francis Richter）于1935年提出的震级指标M（里氏震级），震级每提高一级，地面的振动幅度增加约10倍，释放的能量则增大近32倍。

一般来说，小于2级的地震人们感觉不到，称为微震；2～5级的地震称为有感地震；5级以上的地震会造成不同程度的破坏，称为破坏性地震；7～8级的地震称为强烈地震或大地震；大于8级的地震称为特大地震。

需要特别注意的是，由于震源深浅、震中距大小等不同，地震造成的破坏也不同。震级大，破坏力不一定大；震级小，破坏力不一定就小。

（二）地震烈度

一次地震对某一地区的影响和破坏程度称为地震烈度，简称为烈度，用符号I表示。目前，我国国家地震局颁布实施的《中国地震烈度表》（GB/T 17742—2020）将地震分为12度。

一般而言，震级越大，烈度就越大。同一地震，震中距小，烈度就高；反之，烈度就低。影响烈度的因素除了震级、震中距外，还有震源深度、地质构造和地基条件等因素。

四、地震区划

强烈地震是一种破坏性很大的自然灾害，它的发生具有很大的随机性。因此，采用概率方法预测某地区在未来一定时间内可能发生地震的最大烈度是具有工程意义的。编制地震烈度区划图时，采用概率方法对地震危险性进行分析，并对烈度赋予有限时间区限和概率水平的含义。为了衡量一个地区遭受的地震影响程度，我国规定了一个统一的尺度，即地震基本烈度。它是指该地区未来50年内，一般场地条件下可能遭受的具有10%超越概率的地震烈度值。

《建筑抗震设计规范（附条文说明）（2016年版）》（GB50011-2010）对我国主要城镇中心地区的抗震设防烈度、设计基本地震加速度给出了具体的规定。此外，对已编制抗震设防区划的城市，可按批准的抗震设防烈度进行抗震设防。

应该特别指出的是，抗震设防烈度和设计基本地震加速度取值的对应关系，应符合表10-1的规定。设计基本地震加速度为0.15g和0.30g地区内的建筑，除《建筑抗震设计规范（附条文说明）（2016年版）》（GB50011-2010）另有规定外，应分别按抗震设防烈度7度和8度的要求进行抗震设计。

表10-1　抗震设防烈度和设计基本地震加速度值的对应关系

抗震设防烈度	6度	7度	8度	9度
设计基本地震加速度值	0.05g	0.10g（0.15g）	0.20g（0.30g）	0.40g

五、设计地震分组

理论分析和震害调查结果表明，不同地震（震级或震中烈度不同）对某一地区不同动力特性结构的破坏作用是不同的。在宏观烈度大体相同的条件下，震级较大、震中距较远的地震对自振周期较长的高柔结构的破坏比震级较小、震中距较近地震的破坏更严重，对自振周期较短的刚性结构则有相反的趋势。

　　为了区别相同烈度下不同震级和震中距的地震对不同动力特性建筑物的破坏作用，《建筑抗震设计规范（附条文说明）（2016年版）》（GB 50011-2010）以设计地震分组来体现震级和震中距的影响，将建筑工程所在地的设计地震分为三组。《建筑抗震设计规范（附条文说明）（2016年版）》（GB 50011-2010）列出了我国抗震设防区各县级及县级以上城镇中心地区的抗震设防烈度、设计基本地震加速度值和所属的设计地震分组，供设计时取用。

六、场地类别

　　抗震设计时要区分场地的类别，以作为表征地震反应场地条件的指标。建筑场地是指建筑物所在地，大体相当于厂区、居民点和自然村的区域范围。场地条件对建筑物所受到的地震作用的强烈程度有明显的影响，在一次地震下，即使两场地范围内的地震烈度相同，建筑物受到的震害也不一定相同。

　　《建筑抗震设计规范（附条文说明）（2016年版）》（GB 50011-2010）按地震对建筑的影响，把建筑场地分为Ⅰ、Ⅱ、Ⅲ、Ⅳ四类，Ⅰ类场地对抗震最有利，Ⅳ类最不利。场地类别根据土层等效剪切波速和场地覆盖层厚度划分，由工程地质勘察部门提供。

七、地震活动

　　所谓地震活动，是指地震发生的时间、空间、强度和频率的变化规律。由于地震的发生是一个能量的积累、释放、再积累、再释放的过程，因此同一个地区地震的发生存在时间上的疏密交替现象，一段时间活跃，然后一段时间相对平静。地震活跃期和地震平静期的时间跨度称为地震活动期。

　　统计表明，全球平均每年发生的地震数量约为：3级地震100000次，4级地震12000次，5级地震2000次，6级地震200次，7级地震20次，8级及8级以上地震3次。

八、地震分布

　　世界范围内，地震分布呈现条带分布的特征，称为地震带。全球有两大地震带，即环太平洋地震带与欧亚地震带。

　　环太平洋地震带分布于濒临太平洋的大陆边缘与岛屿。从南美西海岸安第斯山开始，向南经南美洲南端马尔维纳斯群岛到南乔治亚岛，向北经墨西哥、北美洲西岸、阿留申群岛、千岛群岛到日本群岛，然后分成两支，一支向东南经马里亚纳群岛、关岛到雅浦岛，另一支向西南经琉球群岛、我国台湾、菲律宾到苏拉威西岛，与地中海-印尼地震带汇合后，经所罗门群岛、新赫布里底群岛、斐济岛到新西兰。其基本位置和环太平洋火山带相同，但影响范围较火山作用带稍宽，连续成带性也更明显。世界上80%的地震发生在此地震带上，包括大量的浅源地震、90%的中源地震、几乎所有的深源地震和全球大部分的特大地震。

欧亚地震带西起大西洋亚速尔群岛，向东经地中海、土耳其、伊朗、阿富汗、巴基斯坦、印度北部、中国西部和西南部边境、缅甸到印度尼西亚，与环太平洋地震带相接。它横越欧、亚、非三洲，全长2万多千米，基本上与东西向火山带位置相同，但带状特性更加鲜明。世界上15%的地震发生在此地震带上，主要是浅源地震和中源地震，缺乏深源地震。

我国是地震多发、震害最严重的国家之一。据统计，我国大陆地震约占世界大陆地震的1/3，其原因是我国正好处于地球的环太平洋地震带和欧亚地震带两大地震带之间。

第二节　工程结构的抗震设防

简单地说，工程结构的抗震设防是指在工程建设时对建筑结构进行抗震设计并采取抗震措施，以达到抗震的效果。

《建筑抗震设计规范（附条文说明）（2016年版）》（GB 50011-2010）规定，抗震设防烈度为6度及以上地区的建筑，必须进行抗震设计。抗震设防烈度超过9度的地区和行业要求工业建筑的抗震设防按有关专门规定执行。

一、抗震设防的目标和要求

抗震设防目标是指建筑结构遭遇不同水准的地震影响时，对其结构、构件、使用功能、设备的损坏程度以及人身安全的总要求，即对建筑结构所具有的抗震安全性的要求。

抗震设防目标总的发展趋势为在建筑物使用寿命期间，对不同频度和强度的地震，要求建筑物具有不同的抵抗能力。基于这一趋势，结合我国的经济能力，《建筑抗震设计规范（附条文说明）（2016年版）》（GB 50011-2010）提出了"三水准"的抗震设防目标。

（一）第一水准

第一水准指的是当遭受到多遇的、低于本地区抗震设防烈度的地震（简称小震）影响时，建筑物一般应不受损坏或不需修理仍能继续使用，即"小震不坏"。

（二）第二水准

第二水准指的是当遭受到相当于本地区抗震设防烈度的地震（简称中震）影响时，建筑物可能损坏，经一般修理或不需修理仍能继续使用，即"中震可修"。

（三）第三水准

第三水准指的是当遭受到高于本地区抗震设防烈度的罕遇地震（简称大震）影响时，建筑物不致倒塌或不发生危及生命的严重损坏，即"大震不倒"。

上述三个地震的烈度用以反映同一个地区可能遭受地震影响的强度和频度水平。其具体含义为：

（1）小震烈度，也称众值烈度，定义为一般场地条件下，相当于重现期为50年的地震烈度值（比基本烈度低1.55度）。

（2）中震烈度，也称基本烈度，定义为《中国地震烈度区划图》所规定的烈度，相当于重现期为475年的地震烈度值。

（3）大震烈度，也称罕遇烈度，定义为一般场地条件下，相当于1600～2500年一遇的地震的烈度值（比基本烈度高1度）。

二、抗震设防的分类和设防标准

抗震设计中，根据建筑使用功能的重要性，应采取不同的抗震设防标准。《建筑工程抗震设防分类标准》（GB 50223—2008）将建筑物分为甲、乙、丙、丁四个抗震设防类别，具体如表10-2所示。各抗震设防类别建筑的抗震设防标准应符合以下要求。

表10-2　建筑物的抗震设防类别

设防烈度	甲类建筑	属于重大建筑工程和地震时可能发生严重次生灾害（如放射性物质的污染、剧毒气体的扩散和爆炸等）的建筑
	乙类建筑	属于地震时使用功能不能中断或需尽快恢复的建筑（如消防、供水、石油、供电、急救、航空、煤气、交通等建筑）
	丙类建筑	甲、乙、丁类建筑以外的一般建筑（如大量的一般工业与民用建筑）
	丁类建筑	属于抗震次要建筑，包括遇地震破坏不易造成人员伤亡和较大经济损失的建筑（如一般仓库、人员较少的辅助性建筑等）

（一）甲类建筑

甲类建筑地震作用应高于本地区抗震设防烈度的要求，其值应按批准的地震安全性评价结果确定。当抗震设防烈度为6～8度时，抗震措施应符合本地区抗震设防烈度提高1度的要求；当为9度时，应符合比9度抗震设防更高的要求。

（二）乙类建筑

乙类建筑地震作用值应按本地区抗震设防烈度的要求确定。一般情况下，当抗震设防烈度为6～8度时，抗震措施应符合本地区抗震设防烈度提高1度的要求；当为9度时，应符合比9度抗震设防更高的要求。

对于较小的乙类建筑（如工矿企业的变电所、空压站、水泵房及城市供水水源的泵房等），当其采用抗震性能较好的结构类型（如钢筋混凝土结构或钢结构）时，应允许按本地区抗震设防烈度采取构造措施。

（三）丙类建筑

丙类建筑地震作用与抗震措施均应符合本地区抗震设防烈度的要求。

（四）丁类建筑

丁类建筑地震作用仍应符合本地区抗震设防烈度的要求；抗震措施应允许比本地区抗震设防烈度的要求适当降低，但抗震设防烈度为6度时不应降低。

需要注意的是，当抗震设防烈度为6度时，除规范有具体规定外，对乙、丙、丁类建筑可不进行地震作用计算。

三、建筑抗震设计方法

在进行建筑抗震设计时，《建筑抗震设计规范（附条文说明）（2016年版）》（GB 50011-2010）采用了两阶段设计法以实现"三水准"的抗震设防目标。

（一）第一阶段设计

第一阶段设计即结构构件截面抗震承载力验算，其具体设计步骤为：

（1）计算众值烈度下结构的弹性地震效应（内力和变形）；

（2）采用地震作用效应与其他荷载效应的基本组合验算结构构件的承载能力，并采取必要的抗震措施；

（3）验算众值烈度下的弹性变形；

（4）进行概念设计和抗震构造要求。

其中，步骤（1）～（3）旨在实现第一水准和第二水准的抗震设防目标，步骤（4）则用于实现第二水准和第三水准的抗震设防目标。

（二）第二阶段设计

第二阶段设计即罕遇地震作用下的结构弹塑性变形验算。其具体设计方法为：

（1）计算大震作用下的结构弹塑性变形；

（2）验算薄弱层或薄弱位置的弹塑性层间变形，并采取相应的措施。

应特别说明的是，对于多数建筑结构来说，进行上述第一阶段设计就可以满足三个烈度水准的抗震设防目标。但对于质量、刚度明显不均匀的结构，有特殊要求的重要结构和地震时易倒塌的结构，还需进行第二阶段设计。

第三节 建筑抗震概念设计及其要求

一、建筑抗震概念设计

一般来说，抗震设计主要包括三个方面：概念设计、计算设计和构造设计。地震的随机性，建筑物的动力特性，所在场地、材料及内力的不确定性，使地震时建筑物的破坏机理和过程十分复杂，造成的破坏程度也很难准确预测。所以，结构抗震不能完全依赖计算设计，而应立足于工程抗震基本概念与长期的工程抗震经验总结，即概念设计。

概念设计强调，在工程设计一开始就应从总体上把握场地选择、地基处理、建筑形体结构体系、刚度分布、构件延性等方面，从根本上消除建筑的抗震薄弱环节，再辅以必要的计算和构造措施，就有可能设计出具有良好抗震性能的结构。

二、场地选择要求

多次震害调查发现，在同一烈度区内，工程地质条件对地震破坏的影响很大，即出现"重灾区里有轻灾，轻灾区里有重灾"的异常现象。因此，选择建筑场地时，应根据工程需要和地震活动情况、工程地质等有关资料，对抗震有利、一般、不利和危险地段作出综合评价。

地段选择的原则：尽量选择对建筑抗震有利的地段，对不利地段，应提出避开要求，当无法避开时应采取有效措施；对危险地段，严禁建造甲、乙类建筑，不应建造丙类建筑。有利、一般、不利和危险地段的划分如表10-3所示。

表10-3 有利、一般、不利和危险地段的划分

地段类别	地质、地形、地貌
有利地段	稳定基岩，坚硬土，开阔、平坦、密实、均匀的中硬土等
一般地段	不属于有利、不利和危险的地段
不利地段	软弱土，液化土，条状凸出的山嘴，高耸孤立的山丘，陡坡，陡坎，河岸和边坡的边缘，平面分布上成因、岩性、状态明显不均匀的土层（含故河道、疏松的断层破碎带、暗埋的塘浜沟谷和半填半挖地基），高含水量的可塑黄土，地表存在结构性裂缝等
危险地段	地震时可能发生滑坡、崩塌、地陷、地裂、泥石流等及发震断裂带上可能发生地表错位的部位

地震发生时，地基失效往往是造成结构破坏的直接原因。常见的地基失效包括由地震引起的地表错动和地裂，地基土的不均匀沉陷、滑坡和砂土液化等。因此，地基和基础设计应符合下列要求：同一结构单元的基础不宜设置在性质截然不同的地基土上；同一结构单元不宜部分采用天然地基，部分采用桩基；地基为软弱黏性土、液化土、新近填土或严重不均匀土时，应根据地震发生时的地基不均匀沉降现象和其他不利影响，采取相应的措施。

三、建筑形体要求

根据抗震概念设计的要求，建筑设计应避免采用严重不规则建筑的设计方案。规则的建筑结构形体（平面和立面的形状）简单，抗侧力体系的刚度和承载力上下变化连续、均匀，平、立面布置基本对称，即平面、立面或抗侧力体系没有明显的突变。结构在水平和竖向的刚度与质量分布上应力求对称，尽量减小质量中心与刚度中心的偏离，这种偏心引起的结构扭转振动将造成严重的震害。

《建筑抗震设计规范（附条文说明）（2016年版）》（GB 50011-2010）给出了平面和竖向不规则类型的明确定义，并提出对不规则结构的水平地震作用计算、内力调整和对薄弱部位应采取有效的抗震构造措施等方面的要求。

四、抗震结构体系要求

抗震结构体系的选择是抗震设计应考虑的关键问题。抗震结构体系的选取是否合理，对结构的安全性和经济性起决定性作用。据此，《建筑抗震设计规范（附条文说明）（2016年版）》（GB 50011-2010）对抗震结构体系提出了明确的要求：

（1）应具有明确的计算简图和合理的地震作用传递途径；

（2）应避免因部分结构或构件破坏而导致整个结构丧失抗震能力或对重力荷载的承载能力；

（3）应具备必要的抗震承载力、良好的变形能力和消耗地震能量的能力；

（4）对可能出现的薄弱部位，应采取措施提高其抗震能力；

（5）宜具有多道抗震防线；

（6）宜具有合理的刚度和承载力分布，避免局部削弱或突变形成薄弱部位，产生过大的应力集中或塑性变形集中；

（7）结构在两个主轴方向的动力特性宜相近。

五、非结构构件抗震基本要求

非结构构件（包括建筑非结构构件、建筑附属机电设备、自身及其与结构主体的连接等）应进行抗震设计。在地震的作用下，这些构件会或多或少参与其中，从而可能改变结构或某些构件的刚度、承载力和传力途径，产生出乎预料的抗震效果或造成未曾估计到的局部震害。建筑非结构构件一般有三类。

（1）附属结构构件，如女儿墙、雨篷、厂房高低跨封墙等。这类构件的抗震措施是加强其自身的整体性，并与主体结构有可靠的连接或锚固，防止倒塌伤人。

（2）装饰物，如建筑贴画、装饰、吊顶和悬吊重物等。这类构件的抗震措施是加强同主体结构的连接。对重要的贴画和装饰，采取柔性连接，即保证主体结构变形不致损坏贴画和装饰，应避免吊顶塌落伤人、贴镶或悬吊较重的装饰物，当不可避免时应有可靠的防护措施。

（3）非结构墙体，如围护墙、内隔墙和框架填充墙等。应考虑这类构件对结构抗震的不利影响或有利影响，避免不合理的设置而导致主体结构破坏，如框架或厂房房间填充墙不到顶，使这些柱子形成短柱，地震时这些短柱极易发生脆性破坏。

六、结构材料和施工质量基本要求

抗震结构在材料选用、施工程序和材料代用上有其特殊的要求，这是抗震结构施工中一个十分重要的问题，必须引起足够的重视。

《建筑抗震设计规范（附条文说明）（2016年版）》（GB 50011-2010）规定，结构材料性能指标应符合下列最低要求。

（1）砌体结构材料。

①普通砖和多孔砖的强度等级不应低于MU10，其砌筑砂浆强度等级不应低于M5；

②混凝土小型空心砌块的强度等级不应低于MU7.5，其砌筑砂浆强度等级不应低于Mb7.5。

（2）混凝土结构材料。

①混凝土的强度等级，对于框支梁、框支柱及抗震等级为一级的框架梁、柱、节点核芯区，不应低于C30；对于构造柱、芯柱、圈梁及其他各类构件，不应低于C20；对于抗震墙，不宜超过C60；对于其他构件，抗震设防烈度为9度时不宜超过C60，抗震设防烈度为8度时不宜超过C70。

②普通钢筋宜优先采用延性、韧性和焊接性较好的钢筋；抗震等级为一、二、三级的框架和斜撑构件（含梯段），其纵向受力钢筋采用普通钢筋时，钢筋的抗拉强度实测值与屈服强度实测值的比值不应小于1.25；钢筋的屈服强度实测值与屈服强度标准值的比值不应大于1.3；钢筋在最大拉力作用下的总伸长率实测值不应小于9%。

③纵向受力钢筋宜选用符合抗震性能指标的不低于HRB400的热轧钢筋。

④箍筋宜选用符合抗震性能指标的不低于HRB335的热轧钢筋。

（3）在施工中，当需要以强度等级较高的钢筋替代原设计中的纵向受力钢筋时，应按照钢筋受拉承载力设计值相等的原则换算，并应满足最小配筋率要求。

（4）为确保砌体抗震墙与构造柱、芯柱、低层框架梁柱的连接，提高抗侧力砌体墙的变形能力，要求施工时先砌墙，后浇筑构造柱和框架梁柱。

第四节　结构抗震设计原理

一、概述

地震作用是指由地震引起的结构动态作用，包括竖向地震作用和水平地震作用。地震作用与一般荷载的区别在于：地震作用不仅与地震本身有关，还与结构自身的动力特性，如自振周期、阻尼等有关。对于一般的建筑结构，竖向地震作用的影响不明显，所以可仅计算水平地震作用。抗震设防烈度为8、9度的大跨度和长悬臂结构及抗震设防烈度为9度的高层建筑，则应计算竖向地震作用。

水平地震作用可能来自结构的任何方向。对大多数建筑来说，抗侧力体系沿两个主轴方向布置，所以一般应在两个主轴方向分别计算其水平地震作用，每一方向的水平地震作用由该方向的抗侧力体系承担。据此，对大多数布置合理的结构，可以不考虑双向地震作用下结构的扭转效应。

二、水平地震作用的计算

(一)计算简图

地震作用是指结构质量受地面输入加速度的激励而产生的惯性作用,它的大小与结构质量有关。计算地震作用时,通常采用"集中质量法"的结构计算简图,即把结构简化为一个有限数目质点的悬臂杆,具体做法为将各楼层的重力集中在楼盖标高处,墙体重力则按上、下层各半集中在该层楼盖处,于是各楼层被抽象为若干参与振动的质点。结构的计算简图是一单质点弹性体系或多质点弹性体系。

需要注意的是,计算质点的重力时不仅要考虑结构的自重,而且要考虑地震发生时可能作用于结构上的竖向可变荷载(如楼面活荷载等)。质点重力采用重力荷载代表值表示。

(二)设计反应谱

地震反应谱是指地震作用时结构上质点反应(加速度、速度、位移)的最大值与结构自振周期之间的关系曲线,也称为反应谱曲线。

对于每一次地震,都可以得到它的反应谱曲线。但是,地震的发生具有很大的随机性,即使是同一烈度、同一地点,先后两次地震的地面加速度记录结果也不可能相同,更何况进行抗震设计时不可能预知当地未来地震的反应谱曲线。然而,在研究了许多地震的实测反应谱后发现,反应谱曲线仍有一定的规律。设计反应谱就是在考虑了这些共同规律后,按主要影响因素处理后得到的平均反应谱曲线。通过设计反应谱,可以把动态的地震作用转化为结构上的最大等效侧向静力荷载,以方便计算。

设计反应谱是根据单自由度弹性体系的地震反应得到的。《建筑抗震设计规范(附条文说明)(2016年版)》(GB 50011-2010)采用的设计反应谱的具体表达形式是地震影响系数 α 关于结构自振周期的曲线。其中,地震影响系数 α 即相对于重力加速度g的单质点绝对最大加速度反应。

影响地震作用大小的因素有:建筑物所在地的地震动参数(加速度),烈度越高,地震作用就越大;建筑物总重力荷载值,质点的重力荷载值越大,其惯性力就越大,地震作用就越大;建筑物的动力特性,主要指的是结构的自振周期T和阻尼比 ζ ,一般来说,T值越小,建筑物质点的最大加速度反应就越大,阻尼比就越小,地震作用就越大;建筑物场地类别,建筑物场地类别越高(如Ⅰ类场地),地震作用就越小。

《建筑抗震设计规范(附条文说明)(2016年版)》(GB 50011-2010)规定,绝大多数情况下,建筑结构的阻尼比取0.05,此时阻尼调整系数 $\eta_2 = 1.0$;衰减指数 $\gamma = 0.9$;斜率调整系数$\eta_1 = 0.02$；水平地震影响系数最大值α_{max}按表10-4确定；场地特征周期T_g由表10-5查得，计算8、9度罕遇地震作用时，特征周期应增加0.05 s。

表10-4　水平地震影响系数最大值 α_{max}

抗震设防烈度 ＼ 地震类别	6度	7度	8度	9度
多遇地震	0.04	0.08（0.12）	0.16（0.24）	0.32
罕遇地震	0.28	0.50（0.72）	0.90（1.20）	1.40

注：括号中的数值分别用于设计基本地震加速度为0.15 g和0.30 g的地区。

表10-5　特征周期值T_g

设计地震分组	场地类别				
	I_0	I_1	II	III	IV
第一组	0.20	0.25	0.35	0.45	0.65
第二组	0.25	0.30	0.40	0.55	0.75
第三组	0.30	0.35	0.45	0.65	0.90

应该特别注意的是，当建筑结构的阻尼比ξ不等于0.05时，阻尼调整系数和形状参数应根据阻尼比值分别计算如下：

直线下降段的下降斜率调整系数为：

$$\eta_1 = 0.02 + \frac{0.05 - \xi}{4 + 32\xi} \qquad (10\text{-}1)$$

曲线下降段的衰减指数为：

$$\gamma = 0.9 + \frac{0.05 - \xi}{0.3 + 6\xi} \qquad (10\text{-}2)$$

阻尼调整系数为：

$$\eta_2 = 1 + \frac{0.05 - \xi}{0.08 + 1.6\xi} \qquad (10\text{-}3)$$

综上所述，地震影响系数α应根据地震烈度、场地类别、设计地震分组和结构自振周期、阻尼比确定。

（三）底部剪力法

目前常用的计算地震作用的方法有底部剪力法、振型分解反应谱法和时程分析法。振型分解反应谱法将复杂的震型按震型分解，并借用单自由度体系的反应谱理论来计算地震作用，计算量较大，是目前计算机辅助结构设计软件计算地震作用的常用方法。底部剪力法是对振型分解反应谱法进行简化后得到的，计算量小，适用于手算。时程分析法目前常用于重要或复杂结构的补充计算。这里仅介绍手算常用的底部剪力法。

底部剪力法的基本思路为结构所有质点上的地震作用力的总和即为结构底部的剪力，每个质点所受的地震作用力的大小按倒三角形规律分布。对于底部剪力的适用范围，《建筑抗震设计规范（附条文说明）（2016年版）》（GB 50011-2010）规定，高度不超过40 m，以剪切变形为主且质量和刚度沿高度方向分布比较均匀的结构，以及近似于单质点体系的结构，可以采用底部剪力法计算结构的水平地震作用标准值。

结构底部的总水平地震作用标准值F_{EK}应按下列公式确定：

$$F_{EK} = \alpha_1 G_{eq} \tag{10-4}$$

$$F_i = \frac{G_i H_i}{\sum_{j=1}^{n} G_j H_j} F_{EK}(1-\delta_n) \tag{10-5}$$

$$\Delta F_n = \delta_n F_{EK} \tag{10-6}$$

式中：F_{EK}——结构总水平地震作用标准值；

α_1——相应于结构基本自振周期的水平地震影响系数值，多层砌体房屋、底部框架砌体房屋，宜取水平地震影响系数最大值；

G_{eq}——结构等效总重力荷载，单质点应取总重力荷载代表值，多质点可取总重力荷载代表值的85%；

F_i——质点i的水平地震作用标准值；

G_i，G_j——集中于质点i、j的重力荷载代表值；

H_i，H_j——质点i、j的计算高度；

δ_n——顶部附加地震作用系数；

ΔF_n——顶部附加水平地震作用。

需要特别注意的是，计算地震作用时，建筑的重力荷载代表值应取结构的永久荷载标准值和各可变荷载的组合值之和。

采用底部剪力法时，突出屋面的屋顶间、女儿墙。烟囱等的地震作用效应，宜乘以增大系数3，此增大部分不应往下传递，但与该突出部分相连构件的地震作用效应应予以计入。

三、竖向地震作用的计算

（一）竖向反应谱法

抗震研究表明，高耸结构和高层建筑的竖向地震反应谱与水平地震反应谱形状相差不大，因此，其竖向地震作用可按与底部剪力法相似的方法计算，该方法即为竖向反应谱法。其具体计算步骤为先确定结构底部总竖向地震作用，再计算作用在结构各质点上的竖向地震作用。其公式为：

$$F_{evk} = \alpha_{vl} G_{eq} \qquad (10\text{-}7)$$

$$F_{vi} = \frac{G_i H_i}{\sum_{j=1}^{n} G_j H_j} F_{evk} (1 - \delta_n) \qquad (10\text{-}8)$$

式中：F_{evk}——结构总竖向地震作用标准值；

α_{vl}——相应于结构竖向基本自振周期的竖向地震影响系数值，其值可近似取为水平地震影响系数最大值的65%，即 $a_{max} = 0.65 a_{max}$；

G_{eq}——结构等效总重力荷载，在计算高耸结构和高层建筑的竖向地震作用时，取其总重力荷载代表值的75%；

F_{vi}——质点 i 的竖向地震作用标准值。

另外，对于抗震设防烈度为9度的高层建筑，楼层的竖向地震作用效应可按各构件承受的重力荷载代表值的比例分配，并根据地震经验乘以1.5的竖向地震动力效应增大系数。

（二）静力法

对于大跨度结构、长悬臂结构来说，竖向地震作用内力与重力荷载的内力相比，相差一般不大，因此，可取结构或构件重力荷载的某个百分数作为其竖向地震作用，这种计算方法即为静力法。其公式为：

$$F_v = \xi_v G \qquad (10\text{-}9)$$

式中：F_v——结构竖向地震作用标准值；

ζ_v——竖向地震作用系数；

G——重力荷载代表值。

对于长悬臂和其他大跨度结构，抗震设防烈度为8度时取 $\zeta_v = 0.1$，抗震设防烈度为9度时取 $\zeta_v = 0.2$。

四、结构抗震验算

（一）基本原则

结构抗震验算包括结构构件截面抗震验算和结构抗震变形验算。

各类建筑结构的抗震验算应遵循以下原则：

（1）对于抗震设防烈度为6度地区的建筑（不规则建筑及建造于Ⅳ类场地上较高的高层建筑除外），可不进行截面抗震验算，但应采取《建筑抗震设计规范（附条文说明）（2016年版）》（GB 50011-2010）要求的相关抗震措施；

（2）对于抗震设防烈度为6度地区的不规则建筑和建造于Ⅳ类场地上较高的高层建筑，以及抗震设防烈度为7度和7度以上地区的建筑结构（生土房屋和木结构房屋除外），应进行多遇地震作用下的截面抗震验算。

（二）截面抗震验算

结构构件截面抗震验算，主要复核结构构件控制截面在多遇地震作用下的截面承载力是否满足要求。

1.结构构件内力

结构构件的地震作用效应和其他荷载效应的基本组合，应按下式计算：

$$S = \gamma_G S_{GE} + \gamma_{Eh} S_{Ehk} + \gamma_{Ev} S_{Evk} + \phi_w \gamma_w S_{wk} \qquad （10–10）$$

式中：S——结构构件内力组合的设计值，包括组合的弯矩、轴向力和剪力设计值等；

γ_G——重力荷载分项系数，一般情况应采用1.2，当重力荷载效应对构件承载能力有利时，不应大于1.0；

γ_{Eh}，γ_{Ev}——水平、竖向地震作用分项系数；

γ_w——风荷载分项系数，应采用1.4；

S_{GE}——重力荷载代表值的效应，有吊车时，应包括悬吊物重力标准值的效应；

S_{Ehk}——水平地震作用标准值的效应，应乘以相应的增大系数或调整系数；

S_{Evk}——竖向地震作用标准值的效应，应乘以相应的增大系数或调整系数；

S_{wk}——风荷载标准值的效应；

φ_w——风荷载组合值系数，一般结构取0，风荷载起控制作用的建筑应采用0.2。

2.强度验算

结构构件的截面抗震验算，应采用下列设计表达式：

$$S \leqslant \frac{R}{\gamma_{RE}} \qquad\qquad (10\text{–}11)$$

式中：γ_{RE}——承载力抗震调整系数；

R——结构构件承载力设计值。

应该特别指出的是，当仅计算竖向地震作用时，各类结构构件承载力抗震调整系数均应采用1.0。

第十一章　混凝土结构的抗震设计

第一节　震害及其分析

与砌体结构房屋相比，钢筋混凝土结构房屋具有较好的抗震性能，但如果抗震设计不合理，也会发生较严重的震害。

一、结构布置不合理造成的震害

（一）结构平面不对称造成的震害

结构平面不对称有两种情况，一是结构平面形状不对称，如L形平面、Z形平面等；二是结构的平面形状对称但结构的刚度分布不对称，这往往是楼梯间或抗震墙布置不对称造成的。结构平面不对称会使结构的质量中心（即地震作用力的作用点）与刚度中心不重合，导致结构在水平地震作用下产生扭转和局部应力集中（尤其在凹角处），若不采取相应的加强措施，则会造成严重的震害。

（二）竖向刚度突变造成的震害

结构刚度沿竖向分布突然发生变化时，在刚度突变处形成地震中的薄弱部位，产生较大的应力集中或塑性变形集中。如果不对可能出现的薄弱部位采取相应的措施，就会产生严重的震害。

（三）防震缝宽度不足产生的震害

唐山地震时，一些高层建筑由于预留的防震缝宽度不足，出现了房屋相互碰撞而引起损坏的现象。如天津友谊宾馆，东段为8层框架结构，高35.5 m，西段为11层的框架–抗震墙结构，高45.9 m，东西段之间设置宽为15 cm的防震缝，结构按7度进行抗震设防。唐山地震时该房屋处于8度区，震后主体结构基本完好，但由于防震缝宽度不足，房屋发生碰撞，缝两侧墙体、屋面等刚性建筑构造均遭局部破坏。

二、场地影响产生的震害

场地、地基对上部结构造成的震害主要有两个方面：一是地基失效导致房屋不均匀沉降甚至倒塌；二是场地土质条件影响地震波的传播特性，使建筑物产生不同的地震反应，当房屋的自振周期与场地、地基土的卓越周期相近时，有可能发生类共振而加重房屋的震害，有时即使烈度不高，但结构物的破坏比预计的严重得多。

三、框架结构的震害

框架结构的震害主要是由于强度和延性不足引起的，一般规律是柱的震害重于梁，角柱的震害重于一般柱，柱上端的震害重于下端。

（一）框架柱

在框架结构中柱子的地位是最重要的，柱子是竖向承重构件，一旦破坏就会危及整幢房屋的安全。由于框架柱既要承受较大的竖向荷载，又要承受往复的水平地震作用，受力复杂并且本身延性较差，因此，如果没有认真地考虑抗震设计，框架柱就容易发生比较严重的震害。柱子常见的震害有以下几点。

1.剪切破坏

柱子在往复水平地震剪力作用下，出现斜裂缝或交叉裂缝，裂缝宽度比较大，难以修复，属于脆性破坏。柱子抗剪强度不足会造成柱身的剪切破坏；框架中有错层或不到顶的填充墙，使柱子变形受约束，计算长度变小，从而剪跨比变小，也会导致剪切破坏。

2.压弯破坏

柱子在轴力和变号弯矩作用下，混凝土压碎剥落，主筋压曲成灯笼状。柱子轴压比过大，主筋不足，箍筋过稀等都会导致这种破坏。破坏大多出现在梁底与柱顶交接处。这是一种脆性破坏，较难修复。值得注意的是，箍筋在施工时由于端部接口处弯曲角度不足（如只有90%），使箍筋端部接口仅锚固在柱混凝土保护层中，在地震的反复作用下，混凝土保护层剥落、箍筋进开并失效，使柱混凝土和纵向钢筋得不到约束，从而导致柱子破坏。

3.弯曲破坏

由于变号弯矩的作用，柱子纵筋不足，使柱产生周围水平裂缝，裂缝宽度一般比较小，较易修复。

（二）框架梁

框架梁的震害一般出现在与柱连接的端部，纵向梁的震害重于横向梁。梁的破坏后果不如柱的严重，一般只会引起结构的局部破坏而不会引起房屋倒塌。框架梁常见的破坏有：

1.斜截面破坏

由于抗剪强度不足，在梁端附近产生斜裂缝或混凝土剪压破坏，这种破坏属于脆性破坏。

2.正截面破坏

在水平地震反复作用下，梁端产生较大的变号弯矩，导致竖向周围裂缝，严重时将出现塑性铰。

3.锚固破坏

当梁的主筋在节点内锚固长度不足，或锚固构造不当，或节点区混凝土碎裂时，钢筋与混凝土之间的黏结力遭到破坏，钢筋滑移，甚至从节点拔出。这种破坏也属于脆性破坏，应注意防止。

（三）板

板的破坏不太多，出现的震害有板四角的45°斜裂缝、平行于梁的通长裂缝等。

（四）框架节点

在地震的反复作用下，框架节点主要承受剪力和压力，当节点核芯区抗剪强度不足时，将导致核芯区产生交叉斜裂缝，边节点的混凝土保护层剥落。

四、填充墙

在填充墙开裂前，填充墙与框架是共同工作的。由于填充墙的刚度较大，吸引了较大的地震作用，而其抗剪强度较低，所以，填充墙的破坏往往先于框架梁、柱，一般7度时即出现裂缝。填充墙的破坏消耗了一部分地震能量，在一定程度上保护了框架结构。填充墙的震害大部分是墙面产生斜裂缝或交叉裂缝，房屋端部的窗间墙或门窗洞口的边角部位破坏尤为严重，在窗口上下墙面上也常见水平裂缝。墙面高大而开洞面积又大时，有整片墙倒塌的可能。9度地区以上填充墙大部分倒塌，空心砖填充墙尤为严重。

框架与填充墙之间没有钢筋拉结，墙面开洞过大过多，砂浆强度等级低，施工质量差，灰缝不饱满等因素，都会使填充墙的震害加重。

五、抗震墙的震害

连梁和墙肢底层的破坏是抗震墙的主要震害。

开洞抗震墙中，由于洞口应力集中，连梁端部在约束弯矩下容易形成垂直的弯曲裂缝；若连梁跨高比较小，梁腹还容易出现斜裂缝。若连梁抗剪强度不足，可能发生剪切破坏，使墙肢间失去联系，抗震墙承载力降低。

独立墙肢或开洞墙的墙肢，底部截面弯矩和剪力最大，破坏一般发生在底部。当墙肢剪跨比较大时，墙肢可能发生弯曲破坏，也可能发生剪切破坏；当墙肢剪跨比较小时，墙肢发生剪切破坏。弯曲破坏时出现水平裂缝，剪切破坏则出现斜裂缝。剪切破坏是脆性破坏，而弯曲破坏延性较好。

六、单层钢筋混凝土柱厂房

单层钢筋混凝土柱厂房是我国当前建筑业中使用最广泛的一种建筑厂房形式，由于厂房结构构件组成和连接方式与一般民用混凝土框架建筑有相当大的区别，使其具有脆性性质，结构的抗剪、抗拉、抗弯的强度低，未经合理抗震设计的多数遭到严重破坏。而且鉴于未来地震施加给结构物的地震作用具有很大的不确定性，过高地要求技术结构的地震作用效应和地震反应，目前还很困难。因此必须重视房屋震害的实地考察，找出房屋的抗震薄弱环节，总结出有益的抗震措施。单层钢筋混凝土柱厂房的一般震害表现为：在6、7烈度地区主体结构完好，少数围护砖墙开裂外闪，突出屋面的∏形天窗架局部损坏；在8烈度区主体结构有不同程度的破坏，例如有相当多的上柱裂缝，与柱和屋盖拉结不好的围护墙局部倒塌，∏形天窗架倾倒，个别重屋盖厂房屋盖塌落等；在9烈度区主体结构破坏严重，砖围护墙大量倒塌，∏形天窗架大量倾倒，不少厂房屋盖塌落；在10、11烈度地区，大多数厂房倒塌毁坏。从震害调查结果来看，现有未抗震设防的单层钢筋混凝土柱厂房，凡经正规设计且考虑了类似于水平地震作用的风荷载和起重机水平荷载，对于抵抗7烈度地震作用是有足够能力的，但也存在若干薄弱环节；而对于7烈度以上的地震，则显示出其抵抗能力的不足。特别是单层钢筋混凝土柱厂房存在着纵向抗震能力较差以及构件联结构造单薄，支撑体系较弱，构件若干截面强度不足等薄弱环节。位于第Ⅳ类建筑场地的厂房震害加重，主要是由于厂房自振周期与场地土卓越周期接近而产生了类共振造成的。从震害情况分析，单层钢筋混凝土柱厂房存在屋盖较重、结构布置不当、整体刚度弱、构造措施不利等薄弱环节。

（一）屋盖系统

屋盖系统较重，产生的地震作用较大，而屋盖结构的整体性却显得不够，发生强烈地震时，往往局部区段首先破坏和塌落。主要震害表现为屋面板错位、震落，以及屋架（屋面梁）与柱连接处破坏。前者破坏的主要原因是屋面板与屋架（屋面梁）的焊点数量不足或焊接不牢，板间无灌缝或灌缝质量很差。后者主要因为构件支撑长度不足，施焊不符合要求，或埋件锚固强度不足等。

突出屋面的天窗架刚度远小于下部主体结构，受"鞭端效应"影响，地震作用较大，而其与屋架的构造连接又过于薄弱，极易发生倾斜甚至倒塌，它的纵向抗震能力比横向更弱。钢筋混凝土屋架震害的主要表现如下。

（1）上弦发生扭转裂缝。

（2）天窗架支撑传来的地震作用将上弦剪断或将上弦与天窗架连接件拔出。

（3）梯形屋架零轴力杆和竖杆发生平面的破坏；当上弦设有支撑屋面板小柱时，小柱被剪断。

（4）屋架与柱顶连接处发生柱顶混凝土压酥屋架端头破裂。

（5）下弦发生平面的过大变形。

（二）柱

在横向排架结构中，上柱根部（由于柱截面突然变化）和高低跨厂房中柱的支承低跨屋架处（由于高振型影响），为抗震的薄弱部位。单层厂房钢筋混凝土柱的主要震害表现：

（1）上柱在牛腿附近因弯曲受拉出现水平裂缝、酥裂或折断。

（2）上柱柱头由于与屋架连接不牢，连接件被拔出而引起酥裂或折断。

（3）下柱由于内力过大，承载力不足，在柱根部发生水平裂缝、环裂甚至折断；由于弯曲引起的竖向剪力，使平腹杆在两端产生竖向裂缝。

（4）柱间支撑与柱的连接部位，由于支撑应力集中，多出现水平裂缝。

（三）墙体

单层钢筋混凝土柱厂房外围护砖墙、高低跨处的高跨封墙和纵、横向厂房交接处的悬墙等较高墙，与柱及屋盖连接较差，地震时容易外闪，连同圈梁大面积倒塌。

（四）支撑

支撑系统，尤其是厂房纵向支撑系统是承受纵向地震作用的重要构件。但是，它们的抗震能力很弱，表现为如只按照一般构造要求设置，则往往因间距过大、杆件的刚度和强度偏低而发生支撑压弯、支撑节点板扭折、锚筋拉脱等破坏形式。

在进行单层厂房结构的抗震设计时，必须针对上述弱点正确地进行结构布置，注意刚度协调，加强厂房的整体性，改进连接构造，同时进行结构抗震验算，以确保厂房结构的抗震能力。

第二节　多层和高层钢筋混凝土房屋抗震设计的一般规定

多层和高层钢筋混凝土房屋抗震设计的一般规定，是指导这类房屋抗震设计的大原则，在进行抗震设计时首先要满足这些规定，然后才能做进一步的抗震计算。这些规定包括各种结构体系的适用最大高度、抗震等级、防震缝的设置、抗震墙的设置、对基础的要求等。如果由于种种原因而不能满足这些规定，就要采取有效的加强措施，甚至需要经过审批。

一、房屋的最大适用高度

不同的结构体系其抗震性能不同，技术经济指标随着房屋的高度增长而变化。在水平荷载作用下，房屋的内力是房屋高度平方的函数，房屋的水平位移是房屋高度4次方的函数。例如，框架结构用于低层和多层房屋是经济合理的，但用于高层房屋就会不经济，因为框架结构水平刚度较差，属柔性结构，在强震作用下顶点位移和层间位移较大，如果要满足侧移限制的要求，框架柱的截面尺寸就要设计得很大。

不规则或Ⅳ类场地的结构，其最大适用高度一般降低20%左右。当钢筋混凝土结构的房屋高度超过最大适用高度时，应通过专门研究，采取有效的加强措施，必要时需采用型钢筋混凝土结构等，并按建设部的有关规定上报审批。

二、房屋的抗震等级

抗震等级主要用于确定房屋的抗震措施。钢筋混凝土房屋的抗震措施包括内力调整和抗震构造措施。显然，地震烈度不同，房屋的重要性不同，抗震要求就不同；同样烈度下，不同结构体系，不同高度，抗震要求也不同；在同一结构体系中，次要抗侧力构件的抗震要求可低于主要抗侧力构件的抗震要求。为了体现不同情况下抗震设计要求的差异，达到经济合理的目的，抗震等级分为四级，其中第一级代表最高的抗震设计要求，第四级代表最低的要求。在进行钢筋混凝土房屋抗震强度验算和确定抗震构造措施之前，应根据烈度、结构类型以及房屋高度确定结构的抗震等级。在确定钢筋混凝土房屋抗震等级时，还应注意以下几个问题。

（1）当框架–抗震墙结构有足够的抗震墙时，其框架部分是次要抗侧力构件，才能按框架–抗震墙结构中的框架确定抗震等级。具体来说，就是在基本振型地震作用下，当框架部分承受的地震倾覆力矩小于结构总地震倾覆力矩的50%时，其框架部分的抗震等级按框架–抗震墙结构的规定划分；否则，其框架部分的抗震等级按框架结构确定，最大适用高度可比框架结构适当增加。

框架承受的地震倾覆力矩可按下式计算：

$$M_c = \sum_{i=1}^{n} \sum_{j=1}^{m} V_{ij} h_i \qquad (11\text{--}1)$$

式中：M_c——框架–抗震墙结构在基本振型地震作用下框架部分承受的地震倾覆力矩；

n——结构层数；

m——框架层的柱子根数；

V_{ij}——在基本振型地震作用下框架部分第i层第j根框架柱的地震剪力；

h_i——第i层层高。

（2）裙房与主楼相连，裙房屋面部位的主楼上下各一层受刚度与承载力突变影响较大，抗震措施需要适当加强，裙房除应按本身确定抗震等级外，不应低于主楼的抗震等级。裙房与主楼之间设防震缝时，应按裙房本身确定抗震等级；在大震作用下裙房与主楼可能发生碰撞，也需要采取加强措施。

（3）带地下室的多层和高层建筑，当地下室结构的刚度和受剪承载力比上部楼层相对较大时，地下室顶板可视作嵌固部位，在地震作用下的屈服部位将发生在地上楼层，同时将影响地下一层。地面以下地震响应虽然逐渐减小，但地下一层的抗震等级不能降低，应与上部结构相同；地下二层及以下的抗震等级可根据具体情况采用三级或更低等级。

三、防震缝的设置

高层钢筋混凝土房屋宜避免采用不规则的建筑结构方案，宜采用合理的结构方案而不设防震缝，同时采用合适的计算方法和有效的措施，以消除不设防震缝带来的影响。

当需要设防震缝时，可以结合沉降缝要求贯通到地基，当无沉降问题时也可以从基础或地下室以上贯通。当有多层地下室形成大底盘，上部结构为带裙房的单塔或多塔结构时，可将裙房用防震缝自地下室以上分隔，地下室顶板应有良好的整体性和刚度，能将上部结构地震作用分布到地下室结构。防震缝的缝宽应不小于规范规定的最小宽度，并且应在防震缝两侧采取抗撞措施。因为震害表明，规范规定的防震缝最小宽度，在强烈地震下相邻结构仍可能局部碰撞而损坏，但宽度过大会给立面处理造成困难。所以防震缝最小宽度应符合：

（1）框架结构房屋的防震缝宽度，当高度不超过15 m时可采用70 mm；超过15 m时，6度、7度、8度和9度相应分别增加高度5 m、4 m、3 m和2 m，加宽20 mm；

（2）框架-抗震墙结构房屋的防震缝宽度可采用第（1）项规定数值的70%；抗震墙结构房屋的防震缝宽度可采用第（1）项规定数值的50%；且均不宜小于70 mm；

（3）防震缝两侧结构类型不同时，宜需要按较宽防震缝的结构类型和较低房屋高度确定缝宽。

8度、9度框架结构房屋，防震缝两侧结构高度、刚度或层高相差较大时，可在防震缝两侧房屋的尽端沿全高设置垂直于防震缝的抗撞墙，以减少防震缝两侧碰撞时的破坏。每一侧抗撞墙的数量不应少于两道，宜分别对称布置，墙肢长度可不大于一个柱距，框架和抗撞墙的内力应按设置和不设置抗撞墙两种情况分别进行分析，并按不利情况取值。防震缝两侧抗撞墙的端柱和框架的边柱，箍筋应沿房屋全高加密。

四、结构布置要求

多层和高层钢筋混凝土房屋结构布置时，应使传力途径尽量简单而直接，力求结构的平面布置和竖向布置使质量和刚度均匀、对称，刚度中心与质量中心接近，减少扭转和应力集中，避免竖向产生过大的刚度突变，避免形成薄弱层。结构布置还应遵守下列要求。

（1）框架结构和框架-抗震墙结构中，框架和抗震墙均应双向设置，柱中线与抗震墙中线、梁中线与柱中线之间偏心距不宜大于柱宽的1/4。这是因为柱中线与抗震墙中线、梁中线与柱中线之间有较大偏心距时，在地震作用下可能导致核芯区受剪面积不足，对柱带来不利的扭转效应。当偏心距超过1/4柱宽时，应具体分析并采取有效措施，如采用水平加腋梁及加强柱箍筋等措施。

（2）框架-抗震墙和板柱-抗震墙结构中，抗震墙之间无大洞口的楼、屋盖的长宽比，不宜超过表11-1的规定；超过该限值时，需考虑楼、屋盖平面内变形对楼层水平地震作用分配的影响，而不能再采用楼、屋盖在其自身平面内刚度无限大的假定。

表11-1 抗震墙之间楼、屋盖的长宽比

楼、屋盖类型	烈度			
	6	7	8	9
现浇、叠合梁板	4	4	3	2
装配式楼盖	3	3	2.5	不宜采用
框支层和板柱-抗震墙的现浇板	2.5	2.5	2	不应采用

（3）采用装配式楼、屋盖时，应采取措施保证楼、屋盖的整体性及其与抗震墙的可靠连接。采用配筋现浇面层时，厚度不宜小于50 mm。

（4）在框架–抗震墙结构中，抗震墙是主要抗侧力构件，竖向布置应均匀连续，墙中不宜开设大洞口，以防止刚度突变或承载力削弱；抗震墙宜贯通房屋全高，其厚度应逐渐减小，且横向与纵向抗震墙宜相连以增大刚度；抗震墙洞口宜上下对齐，洞边距端柱不宜小于300 mm；房屋较长时，刚度较大的纵向抗震墙不宜设置在房屋的端开间，以减小纵向抗震墙对房屋温度变形的约束；一、二级抗震墙的洞口连梁，跨高比不宜大于5，且梁截面高度不宜小于400 mm，使作为抗震墙第一道防线的连梁具备一定的耗能能力、适当的刚度和承载力。

（5）抗震墙结构和部分框支抗震墙结构中的抗震墙设置，应符合下列要求。

①较长的抗震墙宜开设洞口，将一道抗震墙分成长度较均匀的若干墙段，洞口连梁的跨高比宜大于6，各墙段的高宽比不应小于2，避免剪切破坏，提高变形能力。

②墙肢的长度沿结构全高不宜有突变；抗震墙有较大洞口时以及一、二级抗震墙的底部加强部位，洞口宜上下对齐。

③矩形平面的部分框支抗震墙结构，其框支层的楼层侧向刚度本应小于相邻非框支层侧向刚度的50%；框支层落地抗震墙间距不宜大于24 m，框支层的平面布置尚宜对称，且宜设抗震筒体。部分框支抗震墙属于抗震不利的结构体系，抗震措施限于框支层不超过两层。

五、抗震墙的加强部位

由于在水平荷载作用下抗震墙的弯矩和剪力均在底部最大，故需要加强抗震墙的底部。加强部位包括底部塑性铰范围及其上部的一定范围，在此范围内要增加边缘构件箍筋和墙体横向钢筋等必要的抗震加强措施，以避免脆性的剪切破坏，改善整个结构的抗震性能。

抗震墙底部加强部位的范围是：部分框支抗震墙结构的抗震墙，其底部加强部位的高度，可取框支层加框支层以上两层的高度及落地抗震墙总高度的1/8二者的较大值，且不大于15 m；其他结构的抗震墙，其底部加强部位的高度可取墙肢总高度的1/8及底部两层二者的较大值，且不大于15 m。

带有大底盘的高层抗震墙（包括筒体）结构，抗震墙（筒体）墙肢的底部加强部位可取地下室顶板以上H/8（H是地下室顶板以上抗震墙总高度），加强范围应向下延伸到地下一层，在大底盘顶板以上至少包括一层。裙房与主楼相连时，加强范围也宜高出裙房至少一层。

六、对基础的要求

（1）框架单独柱基有下列情况之一时，宜沿两个主轴方向设置基础系梁，以加强基础的整体性，减小基础之间的不均匀沉降：

①一级框架和Ⅳ类场地的二级框架；

②各柱基承受的重力荷载代表值差别比较大；

③基础埋置较深，或各基础埋置深度差别较大；

④地基主要受力层范围内存在软弱黏性土层、液化土层和严重不均匀土层；

⑤桩基承台之间。

（2）框架-抗震墙结构中的抗震墙基础和部分框支抗震墙结构的落地抗震墙基础，应有良好的整体性和抗转动的能力，以避免在地震作用下抗震墙基础产生较大的转动而降低抗震墙的抗侧力刚度。

（3）主楼与裙房相连且采用天然地基时，在地震作用下要同时满足三个条件：

$$\left.\begin{array}{l} p \leqslant f_{aE} \\ p_{max} \leqslant 1.2 f_{aE} \\ p(x) > 0 \end{array}\right\} \qquad （11-2）$$

式中：p、p_{max}、$p(x)$——分别为按地震作用效应标准组合的基础底面平均压力、边缘最大压力、任意点处的压力；

f_{aE}——调整后的地基抗震承载力。

（4）当地下室作为上部结构的嵌固部位时，地下室层数不宜小于两层。地下室结构应能将上部结构的地震剪力传递到全部地下室结构，应能承受上部结构屈服超强及地下室本身的地震作用。为此，应避免在地下室顶板开设大洞口，并应采用现浇梁板结构，其楼板厚度不宜小于180 mm，混凝土强度等级不宜小于C30，应采用双层双向配筋，且每层每个方向的配筋率不宜小于0.25%；地下室结构的楼层侧向刚度不宜小于相邻上部楼层侧向刚度的2倍，地下室柱截面每一侧的纵向钢筋面积，除满足计算要求外，不应小于地上一层对应柱每侧纵筋面积的1.1倍，位于地下室顶板的梁柱节点左右梁端截面实际受弯承载力之和不宜小于上下柱端实际受弯承载力之和。当进行方案设计时，侧向刚度比可用下列剪切刚度比 γ 估计：

$$\gamma = \frac{G_0 A_0 h_0}{G_1 A_1 h_1} \qquad （11-3）$$

$$[A_0, A_1] = A_w + 0.12 A_c \qquad （11-4）$$

式中：G_0，G_1——地下室及地上一层的混凝土切变模量；

A_0，A_1——地下室及地上一层的折算受剪面积；

A_w——在计算方向上抗震墙全部有效面积；

A_c——全部柱截面面积；

h_0，h_1——地下室及地上一层的层高。

第三节 框架结构的抗震计算与构造要点

在框架结构中，框架柱既是主要的竖向承重构件，又是主要的抗侧力构件。由于框架柱的截面尺寸比较小，使框架结构的抗侧刚度比较小，在水平荷载作用下结构的侧移较大，并且以剪切变形为主。因此，要使框架结构具有较好的抗震性能，必须把框架结构设计成延性较好的结构。

结构的延性越好，耗散地震能量的能力就越强。延性一般指极限变形与屈服变形之比，延性有截面、构件和结构三个层次。对钢筋混凝土结构来说，截面的延性取决于破坏形式（是剪切破坏还是弯曲破坏），弯曲破坏时截面的延性取决于受压区高度，受压区高度越小，截面的转动就越大、截面延性就越好；构件的延性取决于构件的约束条件、塑性铰出现的次序和截面的延性；结构的延性取决于构件的延性以及各构件之间的强度对比。框架结构的主要承重构件是梁和柱，由于框架柱要承受较大的轴向压力，柱截面的受压区高度较大，所以框架柱的延性总是比框架梁的延性差，框架结构应主要通过框架梁的弯曲塑性变形来消耗地震能量。

一、框架结构内力调整

（一）框架结构内力调整

框架结构的震害经验和试验研究结果表明，框架结构抗震设计必须遵守三条原则："强柱弱梁""强剪弱弯""强节点弱构件"。这里所谓的"强"和"弱"都是相对而言的，是指前后两者的强度对比。这三条原则就是框架结构内力调整的依据，内力调整是在框架结构内力组合之后、构件截面强度验算之前进行的。

1.强柱弱梁原则

框架结构的变形能力与框架的破坏机制密切相关。如果把框架设计成"强柱弱梁"型，使梁先于柱屈服，柱子除底层柱根部可能屈服之外均基本处于弹性状态，这样，整个框架将成为总体机制，有较大的内力重分布和耗能能力，极限层间位移增大，抗震性能好。反之，如果把框架设计成"强梁弱柱"型，则柱子先出现塑性铰，而梁处于弹性状态，形成楼层机制，随着地面运动的不同，塑性变形集中可能在不同的楼层出现，楼层机制耗能少、延性差。因此，框架结构必须按强柱弱梁原则设计，即要使梁端的塑性铰先出、多出，尽量减少或推迟柱端塑性铰的出现，特别是要避免在同一层各柱的两端都出现塑性铰而形成薄弱层。

在强震作用下结构构件不存在强度储备，梁端实际达到的弯矩与其受弯承载力是相等的，柱端实际达到的弯矩也与其偏压下的受弯承载力相等。

当框架底部若干层的柱反弯点不在楼层范围内时，说明该若干层的框架梁相对较弱，为避免在竖向荷载和地震共同作用下变形集中，压屈失稳，柱端截面组合的弯矩设计值也应乘以上述柱端弯矩增大系数。

由于地震是往复作用，两个方向的弯矩设计值均要满足要求。因此当柱子考虑顺时针方向之和时，梁考虑逆时针方向之和；反之亦然。

即使对于强柱弱梁的总体机制，在底层的柱底截面也会出现塑性铰。如果该部位过早出现塑性铰，将影响整个框架强柱弱梁塑性机制的发展。此外，底层柱的反弯点位置具有较大的不确定性。因此，增大底层柱配筋，可以推迟其塑性铰出现的时间，有利于提高框架的变形内力，故规定：一、二、三级框架结构的底层，柱下端截面组合的弯矩设计值，应分别乘以增大系数1.5、1.25和1.15。底层柱的纵向钢筋宜按上下端的不利情况配置。

2.强剪弱弯原则

防止梁、柱在弯曲屈服之前出现剪切破坏是抗震概念设计的要求，它意味着构件的受剪承载力要大于构件弯曲时实际达到的剪力。另外，一、二、三级框架的角柱，经"强柱弱梁""强剪弱弯"调整后的组合弯矩设计值、剪力设计值尚应乘以不小于1.10的增大系数。

3.强节点弱构件原则

节点核芯区是保证框架承载力和延性的关键部位，对一、二级框架的节点核芯区应进行抗震验算；三、四级框架节点核芯区可不进行抗震验算，但应符合抗震构造措施的要求。为避免三级到二级承载力的突然变化，当三级框架高度接近二级框架高度的下限，明显不规则或场地、地基条件不利时，可采用二级并进行节点核芯区受剪承载力的验算。强节点弱构件的具体措施是增大节点核芯区的组合剪力设计值。

二、截面抗震验算

钢筋混凝土结构按上述三原则调整地震作用效应后，在地震作用的不利组合下，可按《混凝土结构设计规范（2015年版）》（GB 50010-2010）的有关要求进行构件截面抗震验算。

（一）按抗剪要求复核框架梁、柱截面尺寸

为了防止构件截面的剪压比过大，在箍筋屈服前混凝土过早地发生剪切破坏，必须限制构件的剪压比，亦即限制构件的最小截面尺寸。钢筋混凝土结构的梁、柱、抗震墙和连梁，其截面组合的剪力设计值应符合下列要求：

跨高比大于2.5的梁和连梁及剪跨比大于2的柱和抗震墙：

$$V \leqslant \frac{1}{\gamma_{RE}}\left(0.20 f_c b h_0\right) \tag{11-5}$$

上式又可表达为 $\dfrac{V}{f_c b h_0} \leqslant \dfrac{0.20}{\gamma_{RE}}$，不等式的左边是剪力设计值与混凝土截面抗压强度之比，称为剪压比，故式（11-5）又称为剪压比控制条件。

跨高比不大于2.5的连梁、剪跨比不大于2的柱和抗震墙、部分框支抗震墙结构的框支柱和框支梁及落地抗震墙的底部加强部位：

$$V \leqslant \frac{1}{\gamma_{RE}}\left(0.15 f_c b h_0\right) \tag{11-6}$$

剪跨比应按下式计算：

$$\lambda = M^c / \left(V^c h_0\right) \tag{11-7}$$

式中：λ——剪跨比，应按柱端或墙端截面组合的弯矩计算值 M^c，对应的截面组合剪力计算值 V^c 及截面有效高度 h_0 确定，并取上下端计算结果的较大值；反弯点位于柱高中部的框架柱可按柱净高与2倍柱截面高度之比计算；

V——按上述原则调整后的柱端或墙端截面组合的剪力设计值；

f_c——混凝土轴心抗压强度设计值；

b——梁、柱截面宽度或抗震墙墙肢截面宽度，圆形截面可按截面相等的方形截面计算；

h_0——截面有效高度，抗震墙可取墙肢长度。

（二）框架梁、柱截面抗震承载力验算

框架结构梁和柱的截面抗震承载力验算与非抗震设计时承载力验算基本相同，差别只是在抗震验算的公式中要考虑承载力抗震调整系数。梁和柱截面抗震验算的一般表达式是：

$$S \leqslant R / \gamma_{RE} \tag{11-8}$$

其中S是按上述三原则调整后的内力设计值，R是构件承载力设计值，γ_{RE}是承载力抗震调整系数。为了能与无地震作用的组合内力进行比较，便于选择控制内力值，可以将γ_{RE}值移到不等式的左边，即

$$\gamma_{RE}S \leq R \tag{11-9}$$

这样，在截面设计时，可以不再考虑承载力的调整。

钢筋混凝土框架梁按受弯构件进行截面承载力验算，框架柱按偏心受压或偏心受拉构件进行截面承载力验算，框架梁、柱均须按照《混凝土结构设计规范（2015年版）》（GB 50010-2010）的要求进行设计。

三、框架梁抗震设计及构造要求

（一）梁的截面尺寸，宜符合下列要求

（1）截面宽度不宜小于200 mm。强震作用下梁端塑性铰区混凝土保护层容易剥落，若梁截面宽度过小，将使截面损失比例较大。

（2）截面高宽比不宜大于4，以防在梁刚度降低后引起侧向失稳。

（3）净跨与截面高度之比不宜小于4。若跨高比小于4，则属于短梁，在反复弯剪作用下，斜裂缝将沿全长发展，从而使梁的延性及承载力急剧降低。

采用梁宽大于柱宽的扁梁时，为了避免或减小扭转的不利影响，应采用整体现浇楼盖，梁中线宜与柱中线重合。为了使宽扁梁端部在柱外的纵向钢筋有足够的锚固，应在两个主轴方向都设置宽扁梁。宽扁梁不宜用于一级框架结构。宽扁梁的截面尺寸应符合下列要求，并应满足现行规范对挠度和裂缝宽度的规定：

$$b_b \leq 2b_c \tag{11-10}$$

$$b_b \leq b_c + h_b \tag{11-11}$$

$$h_b \leq 16d \tag{11-12}$$

式中：b_c——柱截面宽度，圆形截面取柱直径的0.8倍；

b_b，h_b——梁截面宽度和高度；

d——柱纵筋直径。

（二）梁端截面的抗震设计要求

因为梁端截面是进行抗震设计时考虑在强震中产生塑性铰的地方，所以要保证梁端截

面有足够的延性，主要从四个方面来保证延性：一是控制梁端截面相对受压区高度，梁的变形能力主要取决于梁端的塑性转动量，而梁的塑性转动量与截面混凝土受压区相对高度有关，当相对受压区高度为0.25～0.35时，梁的位移延性系数可达3～4；二是控制梁端截面纵向钢筋的配筋率，以防超筋；三是控制梁端底面和顶面纵向钢筋的比值，该比值同样对梁的变形能力有较大影响，梁底面的钢筋可增加负弯矩时的塑性转动能力，还能防止在地震中梁底出现正弯矩时过早屈服或破坏过重而影响承载力和变形能力的正常发挥；四是梁端箍筋加密，当箍筋间距小于6～8 d（d为纵筋直径）时，混凝土压溃前受压钢筋一般不致压屈，延性较好。

梁端截面抗震设计的规定是：

（1）计入受压钢筋的梁端混凝土受压区高度应符合下列要求：

一级

$$x \leqslant 0.25h_0 \tag{11-13}$$

二、三级

$$x \leqslant 0.35h_0 \tag{11-14}$$

（2）梁端纵向受拉钢筋的配筋率不应大于2.5%。

（3）梁端截面的底面和顶面纵向钢筋配筋量的比值，除按计算确定外，一级不应小于0.5，二、三级不应小于0.3。

（4）梁端箍筋加密区的长度、箍筋最大间距和最小直径应按规定采用，当梁端纵向受拉钢筋配筋率大于2%时，箍筋最小直径数值应增大2 mm。梁端加密区的箍筋肢距，一级不宜大于200 mm和20倍箍筋直径的较大值，四级不宜大于300 mm。

（三）梁的纵向钢筋配置，应符合下列各项要求

（1）沿梁全长顶面和底面的配筋，一、二级不应少于2φ14，且分别不应少于梁两端顶面和底面纵向配筋中较大截面面积的1/4，三、四级不应少于2φ12。

（2）一、二级框架梁内贯通中柱的每根纵向钢筋直径，对矩形截面柱，不宜大于柱在该方向截面尺寸的1/20；对圆形截面柱，不宜大于纵向钢筋所在位置柱截面弦长的1/20。

四、框架柱抗震设计及构造要求

柱是框架结构中最重要的承重构件，即使只有个别柱失效，也会导致结构倒塌。另外，柱是偏压构件，其截面变形能力远不如以受弯作用为主的梁。要使框架柱具有较好的

抗震性能，应确保框架柱有足够的承载力和必要的延性。为此，框架柱的抗震设计除了应按照强柱弱梁、强剪弱弯原则调整内力，以及按剪压比要求控制截面尺寸外，还应遵循以下五个原则。

（一）控制最小截面尺寸和截面高宽比

柱截面尺寸过小会使框架侧移刚度不足、侧移过大，截面高宽比过大将导致框架结构两个方向的侧移刚度相差较大，且不利于柱短边方向的稳定。所以，截面的高度和宽度均不宜小于300 mm，圆柱直径不宜小于350 mm；截面长边与短边的边长比不宜大于3。

（二）控制剪跨比

剪跨比λ是反映柱（或抗震墙）截面所承受的弯矩与剪力相对大小的一个参数。试验研究表明，剪跨比是影响钢筋混凝土柱破坏形态的最重要的因素。剪跨比$\lambda > 2$时，称为长柱，多发生弯曲破坏，但仍需要配置足够的抗剪箍筋；剪跨比$\lambda \leq 2$时，称为短柱，多发生剪切破坏，但当提高混凝土等级并配有足够的抗剪箍筋后，可出现稍有延性的剪切受压破坏；剪跨比$\lambda < 1.5$时，称为极短柱，一般都会发生剪切斜拉破坏，几乎没有延性。因此，设计框架结构时应避免极短柱，框架柱剪跨比宜大于2。

结构设计时还应避免由于在柱旁贴砌非全高的填充墙，改变了柱的约束情况而造成的短柱。

（三）控制轴压比

轴压比是指柱组合的轴向压力设计值N与柱的全截面面积 A_c 和混凝土轴心抗压强度设计值f_c之比值，表示为：

$$\mu = \frac{N}{f_c A_c} \qquad (11\text{--}15)$$

轴压比是影响框架柱破坏形态和延性的另一个重要参数。试验研究表明，随着轴压比增大，柱延性降低、耗能能力减小，而且轴压比对短柱影响更大。在柱截面中，多数是对称配筋的，由极限状态下截面内力平衡条件可以知道，轴压比实际上反映了柱截面中混凝土受压区相对高度x/h_0的大小，轴压比限值的实质是大偏心受压与小偏心受压的界限，当$x/h_0 > \xi_b$时，就会出现小偏心受压破坏，几乎没有延性。因此，抗震设计规范控制框架柱轴压比的意义，就在于使柱尽量处于大偏心受压状态，避免出现延性差的小偏心受压破坏。

（四）柱内纵向钢筋配置要求

试验表明，柱的屈服位移角主要受纵向受拉钢筋配筋率支配，并大致随拉筋配筋率的增大呈线性增大。为了避免地震作用下柱过早进入屈服，并获得较大的屈服变形，必须使柱的纵向钢筋配置不小于最小配筋率的要求。柱纵向钢筋的最小总配筋率应按表11-2采用，同时每一侧配筋率不应小于0.2%；对于建造于Ⅳ类场地且较高的高层建筑，表中的数值应增加0.1。

表11-2　柱截面纵向钢筋的最小总配筋率

类别	抗震等级			
	一	二	三	四
中柱和边柱	1.0%	0.8%	0.7%	0.6%
角柱、框支柱	1.2%	1.0%	0.9%	0.8%

注：采用HRB400级热轧钢筋时应允许减少0.1，混凝土强度等级高于C60时应增加0.1。

此外，柱的纵向钢筋配置应符合下列各项要求：

（1）柱纵筋宜对称配置。

（2）截面尺寸大于400 mm的柱，纵向钢筋间距不宜大于200 mm。

（3）柱纵向总配筋率不应大于5%，因为过大的配筋率会降低柱的延性并易产生黏结破坏。

（4）一级且剪跨比不大于2的柱，每侧纵向钢筋配筋率不宜大于1.2%，这也是从保证柱延性来考虑的。

（5）边柱、角柱及抗震墙端柱在地震作用组合产生小偏拉时，柱内纵筋总截面面积应比计算值增加25%。这是为了避免柱受拉纵筋屈服后再受压时，由于包兴格效应导致纵筋压屈。

（6）柱纵向钢筋的绑扎接头应避开柱端的箍筋加密区。

框架梁和柱的纵向钢筋接头，一级和二级抗震时的各部位，以及三级抗震时的底层柱底处，宜采用焊接或机械连接，其他情况可采用绑扎接头。抗震等级为一、二级时，绑扎接头的搭接长度应比非抗震设计的最小搭接长度增加5倍搭接钢筋直径。焊接或绑扎接头的位置宜避开梁端、柱端的箍筋加密区。

五、砌体填充墙与框架的连接

钢筋混凝土结构中的砌体填充墙，宜与柱脱开或采用柔性连接，并应符合下列要求。

（1）填充墙在平面和竖向的布置，宜均匀对称，避免形成薄弱层或短柱。

（2）砌体的砂浆强度等级不应低于M5，墙顶应与框架梁密切结合。

（3）填充墙应沿框架柱全高每隔500 mm设2φ6拉筋，拉筋伸入墙内的长度，6、7度时不应小于墙长的1/5且不小于700 mm，8、9度时宜沿全长贯通。

（4）墙长大于5 m时，墙顶与梁宜有拉结；墙长超过层高2倍时，宜设置钢筋混凝土构造柱。墙高超过4 m时，墙体半高宜设置与柱连接且沿全长贯通的钢筋混凝土水平系梁。

第四节　框架-抗震墙结构的抗震计算与构造要点

一、框架-抗震墙结构的受力特点

抗震墙是竖向悬臂构件，在水平荷载作用下，其变形曲线是弯曲型的，凸向水平荷载面，层间变形下部楼层小、上部楼层大。在抗震墙结构中，所有抗侧力构件都是抗震墙，变形特性相同，侧移曲线类似，所以水平力在各片抗震墙之间按其等效抗弯刚度$E_c I_q$分配。

框架的工作特点类似于竖向悬臂剪切梁，在水平荷载作用下，其变形曲线为剪切型，凹向水平荷载面，层间变形下部楼层大、上部楼层小。在框架结构中，各榀框架的变形曲线类似，所以水平力在各榀框架之间按其抗侧刚度值分配。

在框架-抗震墙结构中，同一个结构单元内既有框架也有抗震墙，两种变形特性不同的结构通过平面内刚度很大的楼板连在一起共同工作，在每层楼板标高处位移相等。因此，在水平荷载作用下，框架-抗震墙结构的变形曲线是一条反S形曲线：在下部楼层，抗震墙侧移小，它拉着框架按弯曲型曲线变形，抗震墙承担大部分水平力；在上部楼层，抗震墙外倾，框架内收，框架拉着抗震墙按剪切型曲线变形，抗震墙出现负剪力，框架除了负担外荷载产生的水平力外，还要把抗震墙拉回来，承担附加的水平力，因此，即使外荷载产生的顶层剪力很小，框架承受的水平力也很大。

在框架-抗震墙结构中沿竖向抗震墙与框架的剪力之比并非常数，而是随楼层标高的变化而变化。因此，水平力在框架与抗震墙之间的分配不能按固定的刚度比例进行，而必须通过协同工作计算来解决。

从受力特点来看，框架-抗震墙结构中的框架与纯框架结构有很大的不同。在纯框架结构中，框架的剪力是底部最大、顶部为零；而框架-抗震墙结构中的框架剪力却是底部为零，下面小、上面大，并且与框架–抗震墙结构的刚度特征值 λ 有关。纯框架结构的控制截面在下部楼层，而框架–抗震墙结构中的框架控制截面在中部楼层甚至是顶部楼层。

二、抗震墙的抗震性能

抗震墙是一种抗侧力构件，它可以组成完全由抗震墙抵抗水平力的抗震墙结构，也可以和框架共同抵抗水平力而形成框架–抗震墙结构，实腹筒也是由抗震墙组成的。抗震墙具有较大的抗侧刚度，在结构中往往承受水平力的大部分，设置抗震墙的钢筋混凝土结构，其抗震能力远比柔性的框架结构好，所以对建筑装修要求较高的房屋和高层建筑应优先采用框架–抗震墙结构或抗震墙结构。日本的多次地震震害调查发现，含墙率大于25 cm²/m²或墙的平均切应力小于1.3 MPa的建筑震害较轻，含墙率低于30 cm²/m²和墙的平均切应力大于1.2 MPa的建筑容易产生震害。因此，框架–抗震墙结构应有适量的抗震墙，这个要求主要从抗震墙承担的地震倾覆力矩来衡量，即抗震墙所承担的地震倾覆力矩不小于结构总地震倾覆力矩的50%，这个数值大约相当于框架–抗震墙结构刚度特征值 $\lambda \leqslant 2.4$。

按照几何形状及有无洞口，抗震墙可分成不同的类型。无洞口或洞口很小的悬臂抗震墙（又称整体墙）是抗震墙中的基本形式，是只有一个墙肢的构件，其设计方法也是其他各类抗震墙设计的基础。当墙上布置成列的洞口时，随着洞口面积从小变大，抗震墙的受力和变形性能也由量变到质变。在洞口比较小时，抗震墙基本上还保持其整体性，这就是小开口整体墙。若洞口比较大，把抗震墙分成多个墙肢，墙肢之间由连梁联结，抗震墙就成为联肢墙；若洞口更大些，且连梁刚度很大而墙肢刚度较弱，已接近框架的受力特性，则其成为壁式框架。

三、框架–抗震墙结构抗震设计要点

（一）结构布置要点

在结构布置方面，首先应遵守第3节所述的抗震设计一般规定，此外还应注意以下几点：

（1）要保证有足够的含墙率，使结构的刚度特征系数 λ 保持在1.1～2.2，结构基本自振周期宜为（0.06～0.08）N_s，N_s 为结构层数。

（2）在结构平面上尽量使抗侧力构件对称布置，抗震墙设在结构周边，以减小结构扭转；纵向的与横向的抗震墙相连，以增大抗震墙的刚度；在立面上应使结构刚度和质量均匀连续，避免突变。

（3）抗震墙的间距不能过大，应符合表4–1的要求。

（二）主要承重构件截面初选

框架–抗震墙结构的主要承重构件有抗震墙和框架梁柱。框架–抗震墙结构中抗震墙的厚度不应小于160 mm且不应小于层高的1/20；底部加强部位的抗震墙厚度不应小于200 mm且不应小于层高的1/16；抗震墙的周边应设梁（或暗梁）和端柱组成的边框；端柱截面宜与同层框架柱相同，并应满足框架柱的构造要求；柱中线与抗震墙中线、梁中线和柱中线之间偏心距不宜大于柱宽的1/4。

若纵向与横向的抗震墙相连，则在进行内力和变形计算时，抗震墙应计入端部翼墙的共同工作。翼墙的有效长度，每侧由墙面算起可取相邻抗震墙净距的一半、至门窗洞口的墙长度及抗震墙总高度的15%三者的最小值。

（三）框架部分的抗震等级

框架–抗震墙结构中框架部分的抗震等级，应根据框架部分所承担水平荷载的比例来确定。若框架部分承担的水平荷载较多，则按纯框架结构来确定其抗震等级，以保证框架有较强的抗震能力；否则，按框架–抗震墙结构中的框架来确定抗震等级。

第五节　单层钢筋混凝土柱厂房抗震设计

单层钢筋混凝土柱厂房可以看成是一系列由屋架、柱和基础组成的横向排架，通过大型屋面板、吊车梁、联系梁和柱间支撑等纵向构件连成整体的结构。横向排架是厂房的基本承重结构，厂房结构承受的竖向荷载（结构自重、屋面活荷载和吊车竖向荷载等）及横向水平荷载（风荷载、吊车横向水平荷载和横向水平地震作用等）主要是通过横向平面排架传至基础和地基。由纵向柱列、联系梁、吊车梁和柱间支撑等组成的纵向排架，保证厂房结构的纵向稳定性和刚性，并承受在山墙、天窗端壁以及通过屋盖结构传来的纵向风荷载、吊车纵向水平荷载纵向水平地震作用、温度应力等。

由于单层钢筋混凝土柱厂房基本上是预制装配式结构，其屋架、屋面板、吊车梁、排架柱等大部分构件都是预制的，厂房的整体性比较差。此外，厂房的屋盖结构一般比较重，属于头重脚轻的结构，对抗震不利。因此，单层钢筋混凝土柱厂房的抗震性能是比较差的，抗震设计尤其重要。单层厂房的抗震设计主要包括三部分内容：抗震设计的一般规定、厂房的横向和纵向抗震计算以及抗震构造措施。

一、单层钢筋混凝土柱厂房抗震设计的一般规定

（一）厂房的结构布置

单层厂房的结构布置除了要满足房屋抗震设计所应遵循的一般原则"简单、规则、对称、刚度与质量分布均匀、刚度中心与质量中心尽量重合"外，还必须满足下列的规定。

（1）多跨厂房宜等高和等长。历次地震的震害表明，不等高多跨厂房有高振型反应，不等长多跨厂房有扭转效应，破坏较重，均对抗震不利。

（2）厂房的贴建房屋和构筑物，不宜布置在厂房角部和紧邻防震缝处。在地震作用下，厂房角部和防震缝处排架柱侧移较大，当有贴建的建筑物时，相互碰撞或变位受约束的情况严重，唐山地震中有不少倒塌、严重破坏等加重震害的震例。

（3）厂房体形复杂或有贴建的房屋或构筑物时，宜设防震缝，将其分成体型简单的独立单元；厂房纵横跨交接处、大柱网厂房或不设柱间支撑的厂房，在地震作用下侧移量较大，防震缝宽度可采用100～150 mm；其他情况可采用50～90 mm。

（4）两个主厂房之间的过渡跨至少应有一侧采用防震缝与主厂房脱开。因为在地震作用下，相邻两个独立的主厂房的振动变形可能不同步协调，与之相连接的过渡跨的屋盖常倒塌破坏。

（5）厂房的同一结构单元内，不应采用不同的结构形式；厂房端部应设屋架，不应采用山墙承重；厂房单元内不应采用横墙和排架混合承重。不同形式的结构，振动特性不同；材料强度不同，侧移刚度不同。在地震作用下，往往由于荷载、位移、强度的不均衡而造成结构的破坏。

（6）厂房各列柱的侧移刚度宜均匀。两侧为嵌砌墙、中柱列设柱间支撑；一侧为外贴墙或嵌砌墙、另一侧为开敞；一侧为外贴墙、另一侧为嵌砌墙等各柱列纵向刚度严重不均匀的厂房，由于各柱列的地震作用分配不均匀，变形不协调，常导致柱列和纵向屋盖的破坏，在设计中应避免。

（7）厂房内上吊车的铁梯不应靠近防震缝设置；多跨厂房各跨上吊车的铁梯不宜设置在同一横向轴线附近。因为上吊车的铁梯是停放吊车的地方，吊车桥架会增大该处的排架侧移刚度，加大地震反应，特别是多跨厂房各跨上吊车的铁梯集中在同一横轴线上时，会导致震害破坏。

（8）工作平台宜与厂房主体结构脱开。工作平台或刚性内隔墙与厂房主体结构连接时，改变了主体结构的工作性状，会加大地震反应，导致应力集中，可能造成短柱效应，影响到排架柱和相邻的屋架，故以脱开为佳。

（二）厂房屋架的设置

应尽量减轻屋架的重量以减小地震作用，并应使结构构件自身有较好的抗震性能，有利于提高厂房的整体抗震能力。厂房宜采用钢屋架或重心较低的预应力混凝土、钢筋混凝土屋架。跨度不大于15 m时，可采用钢筋混凝土屋面梁。跨度大于24 m，或8度Ⅲ、Ⅳ类场地和9度时，应优先采用钢屋架。柱距为12 m时，可采用预应力混凝土托架（梁）；当采用钢屋架时，亦可采用钢架（梁）。有突出屋面天窗架的屋盖不宜采用预应力混凝土或钢筋混凝土空腹屋架。

（三）厂房柱的设置

8度、9度时，宜采用矩形、工字形截面柱或斜腹杆双肢柱。因为薄壁工字形柱、腹板开孔工字形柱、预制腹板的工字形柱和管柱，均存在抗震薄弱环节，故规定不宜采用。

柱底至室内地坪以上500 mm范围内和阶形柱的上柱宜采用矩形截面。

（四）厂房天窗架的设置

天窗架在地震时位移反应较大，特别是在纵向地震作用下由于高振型的影响往往造成天窗架与支撑的破坏，危及屋盖及整个厂房的安全。故必须尽量减轻天窗屋盖的重量和重心的高度，以减小天窗的地震反应。天窗屋盖、端壁板和侧板宜采用轻型板材。突出屋面的天窗宜采用钢天窗架；6~8度时，可采用矩形截面杆件的钢筋混凝土天窗架。

突出屋面的天窗架会对厂房的抗震带来很不利的影响，因此，天窗宜采用突出屋面较小的避风型天窗，有条件或9度时宜采用下沉式天窗。下沉式天窗有良好的抗震性能，唐山地震中甚至经受了10度地震的考验。

8度和9度时，天窗架宜从厂房单元端部第三柱间开始设置。

二、单层钢筋混凝土柱厂房的抗震计算

震害调查表明，7度Ⅰ、Ⅱ类场地和柱高不超过10 m且结构单元两端均有山墙的单跨及等高多跨厂房（锯齿形厂房除外）主体结构基本无损坏，所以这类厂房可不进行横向及纵向的截面抗震验算，仅需满足本节后面所述抗震构造措施的规定。其他情况均应沿厂房平面的两个主轴方向分别考虑水平地震作用，并分别进行抗震验算，每个方向的地震作用应全部由该方向的抗侧力构件承担。

8度、9度区跨度大于2 m的屋架需考虑竖向地震作用。8度Ⅲ、Ⅳ类场地和9度区的高大单层钢筋混凝土柱厂房，还需对阶形柱的上柱进行罕遇地震作用下的弹塑性变形验算。

三、单层钢筋混凝土柱厂房的抗震构造措施

单层钢筋混凝土柱厂房是预制装配式结构，连接节点多，预埋铁件多，结构的整体性较差。因此，加强结构整体性是单层厂房抗震构造措施的主要目的。为此要注意三个问题：①重视连接节点的设计和施工，应使预埋件的锚固承载力、节点的承载力大于连接构件的承载力，防止节点先于构件破坏，同时，节点构造应具有较强的变形能力和耗能能力，防止发生脆性破坏；②完善支撑体系，保证结构的稳定性；③提高构件薄弱部位的强度和延性，防止构件局部破坏导致厂房的严重破坏或倒塌。

（一）屋盖系统

加强屋盖系统的整体性不仅关系到屋盖本身的空间整体刚度和抗震能力，而且关系到能否把屋盖产生的地震作用均匀协调地传到柱子及柱间支撑上，也是发挥山墙空间作用的基本条件。

（二）柱与柱间支撑

柱是承受单层厂房竖向荷载和水平纵、横向荷载的最重要构件，柱间支撑是传递纵向水平荷载、保证厂房纵向稳定的主要构件。钢筋混凝土柱要避免脆性的剪切破坏和压裂破坏，柱间支撑要防止压屈失稳。

为保证结构的稳定性和整体性，8度时跨度不小于18 m的多跨厂房中柱和9度时多跨厂房各柱，柱顶宜设置通长水平压杆，此压杆可与梯形屋架支座处通长水平系杆合并设置，钢筋混凝土系杆端头与屋架间的空隙应采用混凝土填实。

（三）厂房结构构件连接节点

厂房结构构件连接节点承受着各种荷载共同作用引起的弯、剪、扭、压等复合应力作用，受力复杂，较易产生震害并直接影响结构的整体性和稳定性，因此，要保证节点的延性和锚固件的强度。

第十二章　钢结构的抗震设计

第一节　钢结构的震害特点

钢结构强度高、重量轻，延性和韧性好，综合抗震性能好，但也曾发生过在地震中倒塌的重大事故。在进行钢结构的抗震设计时，应从历次震害中吸取教训，除了在强度和刚度上提高结构的抗力外，还要从如何增大钢结构在往复荷载作用下的塑性变形能力和耗能能力，以及从减小地震作用方面全面考虑，做到既经济又可靠。

同混凝土结构相比，钢结构具有优越的强度、韧性或延性、强度重量比，总体上看抗震性能好、抗震能力强。尽管如此，焊接、连接、冷加工等工艺技术以及腐蚀环境将影响钢材的材性。如果在设计、施工、维护等方面出现问题，就会造成损害或者破坏。

历次地震表明，在同等场地、地震烈度条件下，钢结构房屋的震害要较钢筋混凝土结构房屋的震害小得多。

一、节点连接的破坏

（一）框架梁柱节点区的破坏

大多数节点破坏发生在梁端下翼缘处的柱中，这可能是由于混凝土楼板与钢梁共同作用使下翼缘应力增大，而下翼缘与柱的连接焊缝又存在较多缺陷造成的。保留施焊时设置的衬板，造成下翼缘坡口熔透焊缝的根部不能清理和补焊，在衬板和柱翼缘板之间形成了一条"人工缝"，在该处形成的应力集中促进了脆性破坏的发生，这可能是造成破坏的重要施工工艺原因。连接裂缝主要向梁的一侧扩展，这主要和采用外伸的横隔板构造有关。

（二）支撑连接的破坏

在多次地震中出现过支撑与节点板连接的破坏或支撑与柱的连接的破坏。在日本的宫城县大地震中，一栋两层的框架-支撑结构（两层仓库），由于支撑节点的断裂，使仓库的第一层完全倒塌。

采用螺栓连接的支撑破坏形式，包括支撑截面削弱处的断裂、节点板端部剪切滑移破坏以及支撑杆件螺孔间剪切滑移破坏。

支撑是框架-支撑结构中最主要的抗侧力部分，一旦地震发生，它将首先承受水平地震作用，如果某层的支撑发生破坏，将使该层成为薄弱楼层，造成严重后果。

二、构件的破坏

（一）支撑杆件的整体失稳、局部失稳和断裂破坏

在框架-支撑结构中，这种破坏形式是非常普遍的现象。支撑杆件可近似看成两端简支轴心受力构件，在风荷载和多遇地震作用下，保持弹性工作状态，只要设计得当，一般不会失去整体稳定。在罕遇地震作用下，中心支撑构件会受到巨大的往复拉压作用，一般都会发生整体失稳现象，并进入塑性屈服状态，耗散能量。但随着拉压循环次数的增多，承载力会发生退化现象。

当支撑构件的组成板件宽厚比较大时，往往伴随着整体失稳出现板件的局部失稳现象，进而引发低周疲劳和断裂破坏，这在以往的震害中并不少见。试验研究表明，要防止板件在往复塑性应变作用下发生局部失稳，进而引发低周疲劳破坏，必须对支撑板件的宽厚比进行限制，且应比塑性设计的还要严格。

（二）钢柱脆性断裂

在阪神地震中，位于芦屋市海滨城高层住宅小区的21栋巨型钢框架结构的住宅楼中，共有57根钢柱发生了断裂，所有箱形截面柱的断裂均发生在14层以下的楼层里，且均为脆性受拉断裂，断口呈水平状。分析原因认为：①竖向地震及倾覆力矩在柱中产生较大的拉力；②箱形截面柱的壁厚达50 mm，厚板焊接时过热，使焊缝附近钢材延性降低；③钢柱暴露于室外，当时正值日本的严冬，钢材温度低于零度；④有的钢柱断裂发生在拼接焊缝附近，这里可能正是焊接缺陷构成的薄弱部位。

三、结构的倒塌破坏

墨西哥大地震中，墨西哥市Pino Suarez综合大楼的3个22层的钢结构塔楼之一倒塌，

其余两栋也发生了严重破坏，其中一栋已接近倒塌。这3栋塔楼的结构体系均为框架-支撑结构，细部构造也相同。分析表明，塔楼发生倒塌和严重破坏的主要原因之一，是纵横向垂直支撑偏位设置，导致刚度中心和质量重心相距太大，在地震中产生了较大的扭转效应，致使钢柱的作用力大于其承载力，引发了3栋完全相同的塔楼的严重破坏或倒塌。由此可见，规则对称的结构体系对抗震将十分有利。

阪神地震中，也有钢结构房屋倒塌，倒塌的房屋大多是很久以前建造的，当时日本钢结构设计规范尚未修订，抗震设计水平还不高。在同一地震中，按新规范设计建造的钢结构房屋的倒塌数要少得多，说明震害的严重与否，和结构的抗震设计水平有很大关系。

第二节 多高层钢结构的抗震体系与布置

一、概述

（一）多层建筑

多层建筑一般是指高度不超过24 m的民用建筑，具有建设周期短、设备简单（无电梯、高压水泵等）、结构设计成熟的优点。多层建筑通常采用砖混结构或钢筋混凝土框架结构，也有部分采用框架-剪力墙结构或钢框架结构。

多层建筑常用的基础类型有条形（片筏）基础、柱下独立基础、筏板基础及桩基础等。基础选型通常依据地质条件及抗震性能要求。桩基础以其良好的承载力和抗震性能，得到广泛的应用。

对于无地下室的多层建筑，桩承台埋深较浅，可以直接放坡开挖到承台底标高后施工桩承台及连梁。承台完工后进行室内回填，并浇筑钢筋混凝土地坪作为底层楼板。

多层建筑有地下室时，放坡开挖已难以满足实用性及安全性的要求，宜采用基坑支护，水泥土墙是理想的支护方式之一。水泥土墙由多排水泥土搅拌桩构成，是重力式支护结构，适用于深度不大于6 m的基坑。水泥土墙不需要设置内支撑，且开挖方便，非常适合作为多层建筑这种基坑深度不大的结构。其他无内支撑支护形式，如土钉墙、拉锚式支护等，也同样适用，基坑施工时，桩承台及连梁通常被整浇到一块钢筋混凝土板中作为地下室底板，而以地下室顶板作为第一层结构层的楼板。

不同结构类型的多层建筑，其上部结构的施工流程是近似的，只是在施工方法上因结构类型存在一定的差异，如框架结构主体工程的施工顺序一般为：基础顶面抄平，放线→浇筑第一层柱子→浇筑或吊装第一层梁板→抄平，放线→……浇筑屋面梁板；砖混结构主体工程的施工流程为：基础顶面抄平，放线→立皮数杆→砌筑第一层墙体→吊装或浇筑楼板→抄平，放线→砌筑第二层墙体→……浇筑屋面梁板。楼板为预制时，吊装前需先浇筑圈梁，楼板为现浇时，通常将楼板和圈梁同时整体浇筑。

（二）高层建筑

根据我国《民用建筑设计通则》（06SJ813）的规定，高层建筑是指10层或以上或高度超过24 m的公用建筑及综合建筑。高层建筑施工主要包括基础施工和上部结构施工两部分。

高层建筑高度较高，对基础埋深及基础承载力具有一定要求。因此，高层建筑普遍采用桩基础，并设一定层数的地下室。根据地下结构规模及施工方法可将高层建筑的施工简单地分为四类，即无地下室的高层建筑施工、有地下室的高层建筑无内支撑顺作法施工、有地下室的高层建筑有内支撑顺作法施工、有地下室的高层建筑逆作法施工。

高层建筑高度较低时，对基础埋深要求不高，可不设地下结构。此时，其与一般多层建筑的施工方法相似，可采用放坡开挖。

对于有地下室的高层建筑，基坑深度不大时，可采用无内支撑的支护。无内支撑支护的优点在于没有内支撑，在完全敞开的条件下挖土，施工方便，工效高。但该方法只适合施工深度两层以内的地下结构。无内支撑支护包括重力式、拉锚式、悬臂式及土钉墙等。

通过上述两种施工方法可以看出，高层建筑高度较低时，其基础工程的施工方法与多层建筑很接近。在一定的高度范围内，高层建筑与多层建筑的施工方法并没有明显的区别。

高层建筑基坑深度较大，或土质较差时，常采用支护结合内支撑的支护形式。根据施工方法不同，可分为顺作法和逆作法。

顺作法在开挖基坑前，先要完成支护结构、降水及止水帷幕的施工。顺作法的支护通常采用排桩或地下连续墙，排桩的类型包括钢板桩、钻孔灌注桩、钢筋混凝土预制桩及SMW工法桩等。根据支护类型的不同，相应的降水及止水措施均不相同。

顺作法的基坑开挖应遵循"开槽支撑、先撑后挖、分层开挖、严禁超挖"的原则。开挖前在地面开槽，浇筑第一道支撑，之后向下开挖，每开挖一定标高即设置一道支撑，开挖到底后，浇筑垫层及底板，作为最后一道支撑。支撑包括钢筋混凝土支撑和钢支撑两类，布置形式包括对撑、角撑、环形支撑等，根据基坑外形及地质情况决定。

底板完工后，开始施工地下结构。当地下结构施工到一定高度时，需要拆除相应的支撑才能继续向上施工。支撑的拆除是基坑工程施工过程中十分重要的工序，应遵循"先换撑，后拆除"的原则。拆除支撑前，需要进行换撑，将支撑力转换到替代的支撑上。换撑尽量利用地下结构，既方便施工，又降低造价。底板处的换撑可采用砂回填或素混凝土振实，其他部位常采用钢筋混凝土换撑。伴随着地下结构的施工，还要回填地下结构与支护之间的空隙。

顺作法施工的缺点在于，其土方开挖工序复杂，开挖与支撑需要相互协调，交替进行，工期较长。另外，设置好的上层支撑会影响下层机械的土方开挖工作。

有内支撑的高层建筑基坑顺作法施工过程可归纳为：施工止水帷幕→施工支护结构→施工桩基础→基坑内降水→基坑开挖→开挖至第一道支撑底标高后施工第一道支撑→开挖至第二道支撑底标高后施工第二道支撑→按此程序循环进行开挖及支撑→开挖至第n−1道支撑底标高后施工第n−1道支撑→开挖至第n道支撑底标高后施工第n道支撑→开挖至底板高度，浇筑底板→施工地下结构，地下结构施工到一定高度后换撑并拆除内支撑→逐次施工，直至地下室顶板完工。

逆作法是将多层地下结构由上至下逐层进行施工的一种施工方法，通常将作为基坑支护结构的地下连续墙兼作为地下结构外墙的一部分或全部。这种方法的挖土是在地下主体结构完成一层后再向下一层，以后地下主体结构再向下完成一层，挖土也更向下一层，由此逐渐完成全部的土方施工。逆作法的土方开挖难度较大，一般需在已完成的水平结构（如楼板等）上预留若干取土孔，在开挖层用小型挖土机械或人工将土方运送至出土孔附近，再用抓铲挖土机将土方提升至地面而后运出。

逆作法施工的技术要求高，通常用于地下室层数多、城市施工场地紧张且地质条件差、周围环境保护要求高的深基坑。用逆作法施工还可采用地上工程与地下同时施工的方法，以缩短工期。但地下结构的强度及可能的沉降等限制了地上结构可施工的高度。

锚杆、土钉结合排桩的无内支撑支护形式也适用于深度较大的基坑，但对土质及地下水位有一定要求。我国北方地区的地下水位低，可直接采用锚杆、土钉支护；南方地区地下水位高，锚杆、土钉需要与其他支护形式复合使用。另外，锚杆、土钉位于基坑外侧，施工时不能越过红线。因此，其在城市内建筑密集地区的应用受到一定限制。

当基坑面积较大，支撑、拉锚不便，又无法放坡时，可采用盆式开挖方法分步开挖。盆式开挖首先通过放坡开挖的方式开挖基坑的中央部分，依靠四周留置的土坡提供的被动土压力保持支护结构的稳定。随后，施工开挖区域的基础底板及地下室结构，在地下室结构达到一定强度后，依照"随挖随撑，先撑后挖"的原则，开挖留置土方，并在地下室与支护之间设置支撑，最后施工周围的地下结构。这种开挖方式的优点在于支护无支撑的暴露时间短，支撑规模小，但地下结构存在后浇带或施工缝，对整体性及防水性有一定影响。

当基坑面积较大，且地下室底板设计有后浇带或施工缝时，还可采用岛式开挖。岛式开挖先开挖边缘区域的土方，留置中央的土方，用于架设支撑，也能有效防止坑底土的隆起。边缘土方开挖到坑底后，浇筑该区域支撑或底板及地下结构，作为围绕中央区域的环形支撑，然后开挖中央部分土方。

我国目前大部分高层建筑是钢筋混凝土结构，根据高度的不同采用框架、框架-剪力墙、剪力墙及筒体结构等。现浇混凝土结构高层建筑施工的关键技术是模板工程。模板工程影响了工程的质量、进度及成本。常用的模板体系有组合模板、大模板、爬升模板和滑升模板几类，可用于施工墙柱等竖向结构，其中组合模板也可用于梁板的施工。

二、多高层钢结构的体系

多层钢结构的体系主要有框架体系、框架-支撑（抗震墙板）体系等。

（一）框架体系

框架体系是由沿纵横方向的多框架构成及承担水平荷载的抗侧力结构，它也是承担竖向荷载的结构。这类结构的抗侧力能力主要取决于梁柱构件和节点的强度与延性，故常采用刚性连接节点。

（二）框架-支撑体系

框架-支撑体系是在框架体系中沿结构的纵、横两个方向均匀布置一定数量的支撑所形成的结构体系。在框架-支撑体系中，框架是剪切型结构，底部层间位移大；支撑为弯曲型结构，底部层间位移小，两者并联，可以明显减小建筑物下部的层间位移，因此在相同的侧移限值标准的情况下，框架-支撑体系可以用于比框架体系更高的房屋。

支撑体系的布置由建筑要求及结构功能来确定，一般布置在端框架中、电梯井周围等处。支撑类型的选择与是否抗震有关，也与建筑的层高、柱距以及建筑使用要求：如人行通道、门洞和空调管道设置等有关，因此需要根据不同的设计条件选择适宜的类型。常用的支撑体系有中心支撑和偏心支撑。

1.中心支撑

中心支撑是指斜杆与横梁及柱汇交于一点，或两根斜杆与横杆汇交于一点，也可与柱子汇交于一点，但汇交时均无偏心距。根据斜杆的不同布置形式，可形成X形支撑、单斜支撑、人字形支撑、K形支撑及V形支撑等类型。

2.偏心支撑

偏心支撑是指支撑斜杆的两端，至少有一端与梁相交（不在柱节点处），另一端可在梁与柱交点处连接，或偏离另一根支撑斜杆一段长度与梁连接，并在支撑斜杆杆端与柱子之间构成一消能梁段，或在两根支撑斜杆之间构成一消能梁段的支撑。

纯框架结构延性好，抗震性能好，但由于抗侧刚度较差，不宜用于层数太高的建筑。框架-中心支撑结构抗侧刚度大，适用于层数较多的建筑，但由于支撑构件的滞回性能较差，耗散的地震能量有限，因此抗震性能不如纯框架。框架-偏心支撑结构可通过偏心连梁的剪切屈服，耗散地震能量，同时又能保证支撑不丧失整体稳定，抗震性能优于框架-中心支撑结构。

（三）框架-抗震墙板体系

框架-抗震墙板体系是以钢框架为主体，并配置一定数量的抗震墙板。由于抗震墙板可以根据需要布置在任何位置上，因此布置灵活。另外，抗震墙板可以分开布置，两片以上抗震墙并联体较宽，从而减小抗侧力体系等效高宽比，提高结构的抗推和抗倾覆能力。抗震墙板主要有以下3种类型。

1.钢抗震墙板

钢抗震墙板一般需采用厚钢板，其上下两边缘和左右两边缘可分别与框架梁和框架柱连接，一般采用高强度螺栓连接。钢板抗震墙板承担沿框架梁、柱周边的地震作用，不承担框架梁上的竖向荷载。非抗震设防及按6度抗震设防的建筑，采用钢板抗震墙可不设置加劲肋。按7度及7度以上抗震设防的建筑，宜采用带纵向和横向加劲肋的钢板抗震墙，且加劲肋宜两面设置。

2.内藏钢板支撑抗震墙板

内藏钢板支撑抗震墙板是以钢板为基本支撑，外包钢筋混凝土墙板的预制构件。内藏钢板支撑可做成中心支撑也可做成偏心支撑，但在高烈度地区，宜采用偏心支撑。预制墙板仅在钢板支撑斜杆的上下端节点处与钢框架梁相连，除该节点部位外，与钢框架的梁或柱均不相连，留有间隙，因此，内藏钢板支撑抗震墙仍是一种受力明确的钢支撑。由于钢支撑有外包混凝土，故可不考虑平面内和平面外的屈曲。墙板对提高框架结构的承载能力和刚度，以及在强震时吸收地震能量方面均有重要作用。

3.带竖缝混凝土抗震墙板

普通整块钢筋混凝土墙板由于初期刚度过高，地震时首先斜向开裂，发生脆性破坏而退出工作，造成框架超载而破坏，为此提出了一种带竖缝的抗震墙板。它在墙板中设有若干条竖缝，将墙分割成一系列延性较好的壁柱。多遇地震时，墙板处于弹性阶段，侧向刚度大，墙板同由壁柱组成的框架板承担水平抗震。罕遇地震时，墙板处于弹塑性阶段而在柱壁上产生裂缝，壁柱屈服后刚度降低，变形增大，起到耗能减震的作用。

上述结构体系有一定的使用范围，如《建筑抗震设计规范》（GB 50011-2010）规定，抗震等级为一、二级的钢结构房屋宜采用偏心支撑、带竖缝钢筋混凝土抗震墙板，内藏钢板支撑钢筋混凝土墙板或屈曲约束支撑等消能支撑及筒体结构。对高层钢结构，上述结构体系如果无法满足刚度的要求，则需要采用刚度更大的结构体系，如框筒体系、桁架筒体系、筒中筒体系、束筒体系、巨型框架体系等。

三、多高层钢结构的布置原则

（一）钢结构房屋适用最大高度和最大高宽比

结构类型的选择关系到结构的安全性、实用性和经济性，可根据结构总体高度和抗震设防烈度确定结构类型和最大使用高度。

影响结构宏观性能的另一个尺度是结构高宽比，即房屋总高度与结构平面最小宽度的比值，这一参数对结构刚度、侧移、振动模态有直接影响。《建筑抗震设计规范》（GB 50011-2010）规定，钢结构民用房屋的最大高宽比不宜超过此规定。

（二）钢结构的抗震等级

钢结构房屋应根据设防分类，烈度和房屋高度采用不同的抗震等级，并应符合相应的计算和构造措施要求。丙类建筑的抗震等级应按表12-1确定。甲、乙类设防的建筑结构，其抗震设防标准的确定，按现行国家标准的规定处理。

表12-1　丙类建筑的抗震等级

房屋高度	烈度			
	6	7	8	9
≤50 m	/	四	三	二
>50 m	四	三	二	一

注：（1）高度接近或等于高度分界时，应允许结合房屋的不规则程度和场地、地基条件确定抗震等级。

（2）一般情况，构件的抗震等级应与结构相同；当某个部位各构件的承载力均满足2倍地震作用组合下的内力要求时，7～9度的构件抗震等级应允许按降低一度确定。

（3）本章"一、二、三、四级"即"抗震等级为一、二、三、四级"的简称。

（三）钢结构的布置

1.基本要求

钢结构房屋宜避免采用抗震规范规定的不规则建筑结构方案而不设防震缝；需要设置防震缝时，缝宽应不小于相应钢筋混凝土结构房屋的1.5倍。采用框架结构时，高层的框架结构以及甲、乙类建筑的多层框架结构，不应采用单跨框架结构，其余多层框架结构不宜采用单跨框架结构。

钢结构房屋的楼板主要有在压型钢板上现浇混凝土形成的组合楼板和非组合楼板、装配整体式钢筋混凝土楼板、装配式楼板等。钢结构的楼盖宜采用压型钢板现浇钢筋混凝土组合楼板或非组合楼板。对6、7度时不超过50m的钢结构尚可采用装配整体式钢筋混凝土楼板，亦可采用装配式楼板或其他轻型楼盖；对转换层楼盖或楼板有大洞口等情况，必要时可设置水平支撑。采用压型钢板钢筋混凝土组合楼板和现浇钢筋混凝土楼板时，应与钢梁有可靠连接。采用装配式、装配整体式或轻型楼板时，应将楼板预埋件与钢梁焊接，或采取其他保证楼盖整体性的措施。

2.钢框架–支撑结构布置

采用框架–支撑结构时，支撑框架在两个方向的布置均宜基本对称，支撑框架之间楼盖的长宽比不宜大于3。三、四级且高度不超过50 m的钢结构宜采用中心支撑，有条件时也可采用偏心支撑、屈曲约束支撑等消能支撑。

中心支撑框架宜采用交叉支撑，也可采用人字支撑或单斜杆支撑，不宜采用K形支撑；支撑的轴线应交会于梁柱构件轴线的交点，确有困难时偏离中心不应超过支撑杆件宽度，并应计入由此产生的附加弯矩。当中心支撑采用只能受拉的单斜杆体系时，应同时设置不同倾斜方向的两组斜杆，且每组中不同方向单斜杆的截面面积在水平方向的投影面积之差不得大于10%。

偏心支撑框架的每根支撑应至少有一端与框架梁连接，并在支撑与梁交点和柱之间或同一跨内另一支撑与梁交点之间形成消能梁段。

3.钢框架–筒体结构布置

钢框架–筒体结构，在必要时可设置由筒体外伸臂或外伸臂和周边桁架组成的加强层。

4.钢结构房屋的地下室设置要求

钢结构房屋根据工程情况可设计或不设计地下室，设置地下室时，框架–支撑（抗震墙板）结构中竖向连续布置的支撑（抗震墙板）应延伸至基础；钢框架柱应至少延伸至地下一层。超过50 m的钢结构房屋应设置地下室。其基础埋置深度：当采用天然地基时不宜小于房屋总高度的1/15；当采用桩基时，桩承台埋深不宜小于房屋总高度的1/20。

第三节 多高层钢结构的抗震计算

一、地震作用计算

多层建筑钢结构的抗震设计采用两阶段设计方法，即第一阶段设计应按多遇地震计算地震作用，第二阶段设计应按罕遇地震计算地震作用。

钢结构的基本自振周期可以采用顶点位移法计算，但注意非结构构件影响系数应取偏大值（高层取0.9）。考虑到与钢筋混凝土结构的区别，在进行钢结构地震作用计算时，阻尼比宜遵守下列规定。

（1）多遇地震下的计算，高度不大于50 m时可取0.04；高度大于50 m且小于200 m时，可取0.03；高度不小于200 m时，宜取0.02。

（2）当偏心支撑框架部分承担的地震倾覆力矩大于结构总地震倾覆力矩的50%时，其阻尼比可比（1）相应增加0.005。

（3）罕遇地震下的分析，阻尼比可取0.05。

多层建筑钢结构的地震作用计算方法有底部剪力法、振型分解反应谱法和时程分析法。高层建筑钢结构应根据不同情况，分别采用不同的地震作用计算方法。

二、地震作用下的内力与位移计算

（一）多遇地震作用时

钢结构在进行内力和位移计算时，对于框架–支撑、框架–抗震墙板以及框筒等结构常采用矩阵位移法。对框架梁，可不按柱轴线处的内力而按梁端内力设计。对工字形截面柱，宜计入梁柱节点域剪切变形对结构侧移的影响；对箱形柱框架，中心支撑框架和不超过50 m的钢结构，其层间位移计算可不计入梁柱节点域剪切变形的影响，近似按框架轴线进行分析。

钢框架–支撑结构的斜杆可按端部铰接杆计算；中心支撑框架的斜杆轴线偏离梁柱轴线交点不超过支撑杆件的宽度时，仍可按中心支撑框架分析，但应计及由此产生的附加弯矩。对于筒体结构，可将其按位移相等原则转化为连续的竖向悬臂筒体，采用有限样条法对其进行计算。

在预估杆截面时，内力和位移的分析可采用近似方法。在水平载荷作用下，框架结构可采用D值法进行简化计算；框架–支撑（抗震墙）可简化为平面抗侧力体系，分析时将所有框架合并为总框架，所有竖向支撑（抗震墙）合并为总支撑（抗震墙），然后进行协同工作分析。此时，可将总支撑（抗震墙）当作悬臂梁。

当结构中地震作用下的重力附加弯矩大于初始弯矩的1/10时，钢结构应计入重力二阶效应的影响。进行二阶效应的弹性分析时，应按现行国家标准的有关规定，在每层柱顶附加考虑假想水平力。

（二）罕遇地震作用时

高层钢结构第二阶段的抗震验算应采用时程分析法对结构进行弹塑性时程分析，其结构计算模型可以采用杆系模型、剪切型层模型、剪弯型模型或剪弯协同工作模型。在采用杆系模型分析时，柱、梁的恢复力模型可采用二折线型，其滞回模型可不考虑刚度退化。钢支撑和消能梁段等构件的恢复力模型，应按杆件特性确定。采用层模型分析时，应采用计入有关构件弯曲、轴向力、剪切变形影响的等效层剪切刚度，层恢复力模型的骨架曲线可采用静力弹塑性方法进行计算，可简化为二折线或三折线，并尽量与计算所得骨架曲线接近。在对结构进行静力塑性计算时，应同时考虑水平地震作用与重力载荷。构件所用材料的屈服强度和极限强度应采用标准值。对新型、特殊的杆件和结构，其恢复力模型宜通过实验确定。

三、构件内力组合与设计原则

在抗震设计中，一般高层钢结构可不考虑风荷载及竖向地震作用，但对于高度大于60m的高层钢结构则须考虑风荷载的作用，在9度区尚需考虑竖向地震作用。

在钢结构抗震设计时，应对各构件内力进行调整，调整方法如下。

（1）框架部分按刚度分配计算得到的地震层剪力应乘以增大系数。其值不小于结构底部总地震剪力25%和框架部分计算最大层剪力1.8倍的较小值。

（2）对于偏心支撑框架结构，为了确保消能梁段能进入弹塑性工作，消耗地震输入能量，与消能梁段相连构件的内力设计值，应按下列要求进行调整：①支撑斜杆的轴力设计值，应取与支撑斜杆相连接的消能梁段达到受剪承载力时支撑斜杆轴力与增大系数的乘积，其增大系数，一级不应小于1.4，二级不应小于1.3，三级不应小于1.2；②位于消能梁段同一跨的框架梁内力设计值，应取消能梁段达到受剪承载力时框架梁内力与增大系数的乘积；其增大系数，一级不应小于1.3，二级不应小于1.2，三级不应小于1.1；③框架柱的内力设计值，应取消能梁段达到受剪承载力时柱内力与增大系数的乘积，其增大系数，一级不应小于1.3，二级不应小于1.2，三级不应小于1.1。

（3）内藏钢支撑钢筋混凝土墙板和带竖缝钢筋混凝土墙板应按有关规定计算，带竖缝钢筋混凝土墙板可仅承受水平荷载产生的剪力，不承受竖向荷载产生的压力。

（4）钢结构转换层下的钢框架柱，地震内力应乘以增大系数，其值可采用1.5。

四、侧移控制

在小震下（弹性阶段），过大的层间变形会造成非结构构件的破坏，而在大震下（弹塑性阶段），过大的变形会造成结构的破坏或倒塌，因此，应限制结构的侧移，使其不超过一定的数值。

在多遇地震下，钢结构的层间侧移标准值应不超过层高的1/250。结构平面端部构件的最大侧移不得超过质心侧移的1.3倍。

在罕遇地震下，钢结构的层间侧移不应超过层高的1/50。同时，结构层间侧移的延性比对于纯框架、偏心支撑框架、中心支撑框架、有混凝土抗震墙的钢框架应分别大于3.5、3.0、2.5和2.0。

第四节　多高层钢结构的抗震设计

一、钢框架结构的抗震设计

（一）结构构件抗震验算

钢结构构件的抗震验算通常包括强度验算、稳定性验算和长细比（刚度）验算，其验算公式与静力验算公式相同，但需要考虑承载力抗震调整系数，即

$$S \leqslant \frac{R}{\gamma_{RE}} \qquad （12\text{-}1）$$

式中：γ_{RE}——承载力抗震调整系数；
R——结构构件承载力设计值。

（二）强柱弱梁验算

强柱弱梁是抗震设计的基本要求，在地震作用下，塑性效应在梁端形成而不应在柱

端形成，此时框架具有较大的内力重分布和消能能力。为此柱端应比梁端有更大的承载能力储备，因此除下列情况之一外，节点左右梁端和上下柱端的全塑性承载力应符合下列要求。

（1）柱所在楼层的受剪承载力比相邻上一层的受剪承载力高出25%。

（2）柱轴压比不超过0.4，或符合$N_2 \leq \phi A_c f$时（N_2为2倍地震作用下的组合轴力设计值）。

（3）与支撑斜杆相连的节点。

等截面梁与柱连接时：

$$\sum W_{pc}\left(f_{yc} - \frac{N}{A_c}\right) \geq \eta \sum W_{pb} f_{yb} \qquad （12-2）$$

梁端扩大、加盖板或采用RBS（骨形）的梁与柱连接时：

$$\sum W_{pc}\left(f_{yc} - \frac{N}{A_c}\right) \geq \sum \left(\eta W'_{pb} f_{yb} + M_v\right) \qquad （12-3）$$

式中：W_{pc}，W_{pb}——分别为计算平面内交会于节点的柱和梁的塑性截面模量；

　　　　W'_{pb}——框架梁塑性铰所在截面的梁全塑性截面模量；

　　　　f_{yc}，f_{yb}——柱和梁的钢材屈服强度；

　　　　N——按设计地震作用组合得出的柱轴力；

　　　　A_c——框架柱的截面积；

　　　　η——强柱系数，一级取1.15，二级取1.10，三级取1.05；

　　　　M_v——梁塑性铰剪力对柱面产生的附加弯矩，$M_v = V_p \times x$；

　　　　V_p——塑性铰剪力；

　　　　x——塑性铰至柱面的距离，塑性铰可取梁端部变截面翼缘的最小处。

（三）强节点验算

为了保证在大地震作用下，柱和梁连接的节点域腹板不致局部失稳，以利于吸收和耗散地震能量，在柱与梁连接处，柱应设置与梁上下翼缘位置对应的加劲肋，使之与柱翼缘包围处形成梁柱节点域。节点域柱腹板的厚度：一方面要满足腹板局部稳定要求，另一方面还应满足节点域的抗剪要求。研究表明，节点域既不能太厚，也不能太薄。太厚了使节点域不能发挥耗能作用，太薄了将使框架的侧向位移太大。

二、钢框架–中心支撑结构的抗震设计

在反复荷载作用下，支撑斜杆反复受压、受拉，且受压屈曲后的变形增大较大，转而

受拉时不能完全拉直，造成受压承载力再次降低，即出现弹塑性屈曲后承载力退化现象。支撑杆件屈曲后，最大承载力的降低是明显的，长细比越大，退化程度就越严重。在计算支撑杆件时应考虑这种情况。支撑斜杆的受压承载力应按下式验算：

$$N / (\phi A_{br}) \leq \psi f / \gamma_{BE} \qquad (12-4)$$

$$\psi = \frac{1}{1 + 0.35\lambda_n} \qquad (12-5)$$

$$\lambda_n = (\lambda / \pi)\sqrt{f_{ay} / E} \qquad (12-6)$$

式中：N——支撑斜杆的轴向力设计值；

A_{br}——支撑斜杆的截面面积；

ϕ——轴心受压构件的稳定系数；

Ψ——受循环荷载时的强度降低系数；

λ_n——支撑斜杆的正则化长细比；

E——支撑斜杆钢材的弹性模量；

f_{ay}——钢材屈服强度；

γ_{RE}——支撑稳定破坏承载力抗震调整系数。

对人字形支撑，当支撑腹杆在大震下受力压屈曲后，其承载力将下降，导致横梁在支撑连接处出现向下的不平衡集中力，可能引起横梁破坏和楼板下陷，并在横梁两端出现塑性铰；V形支撑的情况与之类似，仅当斜杆失稳时楼板不是下陷而是向上隆起，不平衡力方向相反。因此，设计时要求除顶层和出屋面房间的梁外，人字形支撑和V形支撑的横梁在支撑连接处应保持连续，该横梁应承受支撑斜杆传来的内力，并按不计入支撑支点作用的梁验算重力荷载和支撑屈曲时不平衡力下的承载力。不平衡力应按受拉支撑的最小屈服承载力和受压支撑最大屈曲承载力的0.3倍计算。必要时，可将人字形和V形支撑沿竖向交替设置或采用拉链柱，以减小支撑横梁的截面。

三、钢框架-偏心支撑结构的抗震设计

偏心支撑框架的设计原则是强柱、强支撑和弱消能梁段，即在大地震时消能梁段屈服形成塑性铰，且具有稳定的滞回性能，即使消能梁段进入应变硬化阶段，支撑斜杆柱和其余梁段仍保持弹性。设计良好的偏心支撑框架，除柱脚有可能出现塑性铰外，其他塑性铰均出现在梁段上。偏心支撑框架的每根支撑应至少一端与梁连接，并在支撑与梁交点和柱之间或同一跨内另一支撑与梁交点之间形成消能梁段。消能梁段的受剪承载力应按下列规定验算。

$$当 N \leqslant 0.15Af 时 V \leqslant \phi V_l / \gamma_{RE} \quad （12-7）$$

$V_l = 0.58A_w f_{ay}$ 或 $V_l = 2M_{lp} / a$ ，取最小值。

$$A_w = （h-2t_f） t_w \quad （12-8）$$

$$M_{lp} = fW_p \quad （12-9）$$

当 $N \geqslant 0.15Af$ 时 $V \leqslant \phi V_l / \gamma_{RE}$

$$V_k = 0.58A_w f_{ay} \sqrt{1-[N / Af]^2} \quad （12-10）$$

或 $V_k = 2.4M_{lp}[1- N / (Af)] / a$ ，取最小值。

式中：N，V——消能梁段的轴力设计值和剪力设计值；

V_l，V_{lc}——消能梁段受剪承载力和计入轴力影响的受剪承载力；

M_{lp}——消能梁段的全塑性受弯承载力；

A，A_w——消能梁段的截面面积和腹板截面面积；

W_p——消能梁段的塑性截面模量；

a，h——消能梁段的净长和截面高度；

t_w，t_f——消能梁段的腹板厚度和翼缘厚度；

f，f_{ay}——消能梁段钢材的抗压强度设计值和屈服强度；

ϕ——系数，可取0.9；

γ_{RE}——消能梁段承载力抗震调整系数，取0.75。

支撑斜杆与消能梁连接的承载力不得小于支撑的承载力。若支撑须抵抗弯矩，支撑与梁的连接应采用刚接，并按抗压弯连接设计。

第五节　多高层钢结构的抗震构造

我国《建筑抗震设计规范》（GB 50011-2010）针对不同的钢结构体系，规定了相应的抗震构造措施。这些措施虽不尽相同，但其目的和手段却是一样的，那就是通过限制受压构件的长细比、梁平面外的长细比、构件组成板件的宽厚比，采取措施增强连接节点的承载能力以及控制制作和施工质量等手段，达到结构在罕遇地震作用下能承受较大的往复塑性变形、吸收和耗散地震输入的能量而不倒塌的目的。

一、钢框架结构抗震构造

（一）框架梁柱的长细比

长细比和轴压比均较大的柱，其延性较小，且容易发生整体失稳。对柱的长细比作限制，就能控制二阶效应对柱极限承载力的影响。为了保证框架柱具有较好的延性，地震区柱的长细比不宜太大，一级不应大于 $60\sqrt{235/f_{ay}}$ ，二级不应大于 $80\sqrt{235/f_{ay}}$ ，三级不应大于 $100\sqrt{235/f_{ay}}$ ，四级时不应大于 $120\sqrt{235/f_{ay}}$ 。

为了降低梁柱构件的长细比，可以设置侧向支承。梁柱构件受压翼缘应根据需要设置侧向支承；梁柱构件在出现塑性铰的截面，上下翼缘均应设置侧向支承；相邻两支承点间的构件长细比，应符合现行国家标准的有关规定。

（二）板件宽厚比

在钢结构梁柱构件设计中，除了考虑承载力和整体稳定问题外，还必须考虑构件的局部稳定问题，防止板件局部失稳的有效方法是限制其宽厚比。

（三）梁柱连接构造

框架梁与框架柱的连接宜采用柱贯通型，梁贯通型较少采用。柱在两个互相垂直的方向都与梁刚接时宜采用箱形截面，在梁翼缘连接处设置隔板。隔板采用电渣焊时，壁板厚度不应小于16 mm，小于此限时可改用工字形柱或采用贯通式隔板。当柱仅在一个方向与梁刚接时，宜采用工字形截面，并将柱腹板置于刚接框架平面内。

工字形柱（绕强轴）和箱形柱与梁刚接时，应符合下列要求。

（1）梁翼缘与柱翼缘间应采用全熔透坡口焊缝；一级抗震时，应检验焊缝的V形切口冲击韧性。

（2）柱在梁翼缘对应位置应设置横向加劲肋（隔板），加劲肋（隔板）厚度不应小于梁翼缘厚度，强度与梁翼缘相同。

（3）梁腹板宜采用摩擦型高强度螺栓与柱连接板连接（经工艺试验合格能确保现场焊接质量时，可用气体保护焊进行焊接）；腹板角部应设置焊接孔，孔形应使其端部与梁翼缘全焊透焊缝完全隔开。

（4）腹板连接板与柱的焊接，当板厚不大于16 mm时应采用双面角焊缝，焊缝有效厚度应满足等强度要求，且不小于5 mm；板厚大于16 mm时采用K形坡口对接焊缝。该焊缝宜采用气体保护焊，且板端应烧焊。

（5）一级和二级抗震时，宜采用能将塑性铰自梁端外移的端部扩大形连接、梁端加盖板或骨形连接。

框架梁采用悬臂梁段与柱刚性连接时，悬臂梁段与柱应采用全焊接连接，此时上下翼缘焊接孔的形式宜相同；梁的现场拼接可采用翼缘焊接腹板螺栓连接或全部螺栓连接。

箱形柱在与梁翼缘对应位置设置的隔板，应采用全熔透对接焊缝与壁板相连。工字形柱的横向加劲肋与柱翼缘，应采用全熔透对接焊缝连接，与腹板可采用角焊缝连接。

梁与柱刚性连接时，柱在梁翼缘上下各500 mm的范围内，柱翼缘与柱腹板间或箱形柱壁板间的连接焊缝应采用全熔透坡口焊缝。框架柱接头宜位于框架梁上方1.3 m附近，或柱净高的一半，取二者较小值。上下柱的对接接头应采用全熔透焊缝，柱拼接接头上下各100 mm范围内，工字形柱翼缘与腹板间及箱形柱角部壁板间的焊缝，应采用全熔透焊缝。

当节点域的腹板厚度不满足验算规定时，应采取加厚柱腹板或采取贴焊补强板的措施。补强板的厚度及其焊缝应按传递补强板所分担剪力的要求进行设计。

钢结构的刚接柱脚宜采用埋入式，也可采用外包式；6、7度且高度不超过50 m时也可采用外露式柱脚。

二、钢框架–中心支撑框架结构的抗震构造

（一）中心支撑的长细比和宽厚比限值

支撑杆件的长细比，按压杆设计时，不应大于$120\sqrt{235/f_{ay}}$；中心支撑杆一、二、三级时不得采用拉杆，四级时可采用拉杆，其长细比不宜大于$180\sqrt{235/f_{ay}}$。

（二）中心支撑节点的构造

一、二、三级，支撑宜采用H型钢制作，两端与框架可采用刚接构造，梁柱与支撑连接处应设置加劲肋；一级和二级采用焊接工字形截面的支撑时，其翼缘与腹板的连接宜采用全熔透连续焊缝。

梁在其与V形支撑或人字形支撑相交处，应设置侧向支承；该支承点与梁端支承点间的侧向长细比（λy）以及支承力，应符合现行国家关于塑性设计的规定。

支撑与框架连接处，支撑杆端宜做成圆弧。若支撑和框架采用节点板连接，应符合现行国家标准关于节点板在连接杆件每侧有不小于30°夹角的规定；一、二级时，支撑端部至节点板最近嵌固点（节点板与框架构件连接焊缝的端部）垂直于支撑杆件轴线方向的直线，不应小于节点板厚度的2倍。

框架–中心支撑结构的框架部分，当房屋高度不高于100 m且框架部分按计算分配的地

震作用不大于结构底部总地震剪力的25%时，一、二、三级的抗震构造措施可按框架结构降低一级的相应要求采用。

三、钢框架–偏心支撑框架结构的抗震构造

构件的长细比与宽厚比：偏心支撑框架的支撑杆件长细比不应大于$120\sqrt{235/f_{ay}}$，支撑杆件的板件宽厚比不应超过现行国家标准规定的轴心受压构件在弹性设计时的宽厚比限值。

消能梁段的屈服强度越高，屈服后的延性越差，消能能力越小，因此消能梁段的钢材屈服强度不应大于345 MPa。

参考文献

[1]谢东，许传道，丛绍运.岩土工程设计与工程安全[M].长春：吉林科学技术出版社，2019.

[2]王博，任青明，张畅.岩土工程勘察设计与施工[M].长春：吉林科学技术出版社，2019.

[3]刘巍，杨祥亮，蔡志勇.岩土工程设计与地基处理研究[M].北京：中国建材工业出版社，2018.

[4]吴德兴，汪波，孙钧等.新型锚杆支护技术与工程实践[M].上海：上海科学技术出版社，2019.

[5]张瑞云，朱永全.地下建筑结构设计[M].北京：机械工业出版社，2021.

[6]连峰，崔新壮，赵延涛.软弱地基处理新技术及工程应用[M].北京：中国建材工业出版社，2019.

[7]黄丽芬，余明贵，赖华山.土木工程施工技术[M].武汉：武汉理工大学出版社有限责任公司，2022.

[8]胡利超，高涌涛.土木工程施工[M].成都：西南交通大学出版社，2021.

[9]陶杰，彭浩明，高新.土木工程施工技术[M].北京：北京理工大学出版社，2020.

[10]刘将.土木工程施工技术[M].西安：西安交通大学出版社，2020.

[11]魏乐军.深基坑支护设计与施工[M].长春：吉林大学出版社，2020.

[12]戴方栋.软土地区深基坑支护设计与施工[M].北京：中国石化出版社，2019.

[13]金亚兵.非典型条件下基坑支护设计计算理论与方法[M].北京：科学出版社，2022.

[14]王荣彦.土质边坡工程的概念设计与细部设计[M].郑州：黄河水利出版社，2021.

[15]吴静.边坡与基坑工程的支护技术研究[M].北京：北京工业大学出版社，2019.

[16]王恭先，成永刚.滑坡的识别监测与避灾防治[M].北京：地质出版社，2019.

[17]吴明先.公路滑坡防治关键技术及典型案例[M].北京：人民交通出版社股份有限公司，2021.

[18]王爱国.山体滑坡灾害应急治理与灾后修复理论与实践[M].成都：西南财经大学出版社，2022.

[19]郑泽忠，何勇，刘强等.滑坡地质灾害风险性评价与治理措施[M].成都：西南财经大学出版社，2022.

[20]杨润林.地基基础液化鉴定与加固新技术研究[M].北京：知识产权出版社，2018.

[21]武鲜花.地基与基础[M].武汉：武汉理工大学出版社有限责任公司，2020.

[22]刘水，李艳梅，冯克清.常见建筑结构加固与技术创新[M].昆明：云南科技出版社，2020.

[23]罗筠.基础工程施工[M].重庆：重庆大学出版社，2019.

[24]王慧东，朱英磊.桥梁墩台与基础工程（第3版）[M].北京：中国铁道出版社，2020.